科学出版社"十三五"普通高等教育本科规划教材

水生动物医学专业教材

水生动物微生态学

宋增福　主编

科学出版社
北京

内 容 简 介

本教材遵循微生态学的原理,从水生动物生理特点及其生存的水体环境出发,系统介绍水生动物正常菌群(肠道、水体环境)的发展变化规律及其与宿主的相互作用;重点从水生动物生理学与生态学基础、肠道与水体正常菌群等方面阐述水生动物微生态平衡与失调的关系,突出了水生动物与陆生动物在正常菌群方面的不同之处,并介绍了水产微生态制剂加工储藏工艺及其在生产实践中的调控作用。

本教材理论与实践并重,既可以作为水生动物医学专业及其他水产类专业本科教材,又可以作为科研工作者和水产养殖业者的参考书籍。

图书在版编目(CIP)数据

水生动物微生态学/宋增福主编. —北京:科学出版社,2022.8

科学出版社"十三五"普通高等教育本科规划教材

水生动物医学专业教材

ISBN 978-7-03-072091-7

Ⅰ.①水… Ⅱ.①宋… Ⅲ.①水生动物-微生物生态学-高等学校-教材 Ⅳ.①Q958.8

中国版本图书馆 CIP 数据核字(2022)第 061692 号

责任编辑:朱 灵 / 责任校对:谭宏宇
责任印制:黄晓鸣 / 封面设计:殷 靓

科学出版社 出版
北京东黄城根北街 16 号
邮政编码:100717
http://www.sciencep.com

南京文脉图文设计制作有限公司排版
广东虎彩云印刷有限公司印刷
科学出版社发行 各地新华书店经销

*

2022 年 8 月第 一 版 开本:787×1092 1/16
2022 年 8 月第一次印刷 印张:10 3/4
字数:275 000

定价:50.00 元
(如有印装质量问题,我社负责调换)

《水生动物微生态学》编委会

主　编　宋增福

编　委　(按姓氏笔画排序)
　　　　杨志刚　宋增福　陈阿琴
　　　　贾佩峤　高建忠　郭志新

前　言

近年来,微生态制剂在现代水产养殖行业中的作用得到了广大养殖户和企业的认可与重视,在高密度饲养模式、养殖尾水的处理、抗生素减量化行动等方面发挥了积极而重要的作用,逐步发展成为现代水产养殖行业发展的技术支持之一,助力水产养殖行业的高质量发展。同时,水生动物生长发育所依赖的水生环境与陆生动物不同,而且水生动物肠道正常菌群呈现出较为特殊的生理生化特征。因此,水生动物正常菌群与机体间微生态作用规律也不同,非常有必要系统地介绍微生态学在水生动物领域的发展变化及作用规律。

本教材从微生态的基本原理出发,共分为八章内容,分别介绍了水生动物微生态的概念与发展历史等、水生动物微生态生理学与生态学基础、水生动物微生物正常菌群及其生理功能、水生动物微生态的核心——平衡与失调、水生动物微生态学研究方法、水产微生态工程与水产微生态制剂、水产微生态制剂的种类与应用、水产微生态制剂生产工艺与储藏、水产微生态制剂的安全性。本教材紧扣基本原理,又与微生物制剂的使用实践紧密结合,既可以作为本科教材,又适合作为科研工作和养殖实践的重要参考书籍。

本教材在编写过程中得到了上海海洋大学水产与生命学院杨志刚教授(第三章第二节水生动物肠道菌群的营养功能)、高建忠副教授(第二章第三节微生物与微生物间的关系、第八章水产微生态制剂的安全性)、陈阿琴副教授(第二章第一节水生动物微生态空间与组织),河北农业大学海洋学院贾佩峤(第七章水产微生态生产工艺与储藏),大连海洋大学水产与生命学院郭志新(第六章第三节水产微生态制剂调控机制)的大力支持;上海海洋大学郁小娟、王昭玥、戚建华、王年、刘韵怡在编写的过程中付出了辛勤劳动和汗水,在此,对他们表示最衷心的感谢!

微生态学在水生动物领域的发展一日千里,新知识与新技术的不断涌现赋予了从水生动物角度探索微生态学发展的新动能。由于编写时间有限,本教材难免存在不足之处,恳请广大读者批评指正。我们一定不断学习提升自己,认真修改完善,将本教材打造成为水生动物微生态学学习者和研究者的重要帮手!

宋增福

2022 年写于上海临港自由贸易试验区新片区

目 录

第一章 绪 论

一、水生动物微生态学的概念与特点

我国的水产行业连续 40 年养殖产量位居世界首位,为我国居民提供了优质动物蛋白,也为百姓餐桌提供了美味佳肴。在我国水产行业向高质量发展的同时,水产行业的养殖模式、养殖结构也在不断发展变化。高密度集约化饲养模式在给水产养殖行业带来巨大经济效益的同时,也给生态环境带来巨大影响,并伴随着水产动物病害频发多发和养殖水产品质量安全等问题的不断出现。同时,国际贸易的绿色技术壁垒的提升也使水产养殖技术不断提高标准。水生动物微生态学及产业的发展恰逢其时,适应了当前水产行业健康发展的新要求,成为水产行业发展的重要组成部分和未来水产业发展最有活力的技术领域之一。

水生动物微生态学作为微生态学的一个重要的分支,是研究水生动物(体内与体表)及水生环境中的微生物与动物机体间相互作用关系的学科。水生动物所依赖的水生环境的特殊性,决定了水生动物的微生态学具有鲜明的自身特点与独特规律性,且随着研究的不断深入与发展,水生动物微生态学已经逐步形成了一个相对独立的体系;同时,水生动物微生态学与动物微生态学等其他微生态学分支既有区别又有联系,共同构成了现代微生态学的体系,是对现代微生态学内涵的丰富与发展。

由于研究对象和所处环境的特殊性,水生动物微生态学也具备了自身特殊性,这些特殊性主要体现在以下 3 个方面。

1. 生长环境的特殊性

水生动物生存的水环境,是水生动物在生存环境方面区别于陆生动物及其他生物最显著的差异性特征,是水生动物微生态系统的自身特征与规律形成的外部因素。

水体环境是水生动物生长繁殖所依赖的最重要的外部环境,饲料的摄取、氧气的获得、代谢产物的排放甚至病原微生物的入侵都是在水体环境的介导下完成的;养殖水体中的微生物在水体生态系统中承担着物质循环、能量代谢和信息交流的重要角色,是水质调节的主要生物学因素。水生动物自身及其所依赖的水生环境中存在着种类繁杂、数量众多的正常微生物群,在长期的历史进化过程中,微生物与宿主构成了相互依赖、相互制约的动态平衡体系,与宿主生长发育、营养免疫等建立起密切的关系。例如,淡水鱼肠内细菌的数量可以达到 $10^5 \sim 10^8$ CFU/g,而海水鱼肠内细菌的数量为 $10^6 \sim 10^8$ CFU/g。水生动物肠道正常微生物菌群具有消化营养物质及防御病原微生物等作用,是维护水生动物健康的重要生物因素。水生动物体内、体表和水体正常微生物菌群与水生动物构成了微生态的平衡体系,两者相互作用、相互制约,共同影响着动物机体的健康。

2. 微生物自身的特殊性

存在于水生动物肠道、体表和水生环境中的微生物具有生理生化特征和生态规律的特异性,是水生动物微生态系统的自身特征与规律形成的内在因素。1929 年,史密斯(Smith)等在研究鱼肠道的大肠埃希菌时发现,其与陆生环境中分离的大肠埃希菌在某些生化特性方面表现迥异,可以液化明胶,不产生吲哚;生活于海水环境中的微生物对盐度的耐受性明显高于陆生环境中的微生物。水生的生存环境又决定了在不同的养殖环境中,微生物的种类和数量存在明显的种群和生态间的差异。例如,淡水环境中以单胞菌为主、海水中以弧菌居多,因此不同养殖环境可形成不同的微生态系统;而淡水鱼肠道菌群大多以厚壁菌门为优势菌群,海水鱼肠道以变形菌门为优势菌群。对水体环境与水生动物自身微生态系统的研究是调节水生动物养殖环境的物质基础和根本,对这个微生态系统了解越多就越有利于解决近年来频发的水生动物的病害问题。目前,对于大黄鱼、南美白对虾、草鱼、鲫鱼等多种水生动物,研究人员借助宏基因组和常规微生物培养技术对其肠道菌群进行了研究,从而为水生动物微生态平衡的认识理解提供了越来越丰富的资料。

3. 宿主与微生物作用的特殊性

水生动物机体和与水体环境正常微生物菌群组成的复杂性及两者的相互作用,使得水生动物微生态系统调控的内涵更加复杂与丰富。

水生动物生存于水生环境是与陆生动物最根本的区别。

水生生态系统对水生动物生长发育发挥着最直接的作用,是其赖以生存的外部环境。而在水生生态系统中,无处不在的微生物承担着生产者与分解者双重角色,微生物在水生生态物质与能量循环的水生系统中具有至关重要的作用。

在水体环境中,微生物菌群与水生动物的微生态密切相关,有研究表明,水生动物栖息的水生环境是影响肠道菌群最主要的因素。水体环境菌群的改变能够直接影响水生动物微生态平衡与失调,进而影响水生动物的健康及水生动物疾病的发生。因此,养殖水体环境的微生态系统处于平衡状态,有利于水生动物的健康与减少疾病的发生。这个平衡系统中既有菌群与菌群的平衡、藻类与藻类的平衡,又有菌群与藻类的平衡。残饵、粪便等有机物在细菌的分解作用下产生硝酸盐、硫酸盐、磷酸盐等无机盐类,从而为单细胞藻类的光合作用提供营养物质;单细胞藻类通过光合作用为水生动物的呼吸和有机物的氧化分解提供溶解氧,其决定着养殖水体的水色。菌与藻类存在着相互依赖、相互制约的关系。

(1)菌与藻类的平衡是高密度养殖的关键技术之一。在对虾养殖中,通过添加芽孢杆菌等微生态制剂来调节和维持水体的菌与藻类的平衡,使对虾的健康水平较高,从而减少了对虾细菌性和病毒性疾病的发生。当养殖水体环境中微生态平衡处于失调状态时,优势菌群发生更替,对虾的病害发生的风险会大幅度提升。近年来,我国对虾病害的频发与微生态平衡的失调存在密切关系。弧菌是海水水体中的原籍菌群,是海水养殖水体中的正常菌群,但是对虾养殖池中或者孵化池中弧菌数量超过 10^5 CFU/mL,往往可导致虾体正常菌群失调,从而引发弧菌病的暴发。

(2)微生物的有害代谢产物可对水生动物产生直接危害。当池塘中的有机物如投饵、排泄物和动物死亡的尸体在养殖后期积累时,有机物氧气消耗增加,从而造成厌氧环境,使得厌氧性或兼性厌氧性的微生物成为优势菌群。微生物的厌氧呼吸或者发酵,通过进行不彻底的氧化分解,产生氨、胺类、硫化氢、甲烷等对水生动物有毒害作用的代谢产物,从而易引起水生动物慢性或者急性中毒,造成水生动物免疫力下降,进而容易造成病原微生物的大量繁殖与感染。

(3)当养殖水体出现倒藻或者富营养化时,水体的微生态平衡被打破,会造成水生动物临床或者亚临床症状的出现。

水生动物的肠道和体表(皮肤、鳃)定殖了数量巨大、种类繁多的微生物,这些构成水生动物防止病原入侵的第一道防线,是维护水生动物机体健康、预防疾病发生的重要机制,因此,稳定平衡的微生态状态对水生动物健康具有十分重要的意义。

同时,微生物也是水生动物微生态平衡调节的主要内容。水产动物体内外微生态平衡及失调与水生动物的健康存在或因或果的关系。当草鱼发生肠炎的时候,肠道中好氧微生物数量显著增加而厌氧微生物数量减少;肠道菌群紊乱也会导致肠炎的发生。当将失衡的草鱼肠道微生态调节到正常厌氧微生物菌群占优势的时候,肠道的健康就恢复到正常的水平,这为肠炎的治疗提供了微生态调节的思路,而不是单纯地使用抗生素治疗。草鱼肠炎案例充分说明了肠炎发生与肠道微生物菌群存在直接关系,也进一步表明肠道的微生物菌群是鱼类健康的晴雨表。因此,水体环境与水生动物(体表和体内)的微生物共同构成的微生态系统,对宿主的生长发育和生存生产有直接或者间接的重要影响,只有树立微生态调控的整体观,系统地分析水生动物的微生态系统才能更全面地认识与理解水生动物的微生态。

二、微生态学的发展历史

微生态学作为一门独立学科的历史并不长。

最早是在 20 世纪 80 年代提出微生态学的概念,但是从人类社会发展历史分析,微生态学实践应用要远远早于这个时间。

微生态学的实践应用由来已久,其多用于解决生产、生活中的问题,直到随着近代科学的快速发展,相关研究人员才逐步认识到微生态的存在及其重要意义,并逐步揭示微生态的科学理论。因此,从这个角度分析,微生态制剂的使用要远远早于微生态学理论。

微生态学理论与实践之间螺旋式上升的历史,丰富和发展了人类应用微生物的理论与实践。

现在,人们普遍认为微生态制剂是 19 世纪的末期提出的。俄国诺贝尔生理学或医学奖获得者梅契尼科夫,在考察了保加利亚的长寿村后,认为当地村民长寿现象与他们饮用酸奶的生活习惯有关,因此,他提出了饮用酸奶的倡议,该倡议一直延续到今天,酸奶成为人们现代生活日常的饮品。目前,活菌制剂或者饮料已经成为日常生活中常见的食品。而他本人也因此而被尊称为微生态学研究的鼻祖。

据史料记载,大约公元前 200 年,埃及和希腊等国就有了乳酸菌制作的发酵食品。到了 16 世纪中期,发酵乳酪逐渐成为民族的传统食品。我国制作酸奶的历史同样久远,在贾思勰所著的《齐民要术》中就有关于其制作方法的详细描述。而且,我国是历史上最早将微生态制剂应用到医疗实践中的国家,中医典籍记载,中药"人中黄"就是利用微生态的方法治疗肠道疾病的处方,与现代肠道粪便移植治疗肠道顽疾的方法异曲同工。

微生态制剂的应用是从益生菌开始的。益生菌最先被利利(Lilley)和史迪威(Stillwell)定义为"一种微生物分泌的刺激另一种微生物生长的物质"。帕克(Parker)认为"益生菌是维持肠道菌群平衡的微生物或物质",从此,益生菌便作为饲料添加剂被广泛使用,益生菌产品大量涌现。被大多数学者所接受的益生菌的概念是菲莱(Fuller)给出的定义"一种活的微生物饲料添加剂,通过改善肠道菌群的平衡而发挥作用"。我国微生态制剂产品出现得相对较晚,自 20 世纪 80 年代开始,我国陆续开展了微生态制剂相关研究,如光合细菌制剂、芽孢杆菌制剂、饲用酵母等,从单一菌种的研究与应用扩展到了复合菌种的相关研究,从食品、医学扩展到农业种植与养殖、环境修复等领域,并取得众多成果。目前,随着宏基因组、代谢组学等各种组学的迅速发展,学科融合得更加深入,为微生态制剂的应用与理论研究提供了更好的发展机遇。

　　1977年,德国的福尔克尔·拉舍(Volker Rusher)博士首先明确提出"微生态学"(micro-ecology)一词,并在德国建立起全世界第一个微生态学研究所,开展关于生理性细菌(活菌制剂)在治疗肠道疾病方面的研究,如大肠埃希菌、双歧杆菌、乳酸菌等肠道正常菌群细菌。由于微生态学的研究是从正常微生物的生态规律出发,研究正常菌群与宿主的相互作用关系,自然而然形成了微观生态的概念——微生态;这与病原微生物研究发病机制及引起机体病理变化的内容和方法存在明显的不同。1985年,Volker Rusher博士提出"微生态学是细胞水平或分子水平的生态学",明确了微生态学是在微观层面开展的生态学,界定了微生态学的研究范围;1988年,我国微生态学的创始人之一,大连医科大学的康白教授将微生态学定义为"研究正常微生物群与其宿主相互关系的生命科学的分支";1994年,四川农业大学何明清教授提出,"微生态学是研究正常微生物与其宿主内环境相互依赖和相互制约的细胞水平和分子水平的生态科学"。随着微生态学研究的逐步深入和应用领域的不断扩展,2008年,中国农业大学李维炯教授从应用的角度对微生态学进行了总结和分析,认为微生态学是研究微生态系统中(人体、动物、植物和微环境)微生物群体的组成、结构和功能演变及其与环境间的相互作用关系的科学。总之,微生态学研究的是将微生物与微生物、微生物与机体、微生物与环境的关系进行系统整合,从微观生态的角度,揭示正常微生物菌群与宿主间相互作用关系,从而科学地指导医学、农学及环境污染治理等人类的生产与社会实践活动。

　　因此,水生动物微生态学是从水生动物体表及其所处水环境中的正常微生物群出发,研究其组成、结构和功能及其与动物机体间相互作用的细胞和分子水平的微生态学。

　　以正常微生物群为主要研究对象的微生态学,早已深深地扎根于人类生产与生活实践中。它的起源与微生物学(细菌学)是同时期的,甚至早于微生物学。纵观微生态学的发展历史,可将微生态学发展史分为萌芽时期、开创时期、停滞时期、复兴时期、发展时期5个阶段。

　　1. 萌芽时期(1676年之前)

　　微生态学的萌芽时期指在人类尚未认识微生物而将其应用到实践中的漫长时期。据史书记载,在4 000多年以前的龙山文化时期,我国劳动人民就会利用微生物酿酒。《吕氏春秋》载有"仪狄作酒"。公元5世纪,北魏贾思勰著的《齐民要术》更为详细地叙述了制曲和酿酒技术。除酒之外,我国劳动人民最早利用有益微生物生产酱油、食醋和腐乳等发酵调味品。在医学方面,我国很早就应用茯苓、猪苓、灵芝等真菌治病。由于当时科技条件的限制,人们未能看到微生物的个体,但是这并没有妨碍人类对微生物及微生态的实践活动,人类利用自己的智慧与经验开发应用丰富的微生物资源,造福人类自身,这种实践活动一直延续到细菌的发现。

　　2. 开创时期(1676～1910年)

　　这个历史时期人们开始应用科学的方法,认识了细菌与其他微生物,并进行了开拓性的研究,建立了微生物学的方法论,为微生物学及微生态学学科的建立奠定了理论基础。

　　(1)细菌的发现:细菌是荷兰人安东尼·列文虎克(Antony van Leeuwenhoek)在1676年首先发现的,这是人类历史上第一次观察到了微观世界,从而与微观生物世界有了第一次亲密接触。Leeuwenhoek用自制的世界上第一台显微镜,以放大300倍直接或在暗视野下观察自然生境中的微生物的形态、运动和分布情况。他观察的标本包括人和动物的大便、痰和唾液、污水及其他外环境物体,甚至还有胡椒种子。因此,Leeuwenhoek是世界上第一个以直接制片法(悬滴)观察人、动物及植物标本的正常微生物群的人。他不仅发现了微生物形态,还发现了微生物生态,即微生物在自然生境内的种类、数量、分布及相互关系。因此,可以认为微生态学的创始人就是Leeuwenhoek。

（2）混合培养：自 Leeuwenhoek 报告细菌的形态与生态以来，许多学者除了继续观察球菌、杆菌、螺菌、丝状体、螺旋体及支原体外，还对其进行了培养。当时只能在液体内进行混合培养。混合培养不能建立起种的概念，但是混合培养对生态学研究却是必要的，因为在自然条件下微生物本来就是混合的，并不是单独存在的。许多微生物只有在混合培养时才能生长，而在纯培养条件下不能生长，这是受生态规律支配的。

在 1880 年以前，纯培养技术尚未出现，法国的路易斯·巴斯德（Louis Pasteur）就在液体混合培养条件下发现了法国酿酒酸败的问题根源是乳酸菌，同时也解决了乳酸、乙酸及丁酸发酵问题。用今天的视角解读历史，这是以微生物生态学知识为基础的科学运用。

（3）纯培养技术的创建：德国细菌学家罗伯特·科赫（Robert Koch）创建了以琼脂为固体培养基的细菌纯培养技术，开创了微生物研究的新历史，是微生物学发展史上里程碑式的标志性事件，从此为单一微生物分类学、生理学等各方面的研究奠定了基础，把微生物学发展推向新的高度，也是解决微生态学中微群落、微种群的定性、定量与定位的研究问题的技术基础。纯培养的技术的确对研究微生物的形态结构及功能发挥了重要作用，但是我们至今可以培养的微生物在微生物总数中的占比小于 5%，还有大量的微生物不能培养，这也限制了微生物学的发展，因此，我们必须发展分子生物学等技术弥补这一不足。另外，从生态学观点出发，微生物在自然生境中的混合存在是基本的客观事实，许多共栖和互生的微生物依然需要相应的环境才可以生存，单独培养存在困难。

（4）对正常微生物群的初步认识：在此期间，人们根据直接制片、混合培养及纯培养技术所获得的信息，对正常微生物群已有了初步的认识。不同科学家从不同角度对正常菌群提出新的证据以证明自己的看法。

Pasteur 的观点：Pasteur 在当时是一位卓越的细菌学家，而且也是一位卓越的化学家。Pasteur 从他从事的发酵工业所取得的知识出发，认为正常的菌群是有益的。人或动物必须具有正常菌群，人或动物在消化食物时，需要通过细菌和真菌的发酵将淀粉、多糖降解为单糖才能将其利用。

梅契尼科夫的观点：他认为肠道菌群，特别是大肠埃希菌，具有腐败作用。一个人每天随粪便排出的细菌大约占粪便总成分的 1/3。机体通过这些细菌使未消化的食物分解，产生大量腐败产物，如靛基质、硫化氢、胺类等。这些物质可使机体慢性中毒，从而引起动脉硬化，促进衰老。这就是他的正常菌群有害说的依据。

3. 停滞时期（1910～1945 年）

1910～1945 年，烈性传染病大流行及研究方法的滞后等使人们把研究的重心放在病原微生物方面，以致对正常微生物群的研究处于停滞不前的状态。

（1）烈性传染病的大流行：进入 20 世纪，世界各地人们交往的日渐频繁促进了传染病的大流行。霍乱、鼠疫、天花、流感、肠伤寒、斑疹伤寒等都发生过大流行，并席卷全球，夺去了亿万人民的生命。严酷的现实迫使人们不得不把视线集中在病原微生物方面。

（2）认识的片面性：从 19 世纪末到 20 世纪初，国际处于发现病原菌的黄金时期，这个阶段大部分传染病的病原体都被发现了，而且这时很容易形成一种观念："微生物主要是有害的。"把微生物的功能看成是有害的观点显然存在片面性。观念上的错误，在很大程度上也阻碍了人们对正常菌群的研究。病原微生物学与生理微生物学在理论、方法和指导思想方面不同，因而在病原微生物学兴盛时期，自然会对 20 世纪刚刚露面的生理微生物学，当时称为"生理细菌学"（physiological bacteriology）有所冲击。直到今天，还有很多人依然用病原微生物学的观点来看待正常微生物群、微生物生态学和微生态学,这对微生态学的发展无疑是个阻力。然而,现代科学的研究表明,微生物对其宿主(植、动物和人类)在本质上更多是有益的。

(3) 方法学的缺陷:对厌氧微生物的认识是在厌氧培养技术建立之后才得以发展的。尤其是对肠道微生物的认识更是如此。自 Leeuwenhoek 以来,人们已发现人的大便内 1/3 是细菌。在厌氧培养技术出现之前,常规的培养技术所获得的这些细菌,只有少数需氧菌能培养出来。但是,德国柏林自由大学的黑内尔(Haenel)在 1957 年利用现代化的厌氧培养法发现,这些菌 90% 以上都是活的,革兰氏阳性无芽孢杆菌和球菌、革兰氏阴性无芽孢厌氧杆菌和球菌都占绝对优势,过去认为厌氧菌主要是芽孢菌的观点是错误的。不论成人还是婴儿,大便内的厌氧菌占绝对优势,占总数的 95% 以上,而需氧菌和兼性厌氧菌如大肠埃希菌、肠球菌、葡萄球菌、铜绿假单胞菌、变形杆菌、酵母菌等的总和不超过 5%。因此,在 20 世纪 50 年代以前,培养方法的滞后和缺陷导致人们对肠道菌群微生物存在片面认识。

4. 复兴时期(1945~1970 年)

此时期有三件大事让人们开始重新认识正常微生物菌群,这极大地促进了微生态学的新发展。

(1) 抗生素的问世:1945 年,抗生素在美国投入工业生产。在与传染病的斗争中抗生素发挥了不可磨灭的作用,挽救了亿万人民的生命。但是,抗生素在使用过程中也带来多种弊端:①引起菌群失调,破坏正常微生物群的生态平衡,从而导致二重感染或定位转移;②耐药菌增多,在抗生素的"筛选"作用下,耐药菌株增加,同时,耐药性质粒(R 因子)可在细菌种内、种间甚至属内存在,从而形成多重耐药菌株,甚至是超级细菌,进而导致抗生素的治疗效果越来越差,将来可能面临无药可用的境地;③可使动物细胞免疫功能下降,导致体液免疫受挫;④ 破坏环境的微生态平衡,给环境带来污染。抗生素使用的弊端使人们重新考量抗生素的作用,也开始重新思考正常微生物菌群的功能,为微生态学的发展提供了历史机遇。

(2) 无菌动物成功饲养:无菌动物(germ-free animal)的饲养需要一系列现代化技术的配合,从 19 世纪末到 20 世纪 40 年代,经过 50 年的探索,人们终于获得了成功。真正稳定的饲养和传代是在美国印第安纳州圣母院大学(University of Notre Dame)洛邦实验室完成的,该项工作是以雷尼耶(Reynier)博士为首的科技人员于 1943~1945 年完成的。现在几乎所有动物(大鼠、小鼠、兔、鸡、豚鼠、马、牛及羊等)均可培养成无菌动物。但是,无菌斑马鱼的饲养技术直到 21 世纪初期才实现。

无菌动物对正常微生物群的生理、营养、生物拮抗及其与宿主关系的研究,都是一个不可缺少的实验模型。之后,研究者又研制成了悉生动物(gnotobiotic animal),把无菌动物与一种、两种、三种或更多微生物相联系,以分析单一的或联合的微生物作用。这项技术,实际上属于微生态学的重要方法学之一。

(3) 厌氧培养技术的发展:由于厌氧培养技术的进步与发展,研究人员培养出了厌氧条件下的细菌,拓宽了对细菌生物学和生态学特性的认识,对微生物生长特性的认识更加全面,也为从生态的角度来阐释问题提供了更为全面的科学认识基础,从而有力促进了微生态学的发展。

5. 发展时期(1970 年至今)

微生态学自 1970 年以来已进入现代化时期,知识量剧增。由于其具有重大理论意义和实际意义,特别是在生命奥秘的探索、健康长寿的研究方面受到生命科学界的极大关注。微生态学的现代化特征有以下几个方面。

（1）与现代生命科学分支的融合：微生态学与细胞学、分子生物学、基因工程学、免疫学、系统论、信息科学、自动控制（计算机）等学科互相渗透，交叉融合。

（2）电子显微镜技术：利用电子显微镜技术可原位观察微生物与宿主细胞、组织或器官上（内）的分布状态及更微细的结构。例如，在电子显微镜下可看到肠上皮细胞的微绒毛与微生物的密切联系；如能量转移、物质交换和基因传递等重要微观现象。病毒与细胞或亚细胞结构也可由电子显微镜观察到。

（3）悉生生物学：是 1945 年 Reynier 博士为了概括无菌动物的研究而提出的一个替代性术语，其内容主要是对无菌技术和由无菌技术取得的科学信息的概括。

国际悉生生物学会每隔 3 年开会一次，会议交流的内容主要是研究正常微生物群与其宿主在细胞水平或分子水平上相互关系的微生态学。悉生生物学作为一门方法学引入微生态学。

（4）微生物分类学的新发展：现代分类技术包括原核细胞分类、数值分类、核酸分类、遗传学分类及血清学与化学分类，这些分类法为微生物分类提供了前所未有的条件。只有明确植物、动物与人类分别固有的微生物种类，才能进一步研究和发展微生态学。1995 年，在武汉由我国著名病毒学专家向近敏教授主持召开了首届分子微生态学研讨会，出版了《分子微生态学》专著，标志着我国分子微生态学方面的研究进入了一个新阶段。

（5）用微生态学观点解释微生物、宿主、环境间的诸多现象：美国哈佛大学迪博（R J Dubos）等发现小鼠肠黏膜内有大量的革兰氏阳性杆菌，但不能培养出来，后来经证实是厌氧的双歧杆菌（*Bifidobacterium*）。据此，Dubos 等提出一个假说："正常微生物群在固有生境内是不致病的，只有转移到外生境才能致病。"前者为原籍菌群（autochthonous flora），后者为外籍菌群（allochthonous flora），它们从微生物学来说是同一种菌，但因生境改变，一种菌变成两类菌，这种情况只能用微生态学观点来解释。因此，Dubos 等把大量的生态学观点和术语引入了正常微生物群研究领域。

（6）微生态组学时代的来临：近年来，微生物组学、代谢组学、转录组学和蛋白质组学等及单细胞分析等新发展技术将微生态学的研究带入了微生态组学阶段，与疾病、健康、发育、心理等方面的研究关系更为密切，成为大健康概念的重要组成部分。

三、微生态理论

1. 生态平衡理论

微生态学认为，人体、动植物体表及体内生存着大量的正常微生物群。宿主、正常微生物群和外环境构成一个微生态系统。在正常条件下，这个系统处于动态平衡状态。这一方面对宿主有利，能辅助宿主进行某些生理过程；另一方面对寄居的微生物有利，使之保持一定的微生物群落组合，维持其生长与繁殖。在微生态系统内的微群落水平中，优势群对整个群落功能及演化起决定作用；而在微群落内部，优势个体对整个群落起着控制作用。种种原因作用下一旦失去优势种群，微群落就会解体。若失去优势个体，优势种群则会更替，微生态平衡则会改变。

2. 生物夺氧理论

根据正常微生物群的自然定殖规律，人或动物出生时是无菌的，出生后不久就被微生物定殖了。定殖按照需氧菌—兼性厌氧菌—厌氧菌顺序发展。通过需氧或兼性厌氧菌定殖、生长对氧气的消耗形成了厌氧环境，厌氧菌才能生长。厌氧菌虽然不能先定殖，但是在演化过程中，其在数量上占据首位，并保持着一定的生态平衡。无毒、无害、非致病性微生物（如蜡样芽抱杆菌等)暂时在肠道内定殖,使局部环境中氧分子浓度降低,氧化还原电位下降,形成适合正常肠道优势菌生长的微环境,促进厌氧菌大量繁殖生长,最终达到微生态平衡。

3. 生物屏障理论

正常微生物群构成了机体的防御屏障(包括生物屏障和化学屏障)。有益微生物构成的生物屏障可竞争性抑制病原菌黏附在肠道上皮细胞上,同时在非有益微生物出现之前,给养殖动物饲喂有益微生物,有益于正常微生物区系的建立,排除或控制潜在的病原体。正常菌群的代谢产物,如乙酸、丙酸、乳酸、细菌素、抗生素及其他具有活性的抑菌物质等构成了机体的化学屏障,其可阻止外源菌的定殖和生长。

4. 三流(能源流、物质流和基因流)循环

(1)能源运转(能源流):正常微生物菌群内部与宿主保持着能源交换和运转的关系。植物、动物及人类与正常微生物之间或者正常微生物间彼此都存在着能源交换现象。

(2)物质交换(物质流):正常微生物菌群与宿主细胞通过与降解及合成代谢来进行物质交换,裂解的细胞和细胞外酶又为微生物利用,而微生物产生的酶、维生素、雌激素及微生物的细胞成分也可以为宿主细胞所用。肠上皮细胞的微绒毛与细胞壁的菌毛极其接近,并存在物质交换的现象。

(3)基因交换(基因流):正常微生物之间有着广泛的基因交换现象。例如,耐受因子、产毒因子等都可以在正常微生物之间通过基因的传递进行交换。益生菌可作为非特异性免疫调节因子,增强机体吞噬细胞的吞噬能力和细胞产生抗体的能力,从而抑制腐败微生物过度生长,进而降解肠道内的有毒物质如氨、酚等,保证微生态系统的能量流、物质流和基因流的正常运转。

四、微生态学分类及其与其他学科的关系

1. 微生态学分类

根据研究对象的不同,将微生态学分成不同的分支学科,如医学微生态学、动物微生态学、植物微生态学、水生动物微生态学等;根据研究部位的不同,将微生态学分为肠道微生态学、口腔微生态学、肝脏微生态学等。微生态学随着研究的深入发展,必将会产生越来越多的分支学科。

2. 微生态学与其他学科的关系

(1)微生态学与微生物生态学:在日常的应用当中,人们容易将微生物生态学和微生态学混为一谈,然而两者有着根本的区别。微生态学是研究正常微生物与宿主间相互关系的学科,研究重点是宿主;微生物生态学是研究微生物与环境间相互关系的学科,其研究重点是微生物。因此,两者研究的侧重点和内容完全不同。

(2)微生态学与生态学:生态学是研究生物圈与地球本身相互关系的学科。具体讲就是研究生物与环境相关关系的科学。从这个意义上讲,微生态学应包括在生态学的范畴之内。但是,生态层次不同,研究对象也就不同,其理论和方法也就必然有所差异。因而,生态学可分化出微观生态学和超微观生态学(图1-1)。

(3)微生态学与病原微生物学:病原微生物学主要是研究病原微生物的分离、培养、鉴定以及其对人、动物和植物的毒力致病性及其防治。而微生态学则侧重于生态,主要是研究生物及其体内正常微生物的群落、种群及其组成等对宿主的生理作用,对生态的破坏和调整等。

(4)微生态学与悉生动物学:悉生动物学是研究通过无菌隔离技术饲养悉生动物(包括无

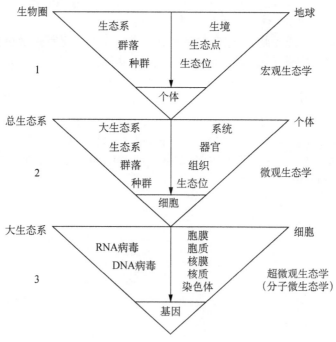

图 1-1 生态学层次分化示意图

菌动物、单菌动物和多菌动物),是研究独立生活的生物和别种生物共同生活而没有任何其他种生物参加的一门学科。尽管该学科为微生态学的研究提供了大量的资料,但是悉生动物学除了技术方面的知识外,并不具备固有的理论体系。

五、水生动物微生态学的作用与意义

1. 认识微观生态对水产养殖的重要作用

生命不仅与外环境是统一体,与体内环境也是统一体;宏观生态的无生命环境如大气、水、食物、土壤等和有生命的环境如动物、植物和微生物等都会对水产养殖动物有影响,而且宏观影响必将通过微观影响而作用于生命体。

正常微生物群对水生动物具有营养、免疫、生长刺激、生物拮抗等作用。树立科学的微生态观,才能更好地指导水产养殖行业的健康可持续发展。

2. 从生态学的角度揭示水生动物疾病的发生发展

水生动物疾病的发生常受物理、化学和生物等因素的影响导致微生态失调。许多疾病都存在正常微生物群紊乱现象,疾病既是正常微生物群紊乱的原因又是其结果或者两者互为因果。疾病不同,影响因素也不同。例如,对于动物传染病来说,按传统的观念,一种传染病只由一种病原体引起。这种单一、独立、绝对的感染机制,很难对疾病的病因做出全面科学的分析和正确判断,而原籍菌群发生转移之后同样会导致疾病的发生,而导致这种疾病发生的所谓的病原菌,在生物学上是同一种生物,只是生态位的改变而引起的变化,因此,微生态角度的研究,为揭示疾病发生提供了新的思路和视角。

3. 生理检测的表征

从微生态学的观点出发,正常微生物群是动物个体反应都可能在正常微生物的定性、定量

及定位方面表现出米。因此,正常微生物群的代谢产物,以及正常微生物群与其动物体相互作用的反应,都可以作为动物个体生理功能监测的指标。

无菌动物、无特定病原动物、悉生动物和普通动物在生理学上都表现出彼此的差异。因此,对正常微生物群的监测,可作为健康鱼、虾的生理性指标。

4. 水生动物微生态学为水产养殖行业的健康发展提供技术支撑

根据微生态学原理而设计和研制的不同的水产微生态制剂,适用于不同水生动物的不同疾病,用以调整失去平衡的菌群,达到防病治病的目的;同时,可以用其来改造健康水生动物的肠道内环境与养殖外环境,保持最佳的微生态平衡,以达到抗病、提高生产性能、净化环境的目的;也可以通过水产微生态工程来提高产量、降低生产成本,更重要的是使水产食品成为安全、放心、无污染、无药物残留的绿色食品。

第二章　水生动物微生态生理学与生态学基础

第一节　水生动物微生态空间与组织

微生态学是一门研究正常微生物群的结构、功能及与其环境相互关系的一门新兴学科，是人们从宏观生态学向微观层次进行研究而发展起来的，是生态学的微观层次。水生动物微生态学的研究范畴包括微生物与微生物、微生物与宿主和微生物与宿主及外界环境的相互关系，侧重研究水生动物正常微生物群的生态平衡、生态失衡和生态调整。

由于研究的层次和内容不同，水生动物微生态学基础与宏观生态学的侧重点并不相同。水生动物微生态学的生态空间和生态层次在有机体（个体或宿主）内部，因此有其特殊性。

水生动物的体表和体内存在着大量的正常微生物，这些微生物群系间及微生物与动物间形成了相互依存和相互作用的不可分割的整体。一定动物体的生态层次有一定的生态空间。动物体与微生物空间是长期历史进化过程中形成的统一联合体，是不可分割的、不可替换的。微生态空间是以个体以下、细胞以上为对象，其生态空间是生物体（宿主）的个体、器官、组织和细胞的各个层次环境。

1. 水生动物微生态空间的概念

宏观生态学是以地球以下、个体以上的各个层次为研究对象，其生态空间是大气、水层、岩层和地质、地理、地貌及地理景观的环境。水生动物微生态学则以个体以下、细胞以上为研究对象，其空间是水生动物的个体、系统、器官、组织和细胞各个层次环境，正常微生物以这些部位为生存场所。这个环境包括宿主体内的各种生命因子和无生命因子。生命因子包括细菌、真菌、病毒、衣原体、螺旋体、原虫及原生动物等。无生命因子包括微生物与其宿主的代谢产物和细胞崩解物，还有微小环境的温度、生物化学、生物物理学的特性、营养、水分、气体、pH及氧化还原电位值等条件。各种因子彼此相互联系和相互影响，与各个层次的正常微生物综合地构成一个生物与环境统一的联合体。

水生动物机体中的正常的微生物群以宿主为直接环境，以宿主的外环境为间接环境，因此其微生态空间结构较宏观生态空间更为复杂。

2. 水生动物微生态空间层次

生态空间层次与生物体的生态层次是相联系的。一定生物体生态层次有一定生态空间，反之一定生态空间也必有一定层次的生物体。生物体与生态空间是长期历史进化过程中形成的统一联合体，是不可分割的。对水生动物微生态学来说，这种联合体更为紧密。水生动物微生态空间一般可分为5个层次：宿主个体、生态区、生境、生态点和生态位。

（1）宿主个体（host individual）：是微生态学中最大的生态空间。宿主（水生动物）个体相当于宏观生态学中的地球，宿主个体与其所携带的正常微生物群构成了微生态中一个最大的生态系，称为总生态系（whole ecosystem）。水生动物体个体包括许多亚结构如皮肤、鳃、黏膜、消化系统、呼吸系统等。虽然这些亚结构在生态学上存在着极大差异,但总体来说都构成一个统一体的生态空间。这些差异,从个体这个生态层次来说,只能看作统一生态空间的内部结构。因此,水生动物体个体是微生态学中最大的生态空间,其包括生态区、生境、生态点和生态位。

(2) 生态区(ecotope):是动物个体内存在区域相近,但功能相异的亚结构系统或器官,是微生态空间中仅次于动物宿主个体的第二个层次,其下一层次是生境。从解剖系统来看,生态区是一个有许多不同性质的微生物定居的生态空间,生态区定居的正常微生物群是由许多生态系统构成的综合生态系(integrated ecosystem)。

水生动物的各解剖系统,如皮肤、消化、呼吸、生殖、排泄等系统或器官,从整体来看具有统一性,但每个系统均为一个相对独立的生态区,都有复杂的内部结构,这些内部结构中定居的微生物种类和数量不相同。例如,条纹狼鲈(*Morone saxatilis*)、石首鱼和鲨鱼等肉食性鱼类的肠道微生物群以变形菌门为主,弧菌属、气单胞菌属、鲸杆菌属(*Cetobacterium*)为优势菌群;刺尾鱼(*Acanthurus nigricauda*)、鼻鱼(*Naso annulatus*)等植食性鱼类的肠道微生物以变形菌门和厚壁菌门为主。

生态区是相对的,其范围取决于解剖结构、生物物理性质、生物化学性质及定居的微生物种类与数量。基于解剖结构,鱼类的生态区包括皮肤、鳃、消化道等。对于水生动物的消化道来说,可以认为整个消化道是一个生态区,其亚结构可分为口咽腔、食管、胃、肠道等。因此,消化道是一个生态区,其亚结构口腔、食管、胃、前肠、中肠和后肠也可以是一个生态区。

根据不同的标准,生态区的范围是不同的。水生动物的生态区可分为宏观结构和微观结构,前者主要包括皮肤、鳃等,后者包括肠道微观结构、黏膜和黏液细胞等。因此,凡含有许多微生境的性质基本相似的宿主解剖系统、器官和局部都可以称为生态区。

1) 宏观结构

A. 皮肤:鱼类生存在一个充满微生物的环境中,皮肤覆盖鱼类体表,是鱼体的第一道防线,无时无处不与外部环境中的微生物相接触,皮肤为外界微生物提供了一个大面积易于接触的区域。鱼类皮肤有两层,外层为表皮,内层为真皮。鱼类表皮由多层细胞组成,表层细胞的层数与种类、部位、年龄等因素有关。硬骨鱼类通常有10~30层细胞,软骨鱼类中的板鳃鱼类很少超过4~6层细胞。在硬骨鱼类的表皮中,已经发现有T细胞、B细胞、粒细胞、树突状细胞、黏液细胞、扁平上皮细胞等。此外,在鱼类表皮层的最下层还存在一层柱状细胞,称为生发层,它具有旺盛的分裂增生能力,能够产生新的细胞来代替脱落的表皮层细胞。鱼类的真皮位于表皮层下方,主要成分为结缔组织纤维,细胞很少,一般可分为3层,由外向内分别为外膜层、疏松层和致密层。鱼类皮肤的衍生物主要包括单细胞腺体(杯状细胞又称为黏液细胞、颗粒细胞、浆液细胞、棒状细胞等)、多细胞腺体(仔鱼黏附器、毒腺、发光器)和特化的鳞片。

鱼类皮肤的常见菌群与水环境中的菌群基本一致,两者之间构成了一个相对平衡的微生态系。鱼类皮肤上微生物多样性丰富,淡水鱼类和海水鱼类的体表菌群存在差异。淡水鱼类皮肤表面的优势菌为假单胞菌属(*Pseudomonas*)、无色杆菌属(*Photorhabdus*)和气单胞菌属(*Aeromonas*)。海水鱼类皮肤表面的优势菌群则为无色杆菌属、弧菌属(*Vibrios*)、假单胞菌属、黄杆菌属(*Flavobacterium*)和微球菌属(*Micrococcns*)等。河鳗、鲑鱼等洄游鱼类在海洋环境中,它们的体表菌群与海洋菌群形成一个相对平衡的微生态系,当它们在淡水环境中时,其体表菌群随着生态环境的改变,通过适应淡水环境菌群的改变建立新的平衡性微生态系。

B. 鳃:是水生动物的一个多功能器官,具有气体交换、渗透调节、排泄小分子代谢废物等生理功能,是水生动物与外界接触的黏膜器官。鱼类鳃位于口咽部后端两侧的鳃腔内。鳃由鳃瓣组成,具体包括鳃弓、鳃耙、鳃丝(gill filament)和鳃小片(gill lamella),鳃丝表皮主要由上皮细胞组成,其间分布一些球形或椭圆形的黏液细胞及线粒体富集细胞,线粒体富集细胞具有离子转运功能。鳃丝两侧伸出排列规则的呈树枝状的突起小片即鳃小片。鳃小片是鳃的基本结构单位,也是鳃的基本功能单位。鳃小片仅由单层扁平上皮细胞构成,是气体交换的场所。目前,国内外对于水生动物鳃上微生物群落结构的研究主要集中于海洋鱼类,对淡水鱼类鳃上微生物群落结构的研究较少。

研究表明,鱼类鳃和皮肤中存在相似的优势菌群,即变形菌门(Proteobacteria)、厚壁菌门(Firmicutes)和放线菌门(Actinobacteria)。但是,劳里(Lowrey)等发现虹鳟皮肤和鳃中微生物组成不同,皮肤黏膜中主要为厚壁菌门和放线菌门,但鳃中主要为变形菌门和拟杆菌门(Bacteroidetes),主要参与气体交换。范·塞斯尔(van Kessel)等在鲤鱼和斑马鱼鳃中发现了反硝化细菌和亚硝化细菌。

C. 消化道:与消化腺共同构成了水生动物的消化系统,消化系统与动物生长发育、营养、食性及摄食密切相关。与人和其他动物相似,水生动物的肠道是一个复杂的微生物系统,目前对鱼类肠道微生物的研究较多,对虾蟹类等甲壳动物肠道微生物的研究仍处在初级阶段。动物肠道菌群与宿主的生长发育、营养吸收、新陈代谢和机体免疫等密切相关,维持肠道菌群微生态的动态平衡对机体行使正常生命活动至关重要。

a. 鱼类消化道:是一条延长的管道,起自口,向后延经腹腔以肛门开口于体外(如全头类及真骨鱼类、软骨硬鳞类),或开口于泄殖腔中(如板鳃类、肺鱼类和矛尾鱼类)。消化道依部位和功能分为口咽腔、食管、胃、十二指肠、回肠、结肠、直肠和肛门。值得注意的是,软骨鱼纲、硬骨鱼纲的肉鳍鱼亚纲及硬鳞总目的鱼类肠道可明显地分为小肠和大肠,一般真骨鱼类的肠道无明显的小肠、大肠之分。不同种类的鱼类的消化道结构与其环境、食性、生长发育阶段密切相关。鱼类的胃通常包括 3 个形态,即直形、"U"字形和"Y"字形,值得注意的是全头亚纲及部分真骨鱼类没有胃。海水鱼类多为肉食性鱼,一般具有分化明显的胃,分为贲门部、盲囊部和幽门部 3 个部分,而肠道一般较短,为体长的 1/4~1/3,形状多为直管形或弯曲形。鱼类消化道壁除口咽腔外,一般均由黏膜层、黏膜下层、环形肌及纵行肌组成(图 2-1)。鱼类肠道黏膜层分为两层,即肠上皮层和肠固有层,肠上皮层主要为单层柱状吸收细胞,而固有层分布有大量黏液细胞,所分泌黏液物质的主要成分是酸性和中性黏多糖,此外含有多种蛋白质,其中黏膜层及黏液多为消化道菌群的吸附位点。

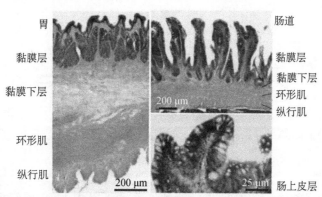

图 2-1　短角床杜父鱼(*Myoxocephalus scorpius*)胃肠道结构示意图

引自奥尔森,2011(Olsson,2011)

鱼类肠道菌群的形成受多方面影响,主要取决于鱼卵表面、生活水体和摄入饵料等。鱼卵初生之时为无菌状态,孵化后接触养殖水域并开始进食,与外界环境接触的过程导致细菌等微生物进入肠道并开始定殖。幼鱼肠道中包含少量细菌,摄食后肠道微生群落急剧增加,微生物多样性随着鱼类的发育而增加。幼鱼开口前,饮水也可以导致少量微生物进入肠道。水体和饵料中的微生物能通过鱼类的生活和摄食过程进入体内,经过适应后定殖下来,与宿主形成整体。鱼类肠道微生物起源于水体环境和饵料,因此,肠道菌群的建立取决于水体和鱼卵表面的微生物种类。

目前,对硬骨鱼类口咽腔中共生菌的研究较少,仅确定了慈鲷鱼类和虹鳟口咽中的共生菌。慈鲷鱼类口腔黏膜中优势微生物类群为变形菌门、拟杆菌门、厚壁菌门和放线菌门,优势属为不动杆菌属(*Acinetobacter*)。虹鳟口腔黏膜和咽黏膜也存在相同的4种优势微生物类群。由于生活水体环境等因素的影响,鱼类肠道微生物组成和结构也存在差异。有研究表明,淡水鱼肠道菌群数量基本为 $10^5 \sim 10^8$ CFU/g,大多以拟杆菌属(*Bacteroides*)、气单胞菌属、肠杆菌属(*Enterobacteriaceae*)、乳酸菌属(*Lactococcus*)和假单胞菌属等为主;海水鱼肠道菌群数量基本在 $10^6 \sim 10^8$ CFU/g,主要为弧菌属、不动杆菌属、假单胞菌属、棒状杆菌属(*Corynebacterium*)、产碱杆菌属(*Alcaligenes*)、交替单胞菌属(*Alteromonas*)、黄杆菌属和肉食杆菌属(*Carnobacterium*)等。

b. 甲壳动物消化道:虾、蟹等甲壳动物属无脊椎动物节肢动物门甲壳纲,甲壳动物的分类十分复杂,共分为8亚纲30余目,约35 000种。随着虾和蟹养殖规模的不断扩大,全面深入研究甲壳动物的微生态,对虾类和蟹类的健康养殖、控制病害具有重要意义。与脊椎动物相似,甲壳动物的消化系统由消化道和消化腺组成。目前,研究者对南美白对虾(*Litopenaeus vannamei*)(又称凡纳滨对虾)、日本沼虾(*Macrobrachium nipponense*)、锯缘青蟹(*Scylla serrata*)、中华绒螯蟹(*Eriocheir sinensis*)等甲壳动物的消化系统进行组织学和组织化学系统的研究。甲壳动物的消化道一般分为前肠、中肠、后肠和肛门,蟹类在中肠和后肠交界处有个呈膨大的球状结构——肠球,其上有后盲囊的开口。前肠由口、食管和胃组成,前肠内附几丁质膜,是食物摄食、碎化、过滤的主要场所。中肠为一长管状器官,是整个消化系统中最重要的部分,可分泌消化酶和吸收营养物质。中肠中含有发达的中肠腺,也称肝胰脏(hepatopancreas),其主要功能包括分泌消化酶(蛋白酶、脂肪酶、酯酶)消化饵料,吸收和运输饵料,储存营养物质等。后肠结构与前肠相似,内附几丁质,对无法吸收的饵料进行收集、运送和排出(图2-2)。

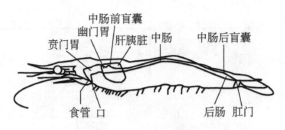

图 2-2　对虾的消化系统

引自麦贤杰,2009

甲壳动物消化道管壁由管腔向外依次为黏膜、黏膜下层、肌层和外膜。黏膜由单层柱状上皮及基膜组成,衬于消化道的腔面;黏膜下层主要是疏松结缔组织,厚薄不一。黏膜和黏膜下层向腔内凸出形成褶皱。肌层主要由较薄的环肌组成,结缔组织和肌肉中含有丰富的血窦。外膜极薄但明显。中华绒螯蟹消化道不同部位上皮细胞的形态及肠壁厚度有较大的差异,且整个消化道均有围食膜覆盖在上皮细胞表面。

南美白对虾从无节幼体到发育为仔虾过程中各变态阶段的幼体菌群,以变形菌门、放线菌门和拟杆菌门为主要优势菌,其中红杆菌科、黄杆菌科、微杆菌科和腐螺旋菌科为主要优势科,并且发现菌群随幼体变态过程存在明显演替现象。斑节对虾无节幼体、溞状幼体、糠虾幼体和仔虾 4 个阶段的菌群,以拟杆菌门、变形菌门、放线菌门和浮霉菌门(Planctomycetes)为其主要优势菌。斑节对虾仔虾(仔虾后 15d)和幼虾(1、2、3 月龄)肠道中肠道菌群不尽相同,但拟杆菌门、厚壁菌门和变形菌门在各时期均有分布,其中变形菌门为绝对优势菌门。南美白对虾仔虾(仔虾后 14d)及幼虾(1、2、3 月龄)肠道菌群,以变形菌门、拟杆菌门和放线菌门为主要优势菌。

2) 微观结构

A. 肠道微观结构:肠道中的微生态系统通过调节宿主黏膜免疫和营养物质吸收,在维持宿主稳态中发挥重要功能,黏膜细胞及黏膜免疫结构模式见图 2-3。黏液层中包括抗菌肽及 IgA,参与免疫感应和调节蛋白分泌。肠道黏膜肠上皮细胞的连接方式包括紧密连接、黏附连接和桥粒。黏附连接和桥粒使细胞具有黏附性并维持肠道屏障的完整性。肠道屏障的完整性与鱼类肠道通透性的改变密切相关。肠道通透性的升高会增加外界抗原和有害微生物的入侵,从而引起一系列的肠道健康问题。固有层中分布大量来自适应性和先天免疫系统的免疫细胞,如 T 细胞、B 细胞、巨噬细胞和树突状细胞,参与肠屏障的免疫机制。

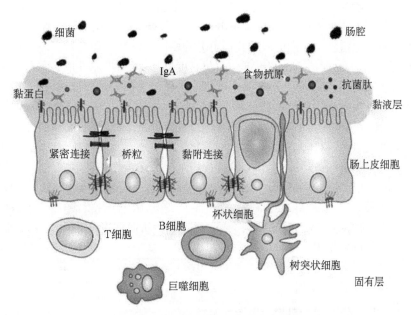

图 2-3　黏液细胞及黏膜免疫结构模式

引自 Vancamelbeke et al.,2017

B. 黏膜和黏液细胞:硬骨鱼类肠道、口咽腔、嗅觉系统、鳃和皮肤表面覆盖一层黏膜层,鱼类黏膜表面与水环境直接且持续接触,因此栖息着丰富的共生微生物,它们与宿主相互作用,在促进生长、营养、发育和抵抗病原微生物方面发挥着至关重要的作用。鱼类黏膜表面覆盖的免疫黏液层,黏液中富含大量的免疫细胞(包括淋巴细胞、浆细胞、粒细胞、巨噬细胞、杯状细胞、抗体分泌细胞等)和免疫因子(包括凝集素、黏蛋白、抗菌肽和免疫球蛋白等),共同抵御病原微生物的侵袭。

鱼类黏液细胞分布于皮肤、鳃和消化道等部位,其分泌的黏液中化学物质成分复杂,黏液的功能也多种多样。例如,具有免疫作用,形成机械屏障阻止异物和病原体侵入,形成化学屏障保持体内渗透压的恒定,从而维持鱼类机体内环境的稳定。采用阿利新蓝染色和过碘酸希夫试剂染色法(PAS 染色),分析细胞中的黏多糖的具体分布情况,把鱼类黏液细胞分为 4 种类型,即 I 型、II 型、III 型和IV型。不同鱼类和同种鱼的不同部位黏液细胞种类及分布差异较大。体表不同类型的黏液细胞在抵御外界病原菌刺激、溶菌和杀菌作用中发挥至关重要的作用。关于鱼类消化黏液细胞分布的研究进展较快。不同鱼类和同种鱼类消化道不同部位黏液细胞的种类及密度差异很大。食管 II 型和IV型黏液细胞在不同鱼类的口腔中黏液细胞的密度不同。波纹唇鱼、花鲈、褐牙鲆食管黏液细胞主要以 II 型和IV型为主;赵彦花等研究发现,黄唇鱼食管内未发现黏液细胞,胃肠腔上皮和黏膜上皮之间均为 I 型黏液细胞,幽门盲囊的单层黏膜上皮细胞之间分布的 II 型黏液细胞多为圆形,前肠、中肠和后肠中分布大量 II 型黏液细胞,并有少量 I 型黏液细胞。赵柳兰等研究发现,大口黑鲈整个消化道(除胃外,仅含有 I 型)均含有 I 型、II 型、III 型和IV型黏液细胞,III 型黏液细胞主要存在于前肠中;IV型黏液细胞主要分布于中肠、后肠。

(3) 生境(habitat):或称为微生物的栖息地,是微生物与宿主在相互选择、相互依赖的生物进化过程中逐步形成的微小环境,即各个系统或器官中的某一位置。

水生动物微生物的生境有其特异性,对一些微生物是原籍生境(autochthonous habitat),对另一些微生物是外籍生境(allochthonous habitat),各级生态组织都有其原籍生态空间和外籍生态空间。在一定宿主生境内的微生物群可分为原籍菌群和外籍菌群。原籍菌群又称为固有菌群,指在宿主一定时期特定的解剖部位占位密度最高,低免疫原性的厌氧菌。原籍菌群与宿主组织具有相同或相似的抗原性,不易引起宿主产生免疫反应。例如,类杆菌经口服或非口服接种途径不会产生抗体。外籍菌群又称为过路菌群,指在宿主一定时期和解剖部位占位密度低,并有相当免疫原性的需氧或兼性厌氧菌。外籍菌群抗原性较强,易使宿主产生抗体。宿主体内一些兼性厌氧菌、肠杆菌和肠球菌可引起宿主产生一定水平的抗体。例如,鱼类肠道微生物群落分为外籍菌群和原籍菌群,其中外籍菌群是与消化道相关的自由生活的、短暂的微生物群,而原籍菌群则在消化道黏膜表面定居,不会轻易随外界环境变化,亦称为核心微生物群。有研究表明,斑马鱼肠道菌群中存在一种高丰度原籍菌——索氏鲸杆菌(*Cetobacterium somerae*),其可通过代谢产物乙酸激活副交感神经系统,从而促进表达鱼类胰岛素和利用糖,对鱼体健康起重要调控作用。

鱼类中鳃黏膜表面也是一个独特的微生物生境,鳃中微生物群系与其周围环境完全不同。鳃中的微生物群系与肠道中的微生物群系完全不同。鱼类消化道不同部分理化性质的差异,使得消化道菌群的丰度和组成有很大的差别。

(4) 生态点(ecosite):是微生态空间的第四个层次,是生境的亚结构。生态点可以是宏观的,也可以是微观的,后一种情况需要借助于光学显微镜或电子显微镜才能观察到。以消化生态系为例,在鱼类肠道是一个生境,而前肠、中肠、后肠却是不同的生态点,这些生态点尽管都属于肠道生境,但正常微生物群结构彼此并不相同。而中肠生态区,其黏膜是正常微生物群的生境,而肠道黏膜的黏膜面和黏膜下层则是不同的生态点,因为这些部位的正常微生物群的结构彼此并不相同。有研究表明,鱼类肠道最里层紧贴肠壁的专性厌氧菌为肠道固有优势菌群,与宿主是共生关系,具有营养和免疫调节作用,如双歧杆菌和乳酸菌等;中间层为兼性厌氧菌,多为条件致病菌,与宿主共栖,为肠道非优势菌群,如大肠埃希菌和肠球菌等;肠道最外层多为需氧菌,游离于肠腔外,又称过路菌,如弧菌、链球菌和芽孢杆菌等。

（5）生态位(niche)：又称为小生境、生态灶,是微生态学中的第五个层次,是微生物群与环境的统一体。生态位的概念由吉内尔(Ginnell)于1917年提出,是用来表示对生境再划分的亚空间单位。1927年,埃尔顿(Elton)将生态位定义为"物种在生物群中的地位和作用"。这种地位和作用是在很小的空间内发生的,具有极为复杂的生物物理学、生物化学和生态学结构。生态位是有机体的功能和作用在时间和空间上的位置。目前认为,生态位是一个比生境更广泛的概念,不但含有物理的概念,而且含有这个空间、微生物作用及这个空间与微生物相互作用的全部内容。在生态位内,相异物种可以共存,相似物种产生强烈的竞争。因此,相近的物种不能共存于一个生态位内。这就是高斯(Gause)占有权原则(或称作竞争排除原理)。鱼类的肠道、鳃和皮肤都可定殖微生物,因此可能提供不同的或独特的生态位供微生物定殖。

3. 微生态组织及其层次

（1）微生态组织:指超级有机体(superorganism)的组织机构。微生态组织总体可分为宏观微生态组织和微观微生态组织。个体以上属于宏观,个体以下属于微观,细胞以下属于超微观。

（2）微生态组织层次:从生态学出发,微观微生态组织分为总微生态系、大微生态系、微生态系、微群落、微种群5个层次。微观微生态组织的复杂性不亚于宏观微生态组织,甚至可能更复杂。不同的微生态组织层次,必须与相应微生态空间层次相结合,不同生态系统层次之间是有联系的,但这种联系是按阶梯循序进行的。微生态组织与微生态空间的统一性见表2-1。

表 2-1　微生态组织与微生态空间统一性

微生态空间层次	微生态组织层次				
	总微生态系	大微生态系	微生态系	微群落	微种群
个体	必然联系	必然联系			
生态区	偶然联系	必然联系	必然联系		
生境		偶然联系	必然联系	必然联系	
生态点			偶然联系	必然联系	必然联系
生态位				偶然联系	必然联系

水生动物微生态系统指在一定结构的空间内,正常微生物群以其宿主的组织和细胞及其代谢产物为环境,在长期的进化过程中形成的能独立进行物质、能量及基因(即信息)交流的统一的生物系统。由此可见,微生态系统由正常微生物群及其宿主的微环境(组织、细胞、代谢产物)两类成分组成。

1）总微生态系(whole microecosystem):指整个动物个体所包容的全部正常微生物群及少数过路的由外环境或其他宿主的微生物群共同组成的微生态系。它相当于地球上的生物圈或全球生物系。总微生态系与相应微生态空间中的个体层次相结合。

2）大微生态系（integrated microecosystem）：亦称综合微生态系，包括许多个小微生态系。例如，消化道大微生态系包括胃、前肠、中肠、后肠等小微生态系。大微生态系与相应微生态空间中的生态区层次相结合。

3）小微生态系（micro-ecosystem）：指在一定结构的空间内，正常微生物群，以其宿主人体、动物、植物组织和细胞及其代谢产物为环境，在长期进化中形成的能独立进行物质、能量及基因交流的统一的生物系统（biological system）。小微生态系是大微生态系的亚结构，是理论上的单一微生态系。例如，消化道大微生态系的亚结构为胃、前肠、中肠、后肠等，它们是单一微生态系。微生态系与相应微生态空间中的生境层次相结合。

4）微群落（micro-community）：按层次不同分为宏观微群落与微观微群落。微群落指存在于宿主体内特定微生态系的亚结构，它具有特异的空间位置（生境）、特殊的结构和功能。各个微群落之间相互联系，但一般不受侵犯，各自能保持相对的独立性和稳定性。例如，肠道内的不同部位生态系的正常微生物群，在正常情况下，尽管密切联系，但彼此都保持着各自的独立性的特点。微群落间具有相似性，与环境关系密切，与环境越接近，其微群落越相似；与环境相距越远，越不相似。

微群落的结构包括微群落的定性（qualitative）、微群落的定量（quantity）和分布（distribution）。微群落的定性亦称群落丰度（abundance/richness），亦即在微群落内含有多少个种群。种群是微群落的亚单位。种群的多少决定微群落的稳定性。微群落的定量包括总菌数测定与活菌数测定两个方面。每个微群落都占据一定面积、体积的生境，但具体每个种群又各有其特定的生态位。除了生境与生态位的分布外，还有个层片的分布问题，不论是在皮肤还是在黏膜上，正常微生物群都有个层片分布状态，即纵向分布。

对草鱼、鳜鱼和南方大口鲶发育过程（从孵化到成鱼）中肠道微生物群落的构建和演替进行了宏基因组高通量测序分析，发现同种鱼类在不同发育阶段从环境中（环境微生物组成明显不同）选择不同的微生物种类构建具有显著差异的核心类群和群落。随着草鱼、鳜鱼和南方大口鲶的发育，肠道微生物多样性指数降低，优势菌群也发生显著改变。鱼类肠道微生物群落受肠道环境及宿主本身遗传特征等决定性因素的影响。鱼类肠道微生物群落构建主要受宿主肠道环境选择（environmental filtering）这一决定性生态过程控制，但该系统的聚集作用随宿主发育而减弱。也正因如此，均匀选择（homogeneous selection）和扩散限制（dispersal limitation）在幼鱼肠道微生物群落演替中的累计贡献率高达74%～94%，而在成鱼中随机漂移（drift）作用较强（66%～68%）。

5）微种群（micropopulation）：是一定数量同种微生物个体与其所占据的二维或多维空间的生态位构成的统一体。微种群是一个综合概念，不是分类学上的种。微种群作为一个微生态组织的层次必须与相应的微生态空间相适应，应将其视为一个不可分割的整体进行探索。微种群数量受到极其复杂的因素控制。

第二节　微生态动力学

生态学规律充满着动态平衡和动态失调的内容。群落的发展或演替是群落的一个重要动态特征，因为群落的组合动态是必然的，而静止动态是相对的。生态群落在一定因素作用下而随时间有序地变动，由一个自然组合转为另一个自然组合形成动态平衡。

演替（succession）指在一定的发展历史阶段及物理环境条件改变情况下所产生的群落类型

转变成另一类型的顺序过程。这个过程是群落中的有机体和环境反复相互作用，发生在时间、空间上的不可逆的变化过程。

演替是生态学的重要现象之一。演替的研究有利于对生态学运动规律的认识与了解。实际上，演替在现实社会中也是经常存在的现象，如水、火、旱、涝之后的生物群落形成过程就是演替过程。种树、种草、防风、防沙都是利用生态演替规律来达到对人类有益的目的。

一、微生态演替的定义

微生态演替指正常微生物群受自然和人工因素的影响，在其植物、动物及人类宿主机体解剖部位的生态空间中发生、发展和消亡的过程。所谓自然演替，指不经人工干预，生态群落由一个组合转向另一个组合，表现出自然界动态平衡（dynamic balance）的能力。在人工影响下，也会出现演替过程，如外科手术、抗生素应用等。

二、微生态演替的过程

微生态演替过程按常规程序可分为以下4个阶段。

1. 初级演替

新生儿和新生动物降生时，肠道是无菌的。出生后1～2 h即开始有菌出现，开始数量很少，逐渐增多，进而达到第一次高峰。

在此时先出现的菌由于无竞争对手，生长迅速。但2 d以后，由于先定居的多为需氧菌与兼性厌氧菌，在生长过程中消耗了氧气，创造了厌氧环境，这种初步建立起来的种群对后来微环境的改造和对以后相继侵入并定居的微生物个体起了极其重要的奠基作用。厌氧菌的生长使其成为先定殖菌的竞争对手，并占据优势，先定殖的需氧菌数位居第二。

这种先出现的生物为后出现的生物开路，后出现的生物出现后，先出现者反被抑制，这个过程就称作初级演替（primary succession）。

2. 次级演替

一个生态系或群落如受自然的或社会的因素影响，其生命部分被全部或部分排除，因而出现的生态系或群落的重建过程，称为次级演替（secondary succession）。

（1）自然次级演替：宿主在恶劣自然环境（如外空飞行、极地工作等）条件下所引起的正常微生物群的生态失调及其恢复过程属于自然次级演替。

自然次级演替是可逆的，一般当恶劣环境去掉后，又可自然恢复。例如，在寒冷季节发生的上呼吸道感染或伤风感冒就存在这种演替过程。自然次级演替过程如导致慢性过程，正常微生物群由生理组合变为病理组合，并且病理组合不易恢复为生理组合，因而就会造成宿主患慢性病。

（2）社会次级演替：引起演替的原因主要是社会因素，这一过程称为社会次级演替或人工次级演替。一切不利于植物、动物和人类的社会干预都可引起正常微生物群的演替。例如，在医学与兽医方面的抗生素、激素、同位素、机械作用及外科手术等的应用，在农业上的农药、杀虫剂、化肥及除草剂的应用，都可引起人或动物及植物的生态演替。

3. 生理性演替

人、动物及植物的一切生理变化都会引起其正常微生物群的变化，这种变化就称作生理性演替（physiological succession）。生理性演替是研究病理性演替的基础。人或动物的生理性演替包括年龄、营养、生殖及老龄化等变化。

4.峰顶演替

峰顶演替(succession climax)是在一个单一的生境内微生物群落由初级演替、次级演替或生理性演替形成的在一定时间内持续的稳定状态。峰顶是微生物群在一定时空中的持续和稳定的定性与定量结构,以及因而表现出来的功能结构的总和。

峰顶的时间延长,就形成自稳状态(homeostasis)。自稳状态是群落在一定空间内保持稳定性与完整性的能力。正常人结肠菌群多表现为生理性峰顶,如慢性结肠炎患者的肠菌群就形成病理性峰顶。在峰顶时群落形成达到高潮,故称为峰顶群落。峰顶群落种群多,多样性高,质量高,负反馈占主导,生理功能最佳,处于高度结构化,有复杂程序,能以最佳状态使用能源。

图 2-4 峰顶的演进与衰退

峰顶是演进不是衰退,演进是发展,是前进,衰退则是退化和沉沦,这两种状态是可逆的。从相对静态来看,峰顶前期与峰顶后期都是衰退状态,但前期是上升过程的衰退,后期是下降过程的衰退。峰顶的演进与衰退可概括为图 2-4 中两个方向的箭头。

第三节 微生物与微生物间的关系

自然界中某一种微生物很少以纯种的方式存在,而是与其他微生物、动植物共同混杂生活在某一环境里,作为生物群落的一个群体。在复杂的生物群落中,微生物常以种群形式出现,各种不同的微生物种群与周围环境共同形成微生态系统。微生态系统中的各种微生物个体间或种群间会发生各种不同的相互关系,有的使一方或双方受益,称正性相互关系;有的使一方或双方受害,称负性相互关系。正是这种正性或负性的相互关系维持了微生物群落内部与微生物群落间的生态平衡。

一、微生物种群内个体间的相互关系

在一个微生物种群内的个体间也会发生正性或负性的相互关系。微生物种群内个体的正性相互关系称为协作(co-operation),是由单个微生物互相提供必需的营养物质或生长因子而产生的。这种协作关系以利用不溶性养料及遗传交换等方式发挥作用。致病微生物引起疫病时协作关系尤为重要,它们依靠相互的协作战胜宿主抵抗力,并大量繁殖自身以达到感染剂量,从而引起疾病。

微生物种群内个体间负性相互关系称为竞争(competition)。此处竞争是一个广义的概念,包括微生物个体间对于营养物质、光线、氧、栖息地等的竞争及其他,如细菌代谢产物积聚对两者相互生长的影响。

微生物种群内的各种相互作用是有机联系的,受到种群密度的影响。如果以生长率作为衡量尺度,就会看到,正性相互关系使生长率增高,负性相互关系使生长率降低。

随着种群密度的增加,微生物间的正性相互关系使生长率在一定范围内增加,而负性相互关系使生长率降低。但是,在微生物生长密度极低时,不存在任何一种相互影响。只有达到一定的密度时才有可能发生微生物间的相互作用。一般来说,低密度时正性相互关系占优势,高密度时负性相互关系占优势。在一定的种群密度中,微生物的生长率达最高,这时的微生物种群密度为最适种群密度。低于最适密度时生长率主要受正性相互作用的影响,高于最适密度时则主要由负性相互作用发挥影响。

一个群体中正的相互作用称作协同,这种协同作用在自然界中是经常可见的。如果一个群体密度很低,那么分泌的代谢产物很快就被稀释,这样,其他生物细胞就不可能重新吸收这些浓度极低的代谢产物。当一个群体密度足够大时,分泌的代谢产物达到一定浓度时可被邻近的细胞吸收,促进这些邻近细胞的生长繁殖,因此该群体的每一个生物细胞个体都能相互提供所需的代谢产物和生长因子,相互促进生长。

在平板或自然环境中,如土壤粒表面上菌落的形成,微生物对于不溶性底物(如几丁质、纤维素、淀粉、蛋白质、土壤等)的利用,遗传物质的交换,病原微生物导致疾病和微生物群体抵抗不良环境等过程都存在协同作用。又如,在自然界中,微生物对抗生素和重金属等的抗性,以及对一些异常化合物的利用等,与这些特性有关的基因在一个微生物群体中通常是可以传递的。这些遗传物质的交换需要高群体密度,细菌通过接合交换遗传物质时,要求群体密度高于 10^5 个细胞/mL。有时虽然群体密度很低,但细胞可以形成凝集块,从而可以促进遗传物质的交换。粪肠球菌的受体细胞产生外激素(pheromone),外激素可诱导带有质粒的供体合成凝集素,这样使供体和受体细胞形成接合凝集块,从而有利于遗传物质的交换。

微生物群体还可以通过信息的传递达到协同作用。例如,黏液霉菌生存在食物来源有限的环境中时,这种霉菌的阿米巴细胞开始聚集到其中一个中心微生物细胞上,这种聚集现象是cAMP 作用的结果,cAMP 可以从邻近细胞传递到远距离的细胞上,起着一种脉冲波的作用,使所有细胞聚集在一起,形成一个子实体,通过这种聚集作用使某些细胞到达食物比较充足的地方,以便它们共同寻找和利用环境中的食物。同样,当它们遇到有毒物质时,也可以通过这种聚集作用避开有毒物质对它们的伤害。黏细菌是一类具有复杂多细胞行为的原核微生物,能够在细胞间传递和感应信号,其细胞的群体行为主要包括摄食、运动、子实体的发育和黏孢子的形成,具有显著的社会学特征,被认为是高等的原核微生物。在营养物缺乏、高细胞浓度和生长在固体介质表面的情况下,黏细菌群体中的营养细胞向各焦点有序聚集,这是形成子实体的前奏,这种有序聚集依赖于细胞间的接触及信号物质的感知与交流。在黄色黏球菌的多细胞行为中,发现了 5 种信号因子,即 Asg、Bsg、Csg、Dsg 和 Esg,其中除了 Bsg 以外,其他4 种信号因子都参与细胞的聚集过程。

微生物群体中负的相互作用称作竞争。竞争包括对食物的竞争和通过产生有毒物质进行竞争。在一个营养物浓度非常低的自然环境中,群体密度的增加会加剧对营养物的竞争。同样,捕食者可以竞争利用被捕食者作为食物。寄生物可以竞争利用相应的宿主。光能自养微生物需要竞争光,一个群体中某些微生物可以遮蔽其他微生物,使它们无法吸收光能,结果使无法吸收光能的这些微生物生长速率下降,这是一个竞争空间的问题。同样,病毒和蛭弧菌也要互相竞争相应受体上的空间。

在一个高密度的群体中,某些代谢产物累积到一定浓度时,便可以导致抑制效应的产生。代谢产物的累积可以起协同作用,然而,有毒物质的累积如低分子量脂肪酸的累积却起负反馈作用,结果是有效地限制了这一环境中微生物群体进一步生长。例如,在土壤亚表面,有机酸的累积会使葡萄糖代谢受到抑制,尽管这些微生物群体还具有代谢活力。

二、微生物种群间的相互关系

不同的微生物群体之间存在许多种不同的相互作用,但基本上也可以分为正的相互作用和负的相互作用,或对一个群体是正的相互作用,对另一个群体来说却是负的相互作用。在各生态系统中,如果其中的群落比较简单,那么相互关系也就比较简单。是一个复杂的自然生物群落,不同微生物群体之间可能存在各种各样的相互关系。正的相互作用使得微生物能更有效地利用现有的资源并占据这个生境,否则就不能在这一生境中存在下去。微生物群体之间的互惠共生关系使得这些微生物共同占据这一生境,而不是被其中之一的群体占据。正的相互作用使得有关微生物群体的生长速率加快,群体密度增加。负的相互作用使群体密度受到限制,这是一种自我调节机制。从长远角度来看,通过抑制过度生长、破坏生境和灭绝作用使有些种群得到好处,这些相互作用对于群落结构的进化是一种推动力。

不同种群的微生物之间,经常呈现着非常复杂而多样化的相互关系。确定不同种群微生物的相互关系是根据其同处于一个环境中,彼此发生的使一方或双方受益,一方或双方受害,双方互不影响的后果而划分的。但环境因素的改变亦可影响或改变原有的关系。

根据参与相互作用的两个群体受到影响的程度,可以把这些相互作用分为以下 8 种:

1. 互生

互生又称代谢共栖(metabiosis),指两种微生物共同生存时可互相受益。互生不是一种固定的关系,互生双方在自然界中均可单独存在,而一旦形成互生关系,又可从对方受益。在土壤微生物中,互生关系十分普遍。例如,好氧型自生固氮菌与纤维素分解菌生活在一起时,后者分解纤维素形成的产物有机酸可为前者提供固氮时的营养,而前者则向后者提供氮素营养物。

另一种互生关系为共养,指两种或两种以上的微生物协同进行某一代谢过程并互相提供所需的营养物质。例如,甲种微生物能利用化合物 A 生成化合物 B,但其本身因缺乏必需的酶而无法完成这个代谢过程,只有在乙种微生物的协作下,利用后者产生的酶才能完成。乙种微生物不能利用化合物 A,只能利用化合物 B,形成化合物 C。因此,只有甲种和乙种微生物共同作用,才能形成化合物 C。在这一过程中,甲种和乙种微生物均从中获得能量,共同受益。当甲种和乙种微生物各单独存在时,同样能生长繁殖。又如,粪链球菌和大肠埃希菌均不能单独将精氨酸转为丁二胺,但粪链球菌可将精氨酸转变为鸟氨酸,大肠埃希菌利用鸟氨酸,最终可生成丁二胺。

微生物间的互生关系还表现在共同排出有毒产物,以产生可利用的物质方面。例如,土壤中的真菌能协同分解农业除草剂,并从中互相提供所需要的成分如碳、能量等。

2. 中性共生

中性共生(neutralism)指两种或两种以上的微生物处于同一环境时不发生任何相互影响。常见于对营养要求根本不同的微生物,如家畜上呼吸道各种微生物形成的正常菌、生长密度很低时或处于生长静止期的微生物。

微生物间的中性共生关系不是一成不变的。处于生长静止期的微生物与其他微生物多为中性共生关系。因为此时代谢活动低下,营养要求极低,故很少与其他微生物针对能量来源等发生竞争,处于中性共生关系。例如,当环境变得严酷时(如热、干燥等),细菌由繁殖体变为芽孢,以便克服环境压力而得以生存,该细菌处于静止期,此时以芽孢形式存在的细菌与其他细菌间表现为中性共生关系。而一旦环境改善,当细菌由芽孢转变为营养体,此时成为营养体的细菌与其他细菌间的关系就由原有的中立关系被竞争或其他关系所代替。

3. 栖生

栖生(commensalism)又称单利共生,是微生物间常见的一种相互关系,系指两种微生物共同生长时,一方受益,另一方不受任何影响。对受益方来说,另一方可能为其提供一些基本的生存条件,但它还能从其他方面获得这些条件;对另一方来说,它既不从中受益,也不会受到损害。所以说栖生是一种单向的、非固定的相互关系。

兼性厌氧菌与专性厌氧菌是栖生关系中典型的例子。兼性厌氧菌在生长过程中消耗氧,使氧气压力下降,从而为专性厌氧菌的生长提供了理想的生活环境。专性厌氧菌从对方受益,而兼性厌氧菌则不受任何有害影响。专性厌氧菌在需氧菌占优势的地方如人的口腔,就是靠这种栖生关系得以生存的。

一些栖生关系的建立是由于一方向另一方提供生长因子,这些生长因子有维生素、氨基酸、生物素等。它们多半是辅基或辅酶的主要成分,对细菌的生命活动至关重要。对海洋微生物来说,生物素是重要的生长因子。例如,海藻与某些细菌形成栖生关系是由于这些细菌为海藻提供生物素,海藻由此受益得以生长。没有这些细菌提供生物素,像海藻这样需要复杂营养的微生物就不能生长。又如,硫胺素(维生素 B_1)是溶血性链球菌、布氏杆菌的生长因子;生物素是李氏杆菌的生长因子,那些能为溶血性链球菌、布氏杆菌提供硫胺素的细菌与那些能为李氏杆菌提供生物素的细菌之间均为栖生关系。

一些微生物产生的细胞外酶能为另一些微生物提供新的代谢物质,是建立栖生关系的原因之一。例如,有的真菌分泌纤维素酶,能使大分子纤维素转变为小分子的糖,如瘤胃纤维分解菌产生的纤维素酶将纤维素分解成小分子的糖,从而为利用小分子糖的淀粉分解菌提供新的能源。两者因此而建立栖生关系。

排除和中和有毒物质也是建立栖生关系的一个原因。例如,H_2S 对许多细菌来说是有毒的,但有些细菌能够氧化 H_2S,在这些细菌存时,因为环境中的 H_2S 被氧化失去毒性,许多细菌从中受益得以生长。

还有一种栖生关系,以共同代谢为基础,形成有趣的栖生链。共同代谢指一种微生物利用某种物质进行代谢过程中产生另一种微生物需要而又不能直接从周围环境中获得的产物。例如,土壤中的一种厌氧菌分解复杂的多糖产生有机酸,另一种细菌则能利用有机酸产生甲烷,而甲烷又被另一种能分解甲烷的细菌利用,这样的栖生链在微生物界非常多见。

4. 共生

共生(symbiosis)指两种或两种以上共同生长的微生物互相受益的专性关系。共生是有选择的,任何一方都不能由其他微生物所取代。微生物的共生关系使其作为一个整体而共同活动。

由海藻、蓝绿菌和真菌形成的地衣是共生关系最典型的例子。地衣是由藻类共生体和地衣共生菌组成的。藻类共生体又由海藻和数种蓝绿菌组成;地衣共生菌常见的是子囊类菌。地衣中各种成分的结合是特异的,即一种海藻只能和某几种蓝绿菌结合,反之亦然。在地衣中,藻类共生体利用阳光进行光合作用,合成一些有机物,如碳水化合物可供地衣共生菌利用,而后者又为前者提供保护作用,并可提供前者所需的生长因子。地衣常生长在其他生物不能生长的地方,如岩石表面,它能耐受较严酷的自然环境,如光照、干燥。这些环境条件是组成地衣的任何一种微生物不能单独承受的,无法生存的。

牛、羊、鹿、骆驼和长颈鹿等属于反刍动物,它们一般都有由瘤胃、网胃、瓣胃和皱胃 4 部分组成复杂的反刍胃,通过与瘤胃微生物(rumen microflora)的共生,它们才可消化植物的纤维素和果胶等成分。其中,反刍动物为瘤胃微生物提供纤维素和无机盐等养料、水分、合适的温度和 pH,以及良好的搅拌和无氧环境,而瘤胃微生物则协助其把纤维素分解成有机酸(乙酸、丙酸和丁酸等)以供瘤胃吸收,同时,由此产生的大量菌体蛋白通过皱胃的消化而反向向动物提供充足的蛋白质养料(占蛋白质需要量的 40%~90%)。牛瘤胃的容积可达 100 L 甚至以上,其中约生长着 100 种细菌、原生动物和厌氧真菌,且数量极大(每克内含物中细菌达 10^7~10^{12} 个,以纤毛虫为主的厌氧原生动物每克内含物达 10^5~10^6 个)。荷兰和美国等的学者发现,若在牛饲料中添加 1.3%~1.5% 的磷酸脲,可促进瘤胃微生物的生长繁殖,从而达到增奶 8%~10%、增重 5%~10%、饲料消耗降低 3%~5% 和经济效益提高 12%~12.5% 的显著作用。

溶原性噬菌体和相应细菌的关系也可看作一种共生关系。噬菌体将其遗传物质结合到细菌的染色体上,从而为其长期潜伏创造了有利条件。溶原性细菌则可产生一些特殊的酶类,为其本身的生长提供了有利条件。例如,白喉杆菌只有与噬菌体结合形成溶原性细菌,才能产生白喉毒素,每千克体重 50~100 ng,即可杀死动物。但白喉棒状杆菌如果不被带有毒素基因的溶原性噬菌体感染,则不能产生白喉毒素,也不引发疾病。

5. 竞争

竞争又称拮抗共生(antagonistic symbiosis),指两种微生物共同生存时为获得能源、空间或有限的生长因子而发生的争夺现象。竞争的双方都受到不利的影响。微生物的竞争关系又有两种表现,一种是竞争排斥,另一种是共存(coexist)。

竞争排斥指竞争的双方不能长期共同在某一环境中生长。如双方争夺同一生长环境或营养物质,一方必须战胜另一方,失利者将被排出这个环境。例如,外籍菌群与原籍菌群对生境的竞争,最终外籍菌群将被排出体外。

共存的出现是竞争双方及时分离的结果。例如,初级演替过程中需氧菌与厌氧菌的竞争,先是需氧菌迅速生长,几天后消耗氧气形成的厌氧环境使厌氧菌生长,逐渐形成优势,最后厌氧菌取代了需氧菌的地位。这时,竞争双方迅速分离,需氧菌主要占据黏膜表面,厌氧菌则主要占据黏膜深层,两种细菌和平共处。

然而,竞争的优势并不仅仅建立在能迅速有效地利用营养成分的基础上,对恶劣条件的耐受性大小也是重要条件之一。有些微生物对干燥、高温、高盐的耐受力较强,因此才能在竞争中取胜。

拮抗(antagonism)又称抗生,指由某种生物所产生的特定代谢产物可抑制他种生物的生长发育甚至杀死他种生物。在一般情况下,拮抗通常指微生物间产生抗生素之类物质而行使的"损人利己的化学战术"。在制作民间食品泡菜(pickle)和牲畜的青贮饲料(silage)过程中,也存在着拮抗关系:在密封容器中,当需氧菌和兼性厌氧菌消耗了其中的残存氧气后,就为各种乳酸细菌包括植物乳杆菌(*Lactobacillus plantarun*)、短乳杆菌(*Lactobacillus brevis*)、肠膜明串球菌(*Leuconostoc mesenteroides*)和戊糖片球菌(*Pediococcus pentosaceus*)等的生长、繁殖创造了良好的条件。通过它们产生的乳酸对其他腐败菌的拮抗作用才保证了泡菜或青贮饲料的风味、质量和良好的保藏性能。

6. 偏害共生

偏害共生(amensalism)又称单害共生,指两种微生物共同生长时,一方产生抑制对方生长的因子,前者本身不受影响或反而受益,后者的生长受到不利影响。例如,某些真菌能产生抗生素。抗生素能抑制或杀死其他微生物如细菌。但真菌的生长不会受到不利影响。

另外,某些微生物的代谢产物能改变环境的氢离子浓度、渗透压或其他方面的情况,形成对另一些微生物生长不利的因素,也是一种偏害共生现象。例如,在泡菜、青贮饲料的制造过程中,由于乳酸菌的大量繁殖产生了乳酸,降低了 pH,结果使大多数不耐酸的腐败细菌生长受到不利影响。

还有一些微生物在代谢过程中产生一些低分子量的有机物,如脂肪酸、乙醇等。这些物质也能抑制其他微生物的生长,从而形成相互的偏害共生关系。例如,酵母菌能发酵糖类产生乙醇,乙醇积累能抑制多数微生物生长,故被用于酿酒业、食品工业和饲料添加剂。

7. 寄生

寄生(parasitism)由宿主和寄生物两方面组成。一般来说,寄生物比宿主小,有的进入宿主体内称内寄生(endoparasitism),有的不进入宿主体内称外寄生(ectoparasitism)。寄生物从宿主体内摄取营养成分。有的寄生物完全依赖宿主提供营养来源,称专性寄生,如病毒。有的仅仅将寄生作为一种获取营养的方式,许多外寄生的微生物属于此类。在寄生过程中宿主受害,寄生物受益。寄生物与宿主的关系是特异的,其特异性是由宿主表面与寄生物相适应的受体所决定的。

微生物的寄生现象非常多见,常见的宿主有细菌、真菌、原虫、海藻等。

病毒是上述宿主体内最常见的一种寄生物。病毒为专性寄生,完全依靠宿主细胞的成分来繁殖自身。病毒侵入宿主细胞形成内寄生,随着病毒的不断繁殖,宿主细胞溶解破裂,并释放出新的感染性病毒。例如,大肠埃希菌噬菌体侵入大肠埃希菌体内,不断地在大肠埃希菌内繁殖,引起菌体溶解破裂。随着时间的延长,其可使某一特定环境中的大肠埃希菌消失。铜绿假单胞菌噬菌体寄生于铜绿假单胞菌体内,不停地在宿主体内繁殖,使铜绿假单胞菌崩解,在烧伤患者因铜绿假单胞菌感染而病情加剧时,通过喷洒铜绿假单胞菌噬菌体而防止感染加剧。有些微生物间形成外寄生,也可使宿主受害。例如,蛭弧菌能活泼游动,当与宿主革兰氏阴性菌接触后,释放出毒性物质,引起宿主细胞死亡溶解。

微生物间寄生的典型例子是噬菌体与其宿主菌的关系。1962 年,斯托尔普(Stolp)等发现了小细菌寄生在大细菌中的独特寄生现象,从而引起学术界产生了巨大兴趣。小细菌称为蛭弧菌(Bdellovibrio),至今已知有 3 个种,其中研究得较详细的是噬菌蛭弧菌。此菌的细胞呈弧状,革兰氏阴性,大小为 $(0.25\sim0.4)\mu m\times(0.8\sim1.2)\mu m$,一端为单生鞭毛,专性好氧;不能利用葡萄糖产能,可氧化氨基酸和乙酸产能(通过二羧酸循环);可培养在含酵母膏和蛋白胨的天然培养基中,广泛分布于土壤、污水甚至海水中,其寄生对象都是革兰氏阴性菌,尤其是一些肠杆菌和假单胞菌,如大肠埃希菌、菜豆黄单胞菌(Xanthomonas phaseoli)和白叶枯质连胞菌(Xanthomonas oryzae)等。

蛭弧菌的生活史:通过高速运动,细菌的一端与宿主细胞壁接触,凭其快速旋转(>100 r/s)和分泌水解酶类,即可穿入宿主的周质空间内;然后鞭毛脱落,分泌消化酶,逐步把宿主的原生质作为自己的营养,这时已死亡的宿主细胞开始膨胀形成圆球状,称为蛭质体,其中的蛭弧菌细胞不断延长、分裂、繁殖,待新个体一一长出鞭毛后,就破壁而出,并重新寄生于新的宿主细胞。整个生活史需要 $2.5\sim4.0$ h。通常每个大肠埃希菌细胞可释放 $5\sim6$ 个蛭弧菌,而大细菌如水螺菌属(一种水螺菌)则可释放 $20\sim30$ 个蛭弧菌。若在宿主菌的平板菌苔上滴加土壤或污水的滤液后,可在其上形成特殊的"噬菌斑",它与由噬菌体形成的噬菌斑不同的是,由蛭弧菌形成的"噬菌斑"会不断扩大,且可呈现一定的颜色。

蛭弧菌的发现,不但在细菌间找到了寄生的实例,而且为医疗保健和农作物的生物防治提供了一条新的可能途径。

8. 吞噬

吞噬(phagocytosis)指一种微生物吞入并消化另一种微生物。前者称为吞噬者,后者称为牺牲者。前者从后者中获取营养成分。一般来说,前者的体积比后者大,但对微生物来说两者的体积无明显差别。

吞噬者常见的有原虫、海藻、真菌等。被吞噬的牺牲者有细菌、真菌、海藻、原虫等。

为了更好地生存,吞噬者和牺牲者都可产生一些协助其吞噬或逃避吞噬、消化的功能。例如,许多吞噬者能主动追击吞噬对象,有的鞭毛虫能利用本身的鞭毛将细菌集中起来进行吞噬。一些细菌产生的特殊结构使其能逃避被吞噬和消化,如细菌形成芽孢或形成荚膜后就不易被吞噬、消化。有的牺牲者即使被吞噬后亦不被消化,经过与吞噬者的长期相互作用,使原来的吞噬关系转变为共生或其他关系。

第三章　水生动物正常微生物群及其生理功能

第一节　水生动物正常微生物群

一、水生动物正常微生物群的概念

水生动物正常微生物群（normal microbiota）指水生动物的内环境（包括体内和体表）有一层微生物或微生物层（microbial zone）存在，在正常情况下及生物处于健康状态时，并未出现异常或致病现象，这一微生物层就是正常微生物群，或称正常菌群、固有菌群或原籍菌群。

正常微生物群在机体内定居是在长期历史进化过程中，微生物通过适应与自然选择共同作用，形成了两者相互依存、相互制约的关系。

正常微生物群对水生动物非但无害，而且有益，不仅有益，而且是必要的，不可缺少的。正常微生物群是微生物与其宿主在共同的历史进化过程中形成的生态系（ecosystem），这个生态系是由微生物与宏观生物共同组成的。

从这个定义出发，微生态学的定义也可以认为是"研究正常微生物群的结构、功能及其宿主相互关系的学科"。

正常微生物群包括微细菌群系、真菌群系与病毒群系（viral flora）。总之，正常微生物群应包括生物宿主体表与体内的一切微生物。这些微生物的菌际关系、与其宿主的关系及与宿主构成的统一生态系对外环境的（生理的、化学的及生物的）关系，都是微生态学研究的范畴。

水生动物正常微生物群的确定标准：

1）从数量上分析，绝大部分微生物在厌氧条件下生长，尤其是肠道微生物，因为正常微生物存在于水生动物肠道的数量最大，而这些在肠道中的微生物99%都是厌氧菌。

2）在成年水生动物体内长久存在，并在特定器官、组织及与之相应的部分定殖，与定殖区域的黏膜上皮细胞有着极为密切的关系，任何时间均可分离得到。

3）在初级演替过程中，能够定殖于水生动物体内或者体表的生境内，而在成年水生动物的峰顶群落中保持一定的群落水平。

4）在正常情况下，对宿主健康有利，具有免疫、营养、生物拮抗和生长刺激等作用。

二、水生动物正常微生物群的形成与组成

水生动物肠道正常微生物群的研究目前主要集中在细菌群系的研究，而真菌和病毒群系部分研究较少。在众多的水生动物中，又以鱼类肠道的菌群研究较多，甲壳类次之，其他种类的水生动物稍有涉及。

水生动物肠道正常菌群是肠道的正常组成部分；是肠道微生物与宿主及所处的水生环境形

成的相互依赖、相互制约的微生态系;在营养物质的消化吸收、免疫反应及器官的发育等方面具有其他因素不可替代的作用,并且会影响到水生动物的生长、发育、生理和病理。

1. 水生动物肠道正常菌群的形成

以鱼类(虾/蟹)为例:研究表明,细菌最初的定殖过程在幼鱼(虾/蟹)发育阶段是非常复杂的,通常受到多种因素的影响,但是主要取决于鱼卵表面、活的饵料和幼鱼(虾/蟹)饲养水体中的细菌。处于孵化阶段的幼鱼(虾/蟹)具有一个发育不完全的消化道,其内是无菌的,就像陆生动物在出产道之前是一样的。处于孵化过程中的幼鱼(虾/蟹)主要依靠卵黄来供给营养物质,其从卵中孵化出来后,一旦接触到周围的水生环境和活饵料,细菌就开始在肠道上皮定殖。Mroga 研究发现,肠道菌群的主要来源是所摄取的活饲料而不是养殖水体。另有结果表明,最先定殖的细菌能调节上皮细胞的基因表达,从而使最先定殖的细菌与宿主肠道环境相适应,并且可以阻止在这个生态系统中后来的细菌的定殖。因此,最初的细菌定殖与成年最终稳定的肠道菌群组成结构具有高度相关性。然而,有的试验结果表明肠道的菌群与鱼(虾/蟹)的饲料和水体环境中的细菌并不相同。

鱼类胚胎内的微生物可以影响鱼类肠道菌群的建立及鱼类的生长发育,通过分析鱼类胚胎微生物的组成,可以间接反映鱼类所处水体的菌群特点。但过多微生物的定殖不利于胚胎发育。Hempel(1979)研究表明,胚胎内过多的微生物定殖可能导致胚胎发育过程缺氧,随着胚胎发育过程的进行,需氧量不断增加,缺氧可能导致发育迟缓和神经系统受损。随着动物发育阶段的进行,肠道菌群逐渐建立并稳定,越来越多的研究表明,肠道菌群在宿主代谢、能量利用及存储、宿主免疫以及维持宿主健康等方面起重要作用。

2. 水生动物肠道菌群的特性与组成

动物的肠道中存在大量的各种各样的微生物,如人的肠道中有 10^{14} 个微生物细胞,500~1 000种不同种类的细菌。其细胞总量几乎是人体自身细胞的 10 倍,其编码基因的数量是人体自身基因的 100 多倍。实验室养殖果蝇肠道中发现 1~30 种细菌,其中多数为乳杆菌属(*Lactobacillus*)和醋酸杆菌属(*Acetobacter*)的细菌。这些肠道菌群包括有益的共生菌、非共生菌、食物携带的微生物及致病菌等。这些微生物并不是孤立的,它们在肠道内组成了一个处于动态平衡的微生态系统。在这个系统中,微生物与微生物、微生物与宿主之间存在着一种既相互共生又相互竞争的动态平衡且复杂的关系。在有利于宿主方面,微生物可以提供必要的营养因子,如维生素,提高人体从食物中获取营养的能力,补充人体基因组编码的有限的碳水化合物代谢酶,定居的微生物菌群形成的一个缓冲区可以限制致病菌进入。而各种不同因素如食物改变、抗生素使用和病原菌侵入等均会导致菌群结构改变,破坏菌群组成的平衡,改变菌群代谢网络,造成生态失调,影响抑制肠道炎症的免疫调控网络,从而使宿主限制菌群入侵的能力下降,一些致病菌就会进入组织引起疾病,最后导致肠炎或其他疾病。通过对肠上皮细胞和干细胞进行功能研究,证明了曾经一度被认为是简单的物理屏障的肠上皮细胞是重要的保持肠道免疫动态平衡的细胞,在探测肠内微生物环境,识别抗原和共生微生物,以及调节抗原呈递细胞的功能、免疫细胞和淋巴细胞的功能等方面有重要作用。

肠道菌群可分为原籍菌群和外籍菌群,原籍菌群又称固有菌群或常居菌群,外籍菌群也称过路菌群。水生动物为消化道菌群提供了生存栖息的环境和营养物质,而消化道原籍菌群则通过拮抗潜在致病菌在消化道中定殖和生长,刺激宿主的免疫功能,以及合成供宿主利用的营养素等,如酶、氨基酸和微生物,有利于维护宿主的健康和生长。因此,通常将机体消化道内的菌群分为以下 3 类:

（1）消化道中固有的优势菌群：如双歧杆菌属、乳杆菌属、肠球菌属（*Enterococcus*）等，它们可以合成多种维生素和蛋白质供机体利用，同时也可产生有机酸和气体，从而刺激肠道蠕动，以促进消化作用。

（2）消化道内非优势菌群：如蜡样芽孢杆菌等，这一类细菌可以促进肠道固有优势菌群的生长和繁殖，起恢复体内微生态平衡的作用。

（3）非消化道固有菌群：如光合细菌、放线菌、真菌、酵母、枯草芽孢杆菌等，通常作为益生菌来利用。

鱼类肠道菌群细菌种类繁多，数量极大。有研究报道指出，淡水鱼肠内细菌的数量基本在 $10^5 \sim 10^8$ 个，而海水鱼肠内细菌的数量在 $10^6 \sim 10^8$ 个。肠道的优势细菌为革兰氏阴性菌，同时也存在革兰氏阳性菌。

鱼类的生存生长环境与陆生动物不同，因此，在肠道微生态系中其细菌的某些生理生化特征也表现出特异性。史密斯（Smith）对鱼肠道的大肠埃希菌进行研究时就发现，鱼肠道的大肠埃希菌可以液化明胶，不产生吲哚，而这些特性是从陆生动物肠道分离的大肠埃希菌所不具备的。

不同种类的鱼之间，由于所处的水体环境、食性等因素，其肠道细菌组成和结构也不尽相同。研究表明，淡水鱼类肠道内专性厌氧菌以 A、B 型拟杆菌科等为主，好氧和兼性厌氧菌则以气单胞菌属、肠杆菌科等为主。乳酸菌在陆生动物中是常驻菌，而在鱼类中也是肠道菌群的组成部分。林格（Ringø）曾对乳酸菌进行了系统研究。王红宁对淡水养殖池中的鲤鱼肠道的菌群结构研究发现，在鲤鱼肠道中的需氧和兼性厌氧菌按数量由多到少依次是气单胞菌、酵母菌、大肠埃希菌、假单胞菌、葡萄球菌、需氧芽孢杆菌。气单胞菌和酵母菌的数量更多。可以认为是肠道里的优势需氧、兼性厌氧菌。厌氧菌按数量由多到少依次是拟杆菌、乳杆菌、梭状芽孢杆菌，其中拟杆菌数量最多，拟杆菌可以认为是肠道中的优势厌氧菌。尹军霞等对淡水养殖池中的 4 种不同食性鱼（乌鳢、鲢、鳊、鲫）的肠道壁菌群进行了定性、定量分析，发现不论是需氧菌还是厌氧菌，在同种鱼前肠壁的分布一般比中肠壁和后肠壁少；同一肠段相比，厌氧菌总数远大于需氧菌总数，一般相差 2～3 个数量级；不同鱼种之间，肠壁的需氧菌总数差别比厌氧菌总数差别大得多；厌氧菌中的乳酸球菌和双歧杆菌具有一定的正相关性。4 种鱼肠道壁中的厌氧菌总数和双歧杆菌分布的规律是肉食性的乌鳢＞杂食性和广食性的鲫＞以食浮游植物为主的鲢＞草食性的鳊，即鱼类肠道壁中的厌氧菌和双歧杆菌总数随着从草食性向肉食性发展而逐渐增加。拉赫尔（Rachel）等从淡水扁鲨和 Oscars 在南方比目鱼中分离到梭菌、拟杆菌等。因此，鱼类肠道的菌群组成结构随着鱼种类、食性、生长的环境的不同而呈现出差异。

肠道是对虾体内重要的消化吸收器官，肠道内也生存着数量庞大、结构复杂的菌群，与宿主相互依赖、相互制约，在长期的进化过程中形成独特的肠道微生物系统。虾类肠道菌群的组成受多种因素的影响，不同种类、不同阶段或者不同生长环境的虾类之间菌群既有其共性，也有差异性。对虾的肠道菌群的早期研究主要集中在肠道可培养细菌。Oxley 等比较了野生和养殖对虾的肠道菌群，发现它们具有非常相似的细菌菌群，包括气单胞菌属（*Aeromonas*）、邻单胞菌属（*Plesiomonas*）、发光菌属（*Photobacterium*）、假交替单胞菌属（*Pseudoalteromonas*）、假单胞菌属（*Pseudomonas*）和弧菌属（*Vibrio*）。这种在野生和养殖对虾中显著相似的肠道菌群的组成说明宿主中肠道微生物群落稳定的重要性。李可等采用分子生物学手段对实验室养殖条件下的南美白对虾肠道细菌的多样性进行了研究，鉴定出的细菌分别为希瓦氏菌属（*Shewanella*）、泛菌属（*Pantoea*）、假单胞菌属（*Pseudomonas*）和弧菌属

（*Vibrio*）。

随着水生动物肠道菌群研究的深入，除了鱼类、甲壳类动物等主要水产经济动物的研究较为集中、资料也较为丰富以外，其他的水生动物像三角帆蚌等肠道菌群的研究也有涉及，如在三角帆蚌中肠道菌群的研究中发现，厚壁菌门、放线菌门和变形菌门为优势菌种，为研究水生动物肠道菌群与水生动物间的关系提供了更为丰富的科研资料。

3. 水生动物消化道内菌群形成的影响因素

动物肠道菌群的形成与组成受到内外环境中多重因素的影响，如水生动物的遗传背景、水体环境、饲料组分以及温度变化等因素均可以显著影响其肠道内菌群的结构和组成。

研究发现，处于不同生长环境中的斑马鱼肠道中存在一个核心菌群，而生活在同一淡水环境中的银鲤、草鲤、鳙鱼和武昌鱼幼鱼消化道菌群结构并不相同。张（Zhang）等研究了综合养殖池中的三角帆蚌、草鱼、鳊、银鲫、青鱼和鳙鱼的肠道菌群组成，结果表明同一养殖环境中的不同水生生物肠道菌群具有明显的物种特异性，并与其食性存在一定相关性。一般认为，宿主的遗传背景及食性是肠道微生物结构形成的主要决定因素。此外，饲料组分、饲养环境和投喂饲料的策略会在某种程度上影响消化道菌群的组成。张美玲等在对南美白对虾的研究中发现，利用不同的脂肪源饲料喂养南美白对虾 8 周，不同处理组南美白对虾消化道菌群具有一个不受饲料组分影响的"核心菌群"，但不同的脂肪源会对肠道内某些种属的细菌产生十分明显的影响，类似的现象在其他物种中也有报道，如 Ringø 利用纤维素和不含淀粉的多糖饲喂大西洋鲑（*Salmo salar*）4 周后，发现不同饲料对肠道微生物的种群数量没有明显影响，但对微生物的组成则具有比较大的影响。Rungrassame 等利用高通量测序技术比较了野生条件和人工饲养条件下斑节对虾（*Penaeus monodon*）肠道微生物的组成，结果表明两种环境下生活的斑节对虾肠道内存在一些共有的微生物。但是，不同的饲养环境也会对肠道内细菌组成产生一定的影响。Wong 等研究了不同饲料组分及不同饲养密度下虹鳟（*Oncorhynchus mykiss*）的肠道微生物组成，发现不同饲养条件下的虹鳟肠道具有一个核心的微生物菌群，饲料组分与养殖密度仅会影响肠道内某些细菌的结构变化。苏拉姆（Sullam）等发现，海水鱼与淡水鱼的肠道微生物组成具有明显的差异，提出水体盐度可能是影响水生动物肠道微生物结构的因素之一。吕宏波等对生活在不同盐度环境中的尼罗罗非鱼及南美白对虾的肠道微生物组成进行研究，结果表明，盐度可以显著影响水生动物肠道微生物的组成。在对这两个物种进行实验的过程中，盐度对微生物结构的影响具有一致性，这一研究也将为解释广盐性的水生动物在不同盐度环境下营养代谢能力的差异提供依据。

除了饲料组分和饲养环境可能影响水生动物肠道菌群的组成之外，饥饿-摄食的代谢节奏转换也能影响水生动物肠道菌群的组成结构。李星浩等研究银鲫时发现，其在饥饿和恢复投喂时肠道微生物组成具有显著差异。

因此，随着水生动物肠道微生物组成结构研究的深入，我们逐步认识到，水生动物与高等陆生动物肠道菌群的组成结构呈现出类似的特点，如鱼类、甲壳类动物的肠道菌群组成的差异主要由其宿主的遗传背景和食性决定，而外界环境可以在一定程度上影响肠道内某些敏感菌群的组成，但其对水生动物核心菌群的影响并不大。由于肠道微生物组成具有个体差异，不同的研究所涉及的影响因素不尽相同，肠道菌群的组成与结构也不完全相同。

第二节 水生动物肠道菌群的营养功能

水生动物消化道内栖息着一个数量庞大的微生物群落，含 1 000～5 000 种微生物，并由此在宿主肠道中形成了一个复杂的微生态系统。目前已知,消化道菌群与宿主及消化道环境(如食物、体温、pH等)三者构成了相互作用与相互依赖的"三角关系",共同参与营养物质的消化、吸收及能量代谢的过程。在高等动物中,已有很多研究阐明肠道微生物参与宿主营养代谢或免疫调节。最近的一些研究表明,人体肠道内的拟杆菌具有独特的碳水化合物结合结构域,可以有效地提高细菌对于膳食纤维的结合能力,提高其降解多糖的效率,帮助宿主利用膳食中的多糖类物质。人体肠道内的柔嫩梭菌(*Faecalibacterium prausnitzii*)通过分泌特定的代谢物来阻断核因子 κB(nuclear factor-κB, NF-κB)的激活及白介素-8(interleukin-8, IL-8)的产生,从而抑制肠道炎症疾病的发生。随着对肠道微生物功能解析工作的逐步深入,现在学界已经逐渐意识到,在动物生理学尤其营养代谢学的研究中,必须充分考虑肠道细菌的作用。而相对于陆生脊椎动物,水生动物处于更为复杂的生态环境之中,其肠道微生物结构与陆生动物相比具有更大的多样性和复杂性。

肠道微生物在动物体内数量庞大,结构复杂,与宿主相互依赖、相互制约,经过长期进化,与宿主肠道形成了一个特定的肠道微生态系统。有相当一部分微生物长期定居在动物肠道中,形成了一个由需氧菌、兼性厌氧菌和绝对厌氧菌组成的动态正常菌群。肠道中的优势菌被称为有益菌,分为专性或兼性厌氧菌群;与宿主共栖的条件致病菌,是肠道非优势菌群,以兼性需氧菌为主,病原菌多为过路菌,长期定殖的机会较少,当肠道微生态平衡紊乱,定殖的细菌数量超出一定水平,就会引起动物体发病。

在水生动物育苗过程中,由于其消化道发育尚不完全,肠道本身酶的分泌量不足及免疫功能的低下可能造成在养殖环境转变的过程中出现死亡,此时肠道内的正常细菌菌群以共生或栖息者的角色存在,并在一定程度上弥补宿主自身消化系统的不完善。它们利用自身的酶系分解肠道内大分子物质,一部分用于自身繁殖,一部分贡献给宿主吸收。

Fuller对益生菌的作用机制提出过一套系统的假设,包括以下3方面:一是通过提高或降低酶的活性来改变微生物的代谢途径;二是通过竞争营养、附着位点或产生拮抗物质来抑制有害微生物数量;三是通过增强机体免疫功能提高抗病防病能力。本节主要介绍其营养作用。

1. 提供营养成分

很多益生菌本身就含有丰富的营养物质,光合细菌富含蛋白质,其粗蛋白质量分数高达65%,另外,其还含有多种维生素、氨基酸、钙、磷和多种微量元素、辅酶Q等机体所需的营养成分。

2. 调节酶活性及酶合成

从微生态学方面来说,从昆虫到人体均缺乏完整的酶系统,均需要依靠肠道微生物提供多种酶,才能够完成其食物的消化、营养吸收及生物代谢等功能。

随着益生菌在宿主消化道内的定殖、繁衍、代谢,还会产生淀粉酶、脂肪酶、蛋白酶和纤维素酶等消化酶物质,一方面促进机体消化系统对营养成分的消化和吸收,另一方面促进肠道内正常菌群的生理作用,提高消化效率。李卓佳等发现,小肠上皮细胞微绒毛膜中的吸收酶具有调节营养物质吸收的功能,而消化道的微生物区系会影响小鼠小肠上皮细胞。

自Sogarrd首次发现益生菌可提高动物消化酶活性以来,越来越多的研究结果表明,益生菌制剂具有提高鱼类蛋白酶、淀粉酶和脂肪酶活性,加速养分分解和饵料的消化吸收,促进鱼类生长的功能。

酶活性的调节指的是通过改变酶分子的活性来调节代谢速率,它包括酶活性的激活和酶活性的抑制。能够激活酶活性的物质称为激活剂,而抑制酶活性的物质称为抑制剂。

酶合成的调节指的是通过酶量的变化来控制代谢的速率,因此也称为酶量的调节,它包括两种方式,即酶合成的诱导和酶合成的阻遏。

(1) 酶合成的诱导:参与代谢活动的各种酶,有些是细胞固定合成的,就是不需要某些物质(如底物)的存在而合成的,如组成酶。另外,还有一类酶,在一般情况下细胞内不产生或产生很少,酶合成时需要某些物质(如底物)的存在,这类酶为诱导酶。组成酶和诱导酶是一个相对的概念,即同一种酶在这种微生物内是组成酶,而在另外一种微生物内则是诱导酶,如 β-半乳糖苷酶在大肠埃希菌 K1 的野生型菌株中是诱导酶,而在该菌的一个突变株中则是组成酶。

(2) 酶合成的阻遏:微生物代谢过程中,当代谢途径中某种末端产物过量时,除可以用反馈抑制的方式抑制代谢途径中关键酶的活性、减少末端产物的合成外,还可以通过反馈阻遏作用,阻遏代谢途径中关键酶的进一步合成,从而控制代谢的进行,减少末端产物的合成。酶合成阻遏有两种类型,即末端产物的反馈阻遏和分解代谢产物阻遏,前者指代谢途径中末端产物过量积累时引起的阻遏,后者指两种碳源(或两种氮源)同时存在时,利用快的碳源(或氮源)阻遏了利用慢的碳源(或氮源)的有关酶的合成。

酶活性的调节是对已存在的酶的活性进行控制,因此与酶量的变化无关。而酶合成的调节是通过酶量的变化来控制代谢的速率,也就是通过酶的合成或停止酶的合成来调节代谢。从调节效果看,酶活性调节直接而迅速,而酶量调节则间接而缓慢,但它可以阻止酶的过量合成,因而节省了生物合成的原料和能量。其在应用微生物对酶的调节作用以提高饲料营养的利用率方面有一系列的实证案例。芽孢杆菌是一类耐高温、耐高压、耐酸性(低 pH)的微生物,不论在颗粒或液体状态的饲料中都比较稳定,而且还具有很强的蛋白酶、脂肪酶及淀粉酶活性,从而补充肠道内源酶的不足。实验证明,给鲤鱼饲喂微生物添加剂(8801)后,试验组鲤鱼肠道淀粉酶的活性为 160 U,是对照组(41.6 U)的 3.85 倍,蛋白酶 185.6 U 是对照组(67.2 U)的2.76 倍,差异显著($P<0.05$)。微生物也可明显提高脂肪酶的活性。温茹淑等将 1%复合微生物制剂(主要是芽孢杆菌和酵母菌等)添加在饵料中,显著增加了草鱼肝胰脏和肠道淀粉酶与脂肪酶活性。

大量研究表明,乳酸菌、芽孢杆菌等有益菌作为鱼体内固有菌群的成员,能定殖于鱼类消化道,为宿主的生长发育提供丰富的营养物质,促进动物生长,而水生动物缺乏完整的酶系统,需要依靠肠道微生物所提供的多种消化酶来促进食物的消化、营养物质的吸收及机体的正常代谢等功能。

消化酶是参与消化所需酶的总称,一般定义为由消化腺分泌的酶,其活力直接反映鱼类对不同营养物质的消化能力,是评估动物消化功能的重要指标之一。而鱼类随着消化道的开通,在周围环境和饵料的作用下不断有各种如细菌等微生物定殖在消化道内。这些定殖在消化系统中的菌群也能够分泌各种消化酶,从而协助消化腺分泌的消化酶来促进食物的消化吸收。

肠道微生物对碳水化合物、脂类、蛋白质、维生素和矿物质等的代谢过程都有酶的参与。水生生物体内分解和合成代谢的过程都是在酶参与下完成的。本节主要介绍微生物酶中的水解酶,水解酶是各种微生物普遍具有的酶,主要作用是促进蛋白质、糖和脂肪等各种有机物的分解,使他们成为小分子量的易溶物质。水解酶的主要作用是破坏碳原子和氢原子或碳原子与氮原子之间的联系。常见的有分解纤维素、半纤维素、淀粉等的多糖酶;分解麦芽糖、蔗糖、乳糖等的双糖酶;分解蛋白质及其产物的蛋白酶以及将脂肪分解为甘油和脂肪酸的脂肪酶等。

(1) 鱼类:国内外对水生动物消化道内产酶菌的研究已经有一些报道。在鱼类中,王福强等从牙鲆(*Paralichthys olivaceu*)肠道内分离筛选出了 4 株产蛋白酶活性特别强的菌株;雷正玉等从草鱼（*Ctenopharyngodon idellus*）体内分离筛选出 1 株产纤维素酶的菌株，并对产酶条件进行了研究；杨志平、陈文博等从健康刺参（*Stichopus japonicus*）肠道内分离出 50 株产蛋白酶、淀粉酶、脂肪酶、纤维素酶的菌株，其中同时产 3 种酶以上的有 13 株，而且刺参肠道内的苏云金芽孢杆菌具有显著的溶藻效果，推测认为这种菌在刺参肠道消化藻类过程中有重要的作用；黄光祥等从海南底层鱼突额鹦嘴鱼消化道内分离出 13 株芽孢杆菌属菌株，它们能够产蛋白酶与淀粉酶，以促进鱼体对饵料的消化吸收，同样，鲈鱼（*Lateolabrax japonicus*）消化道内也分离出了产蛋白酶；王瑞旋等发现，军曹鱼（*Rachycentron canadum*）在鱼苗阶段时，消化道中的常见优势菌——芽孢菌和假单胞菌中产酶菌株总比例达到了 43.6%，因此其产生蛋白酶、淀粉酶和脂肪酶的能力较强。在鱼苗转入网箱养殖之后，产蛋白酶菌株占比增大，这可能是因为育苗初期，鱼苗以比较容易消化吸收的天然饵料为主要食物来源，而转入网箱养殖后逐渐投喂冰鲜杂鱼及人工饲料，鱼类肠道菌群系统随之逐步改变，产酶优势菌群比例增大。

（2）贝类：我国沿海地区养殖近江牡蛎（*Ostrea vivularis* Gould）基本不投放人工饵料，因此，利用定殖于消化道中的分泌多种消化酶的有益微生物可以促进其更好地消化吸收天然饵料，进而快速生长，获得更高的养殖效益。杨吉霞等从近江牡蛎中分离出 21 株菌，其中产酶菌株的比例高达 76.2%，产蛋白酶和淀粉酶整体水平较高，可见它们在天然饵料消化中起重要作用。

（3）甲壳类：从水产动物肠道中分离具备产酶能力的菌株已经成为研究的热点，但大多数都集中在鱼类和贝类中，获得的菌株大部分属于芽孢杆菌属、假单胞菌属和弧菌属，而对甲壳动物的研究较少。冯广志等从克氏原螯虾（*Procambarus clarkii*）肠道内分离出了 7 株产纤维素酶菌株，其中枯草芽孢杆菌菌株 33 具有多种水解酶活性，并具有较高的纤维素降解能力，表明克氏原螯虾肠道中含有丰富的纤维素降解酶。纤维素降解酶属于一种多酶复合体，主要包括内切葡聚糖酶（endoglucanase，EG），外切 β-1,4-葡聚糖酶（exglucanase，CBH）和 β-1,4-葡聚糖酶（β-glusocidase，BG）3 种，只有和组分酶共同作用时才能将纤维素彻底水解为葡萄糖并应用于生产；宋梦思、窦春萌等从南美白对虾和日本囊对虾（*Penaeus japonicus*）肠道内分离出了 5 株产蛋白酶菌株，分别为蜡样芽孢杆菌（*Bacillus cereus*，SDMG9）、沙福芽孢杆菌（*Bacillus safensis*，SDVG4）、蜡样芽孢杆菌（*Bacillus cereus*，SQVG9）、苏云金芽孢杆菌（*Bacillus thuringiensis* srain EA26.1，KC758847.1）及荚膜红细菌（*Rhodobacter capsulatus* strain PSB-03）；钟雄明等从健康成年中华绒螯蟹肠道内分离出了 36 株菌，其中 52.8% 的菌株能分泌蛋白酶，44.4% 的菌株能分泌脂肪酶，58.3% 的菌株能分泌淀粉酶，41.7% 的菌株能分泌纤维素酶。中华绒螯蟹为杂食动物，能食各种水草、浮萍等水生植物和塘边的各种鲜嫩草类。

3.调节矿物元素代谢

肠道菌群对动物矿物质代谢的影响有正反两个方面：一方面肠道菌群的代谢产物可以促进动物对矿物质的吸收，如有机酸可以螯合矿物元素，促进动物对钙和磷等元素的吸收；另一方面某些代谢产物会使钙和镁等矿物元素的主动运输通道失活，从而妨碍动物对矿物元素的吸收。

4.调节脂类代谢

（1）短链脂肪酸的种类：短链脂肪酸（short-chain fatty acid，SCFA）又称挥发性脂肪酸（volatile fatty acid，VFA），由饮食中非消化性淀粉纤维多糖等在结肠腔内经厌氧菌酵解生成；根据碳链中碳原子的多少，把碳原子数小于 6 的有机脂肪酸称为短链脂肪酸；水产动物中存在的短链脂肪酸，主要包括甲酸、乙酸、丙酸、异丁酸、丁酸、异戊酸和戊酸，化学结构见表 3-1。

表 3-1　短链脂肪酸化学结构式

短链脂肪酸	碳原子数	化学结构式
甲酸	1	
乙酸	2	
丙酸	3	
异丁酸	4	
丁酸	4	
异戊酸	5	
戊酸	5	

资料来源：刘宇，2020。

据报道，哺乳动物近端结肠短链脂肪酸含量约为 120 mol/L，远端结肠短链脂肪酸含量约为 90 mol/L，其中乙酸、丙酸、丁酸三者比例约为 3∶1∶1，共占总量的 95%，是主要的短链脂肪酸。研究表明，水产动物中主要存在的短链脂肪酸也为乙酸、丙酸和丁酸。水产动物肠道中丙酸的比例较哺乳动物有所提高，丁酸含量比哺乳动物低。

我国南海河口咸淡水水域中的特有种类邛海鲤（*Crinodus qionghaiensis*）肠道中乙酸、丙酸、丁酸比例为 8∶3∶1，长吻岩鳕（*Odax cyanomelas*）肠道中乙酸、丙酸、丁酸比例为 37∶13∶2，暗岩鳕（*O. pullus*）肠道中三者比例为 20∶4∶1。短链脂肪酸在上述 3 种温水海洋鱼类的不同肠道分区比例变化接近，丙酸和丁酸含量较低。

（2）短链脂肪酸的运输方式与吸收方式：短链脂肪酸主要由乙酸盐、丙酸盐和丁酸盐组成，乙酸盐主要由双歧杆菌和乳杆菌产生，如食用纤维在肠道中经细菌（如双歧杆菌）的作用下转化为乙酸盐。然后，该厚壁菌门家族的成员可以使用此短链脂肪酸来生产另一种代谢物丁酸，这是肠道细胞的重要能量来源。丁酸盐的主要产生者是厌氧菌，如普氏嗜藻杆菌（*Faecalibacterium prausnitzii*）、直肠真杆菌（*Eubacterium rectale*）。当碳水化合物被细菌分解时，就会形成丙酸酯，肠道中的主要细菌产生者是拟杆菌、脆弱拟杆菌。

短链脂肪酸可通过两种方式进入肠道，包括单纯扩散和主动运输，从而对宿主产生调控作用。其中，非游离短链脂肪酸通过单纯扩散的方式经肠上皮屏障进入肠道细胞，被肠道细胞吸收利用，游离短链脂肪酸经单羧酸转运蛋白-1（monocarboxylatetransporter1，MCT-1）和钠偶联单羧酸转运蛋白-1(sodium-coupled monocarboxylate transporter1,SMCT-1)这两种主要的转运体进入肠道,发挥作用。短链脂肪酸也可通过G蛋白偶联受体(G-protein coupled receptor)发挥生物学效应,G蛋白偶联受体也称为游离脂肪酸受体,能够识别游离脂肪酸,目前已知的短链脂肪酸受体有GPR41、GPR43和GPR109。

乙酸、丙酸、丁酸为结肠黏膜上皮细胞吸收后,即可被转运至肝进一步代谢或被结肠黏膜上皮细胞用作能源消耗。短链挥发性脂肪酸为后消化道发达的动物提供高效的维持能。短链挥发性脂肪酸是肠细胞的主要能量来源,作为首选的代谢性燃料,满足结肠黏膜总能量需要,且极易从肠腔内被吸收。它是一种快速分化细胞的能量源,通过更新中间细胞而刺激受损绒毛膜的修复,为动物机体及其组织细胞提供快速且易于吸收的能量来源。其中,丁酸盐是结肠上皮最好的氧化底物,培养的游离结肠上皮细胞的氧消耗来自丁酸盐的氧化。当丁酸是唯一可利用能源时,可完全被结肠黏膜利用,生成酮体。体外研究表明,在以葡萄糖、酮体、谷氨酰胺等作为呼吸能源时,结肠黏膜上皮细胞首选丁酸。与乙酰乙酸、谷氨酰胺、葡萄糖相比,丁酸氧化主要在远端结肠进行,而葡萄糖、谷氨酰胺氧化则主要在近端结肠。

丁酸钠是一种快速分化细胞的能量源,其活性成分在水和脂肪中均具有可弥散性即水、脂两亲,可透过革兰氏阳性菌和阴性菌细胞膜,可促进有益菌如粪链球菌和乳杆菌等增殖,而抑制有害菌如大肠埃希菌、沙门菌和梭状芽孢杆菌等的生长。丁酸进入细菌细胞内后分解为丁酸根离子和氢离子,随着胞内氢离子浓度提升,对氢离子耐受性差的细菌如沙门菌、大肠埃希菌和梭状芽孢杆菌等大量消亡,而对氢离子耐受性强的细菌如乳杆菌和粪链球菌则存活下来,并且大量繁殖,从而使整个肠道趋于健康状态。近年来,其在水生动物生长的促进作用相关研究较多。它可以通过更新中间细胞而刺激受损绒毛膜的修复,促进其绒膜的生长,使绒毛长度增长,从而提高其消化吸收营养物质的能力。可将其在营养方面的功能概括为以下几点。

1) 对饲料效率的影响:水生动物的生长与摄食量和饲料效率密切相关,生长性能提高的直接原因是摄食量和饲料效率的提高。饲料效率是增重与摄食量之比,直接关系到水产养殖行业的投入与回报,因而提高水生动物的饲料效率对提高水产养殖行业的经济效益具有重要意义。小肠内存在一个系统,可使吸收面积最大化,这一包含小肠皱褶、绒毛、微绒毛的系统同时也释放一些重要的酶类,以利于碳水化合物和蛋白质的消化。如果营养物质不能够在小肠被吸收,它们将流入大肠,大肠内的有害菌或病原菌却可以有效地利用这些营养物质,从而使得自身繁殖加快,致使有害菌产生的负面作用加大。而受损绒毛膜完整性的修复将需要额外消耗饲料的有效能,这样将使饲料转化效率降低。丁酸钠对水生动物的促生长作用与其饲料效率的提高有密切的关系,提高水生动物饲料效率的原因之一可能与丁酸钠提高水生动物的营养物质利用效率有关。蛋白质是决定水生动物生长的关键营养物质,水生动物对饲料中蛋白质的消化吸收水平对水生动物的生长性能有直接性影响(表3-2)。

表3-2　丁酸钠对水生动物生长影响

种类	初重(g)	丁酸钠水平(%)	丁酸钠形式	日粮特点	饲养周期(d)	增重率(%)*	生长率(%)*	肥满度(%)*	饲料效率(%)*
罗非鱼	9.2	0.05	丁酸钠原粉(98%)	鱼粉、豆粕、菜粕	52	+26.43	+18.4	NS	+25.79
罗非鱼	18.85	0.03	丁酸钠原粉	鱼粉、豆粕	/	+13.23	+5.56	/	+7.72
鲤鱼	6.22	0.03 (1.5 h)	控释微囊丁酸钠	鱼粉、豆粕、菜粕	56	+28.28	+20.78	/	+18.4

续表

种类	初重(g)	丁酸钠水平(%)	丁酸钠形式	日粮特点	饲养周期(d)	增重率(%)*	生长率(%)*	肥满度(%)*	饲料效率(%)*
鲤鱼	43.0	1.00	丁酸钠原粉(98%)	鱼粉、豆粕、菜粕	60	+4.93	+6.1	/	+4.54
湘云鲫	6.02	0.25	微囊丁酸钠(30%)	鱼粉、豆粕	49	+25.76	+16.46	+8.37	+28.91
鳗鲡	57.83	0.10	丁酸钠原粉	鱼粉、豆粕	42	+37.00	/	/	/
鲷鱼	15	0.21	丁酸钠原粉(70%)	鱼粉、豆粕、大豆浓缩蛋白	70	+9.10	NS	/	/
大虾	2.53	2.00	丁酸钠原粉	鱼粉、豆粕	47	+22.40	/	/	+35.0

资料来源:潘加红,2017

注:NS,无统计学差异。表示这几项为实验的测定指标。

2) 促进肠细胞增殖成熟:肠道是水生动物机体主要的消化吸收器官和黏膜免疫器官。然而,水生动物的肠道长度短,一般为体长的25%~200%,且肠壁薄,多不饱和脂肪酸含量高,容易受到损害。因此,促进水生动物肠道完善发育、维持肠道健康对保证水生动物快速生长具有非常重要的意义。丁酸钠促进动物肠道细胞增殖和成熟的作用机制可能有3个(图3-1):丁酸钠促进肠细胞增殖的作用与丁酸对肠道的营养作用有关;丁酸钠通过刺激胃肠道激素和生长因子的分泌促进肠道上皮细胞增殖;丁酸可通过影响相关基因表达从而促进肠道细胞增殖。尾型同源异型框转录因子2和cAMP反应元件结合蛋白作为细胞核内的转录因子,在调节肠道基因表达与肠道发育及对肠道上皮细胞分化、增殖方面有重要作用。此外,丁酸还可以扩张肠道血管,使肠道血流量增加,改善肠道微循环,从而对肠道黏膜发挥营养作用。

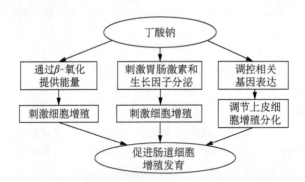

图 3-1　丁酸钠促进肠道细胞增殖和成熟作用

引自潘加红,2017

短链脂肪酸在肠道中浓度很高,肠上皮细胞通过被动和主动机制将短链脂肪酸吸收至细胞质中,参与宿主能量代谢。对于哺乳动物,短链脂肪酸是肠上皮细胞重要的能量来源,短链脂肪酸氧化后可为结肠黏膜细胞提供近70%的能量;细胞利用短链脂肪酸的顺序是丁酸、丙酸、乙酸。乙酸作为动物肠道内含量最多的短链脂肪酸,可随血液进入全身循环,肝可利用乙酸合成谷氨酰胺、长链脂肪酸、谷氨酸和 β-羟丁酸;乙酸盐也可通过中枢稳态机制穿过血脑屏障并降低食欲。丙酸可被肝脏吸收,参与糖异生并抑制胆固醇合成,大约50%的丙酸在肝内是糖异生的底物。丁酸除了是结肠黏膜上皮细胞的主要能量来源,也参与糖类代谢和脂类代谢。

尽管丙酸和丁酸在外周循环的浓度较低,但它们通过激素和神经系统间接影响外周器官。总之,作为肠道菌群产生的一种重要的代谢物质,短链脂肪酸对宿主的营养代谢有着重要的调控作用。

在水产动物饲料中添加不同种类的短链脂肪酸,也可促进水产动物生长,调控水产动物营养代谢。例如,乙酸,在饲料中添加 1 g/kg 的乙酸钠可以显著提高贝尔湖红点鲑(*Salvelinus alpinus*)增重率。又如,丙酸,在罗非鱼的研究中发现,丙酸盐能提高罗非鱼饲料利用效率、蛋白质产值和蛋白质效率等。另外,丙酸盐的添加也会提高水产动物生长表现,促进水产动物生长。再如,丁酸,丁酸盐对水产动物的生长也有促进作用,如在海鲷(*Sparus aurata*)日粮中添加丁酸,发现丁酸会显著性提高其增重率。

总而言之,在水产动物饲料中添加 3 种主要的短链脂肪酸,对提高鱼虾类增重率和促进饲料转化均具有积极作用,能够促进其生长。

5. 合成和分泌宿主发育所必需的维生素

维生素分为脂溶性维生素和水溶性维生素,在水生动物中,受关注的多是维生素 A、维生素 D、维生素 E 和 B 族维生素中的几种。因为这些维生素是水生动物自身所不能合成,需要从外界获取的维生素种类。脂溶性维生素一般能够在体内适量储存,因此不致发生急性缺乏,而 B 族维生素不易在体内大量积蓄,所以常发生缺乏症。

(1) 水生动物肠道菌群产生的维生素及作用

1) B 族维生素:目前,已知的水生动物肠道菌(双歧杆菌和乳杆菌等)可以合成多种 B 族维生素,如维生素 B_1、维生素 B_3、维生素 B_5、维生素 B_6、维生素 B_{12} 等。

维生素 B_1:在水产动物中,维生素 B_1 的作用广泛,因此维生素 B_1 长期短缺不但对其生长造成影响,而且会通过体内代谢反应障碍,产生一系列缺乏症,如长期发育不良、食欲减退、消化不良。艾春香等研究发现,虾、蟹等甲壳动物不能合成维生素 B_1 或合成的数量很少,难以满足自身生理需要,因此必须通过人工饲喂获得。徐志昌等对中国对虾维生素 B_1 促进糖代谢的相关内容进行研究,发现必须保证其维生素 B_1 日粮为 60 mg/kg,才能使对虾充分利用饲料中的糖原,但维生素 B_1 在饲料生产过程中遇热易被破坏。

维生素 B_3:活性形式为辅酶I(烟酰胺腺嘌呤二核苷酸,nicotinamide adenine dinucleotide,NAD)和辅酶Ⅱ(烟酰胺腺嘌呤二核苷酸磷酸,nicotinamide adenine dinucleotide phosphate,NADP)。在鱼类,有些研究者用肝中 NAD 最大储积量来确定烟酸的需要量。缺乏症:辅酶 A 的合成减少,导致糖、脂肪、蛋白质代谢障碍,缺乏时可影响细胞的正常呼吸和代谢而引起糙皮病。

维生素 B_5:又称泛酸,是一类含硫的维生素,其生物活性形式为辅酶 A。而辅酶 A 又是酰化酶的辅酶,起传递酰基的作用。因此,辅酶 A 在体组织中的含量可以作为泛酸营养状况的指标。索利曼(Soliman)和威尔逊(Wilson)用生长指标来确定罗非鱼对泛酸需要量。Murai 和 Andrews 用生化指标,饲料转化率和外观缺乏症作为指标确定斑点叉尾鮰的泛酸需要量。缺乏症:丧失食欲、生长缓慢、死亡率升高;对光过敏、皮肤及鳍损伤、出血、眼球突出、贫血、颌骨变形;口鼻部和鳃水肿;运动失调。

维生素 B_6:又称吡哆素,是吡哆醇、吡哆醛和吡哆胺的总称。它们的活性形式是磷酸吡哆醛和磷酸吡哆胺,参与糖、脂肪、蛋白质代谢。当鱼类缺乏维生素 B_6 时,会出现以下症状:①贫血、厌食、体色变黑、失去平衡、生长缓慢和高死亡率;②肾、卵巢和肝的退变,甲状腺减小,肾中造血组织增生;③神经失调、抽搐、体呈蓝色的症状;④生长不良、厌食、癫痫性惊厥、刺激过敏螺旋状浮动、呼吸急促、鳃盖弯曲等。而当甲壳类动物缺乏维生素 B_6 时,则会出现:①增重缓慢;②存活率降低;③摄食减少。

维生素 B_{12}:又称钴胺素,一般只能由微生物合成,其主要辅酶形式是 5'-脱氧腺苷钴胺素。在鱼肠中普遍存在能合成维生素 B_{12} 的气单胞菌、肠杆菌和假单胞菌。但并不是所有的鱼(如鳗鲡和斑点叉尾鮰)肠道中都存在这些细菌。因此,鳗鲡和斑点叉尾鮰常出现维生素 B_{12} 缺乏症;大麻哈鱼、斑点叉尾鮰和日本鳗鲡表现为食欲下降、造血功能受阻和生长缓慢;鲑鱼维生素 B_{12} 摄入量不足,可导致破碎红细胞数量高,并有小红细胞和低色素性贫血的征兆。

2)维生素 C:是一种重要抗氧化维生素,摄入的维生素 C 与动物的健康息息相关。对鱼类来讲,维生素 C 不仅可以维持正常的生命活动,而且还可以促进生长。维生素 C 不但可以促进鱼类生长,而且在缺乏维生素 E 的情况下,还可以发挥维生素 E 的作用,从而显著提高受精率与胚胎孵化率,对繁殖性能具有明显的改善作用。但是,很多鱼类缺少合成维生素 C 的关键酶——L-古洛糖酸内酯氧化酶,而缺乏维生素 C 会出现一系列症状,如生长下降、脊柱侧凸、脊柱前凸、内脏与鳍条出血、鳍条溃疡与死亡率升高等。虽然芽孢杆菌、链球菌等肠道菌可以合成维生素 C,但鱼类在不同生长阶段对维生素 C 的需求量变化很大。

(2)维生素的生物合成途径

1)维生素 B_2 的合成途径:原核生物合成核黄素的代谢途径(图 3-2),前体物三磷酸鸟苷(GTP)和 5-磷酸核酮糖(Ru-5-P)以 1:2 的比例,经过 GTP 咪唑环的开环水解、脱氨基、还原、脱磷酸、C4 单位生成、二氧四氢嘧啶合成以及核黄素合成 7 步酶促反应,最终转化为核黄素(riboflavin)。

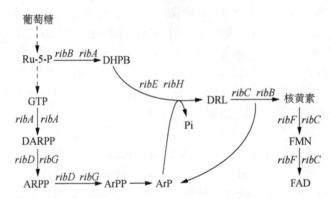

图 3-2　大肠埃希菌和枯草芽孢杆菌核黄素生物合成途径

引自徐志博等,2016

2)维生素 B_{12} 的合成途径

A. ALA 的生物合成:维生素 B_{12} 的生物合成从五碳前体 5-氨基乙酰丙酸(5-aminolaevulinic acid, ALA)开始。ALA 可通过 C4 途径或 C5 途径合成。C4 途径中,由琥珀酰 CoA 和甘氨酸在 ALA 合成酶的催化下合成 ALA。C5 途径从谷氨酸开始,在谷氨酰-tRNA 合成酶的催化下,谷氨酸转移到 tRNA 分子上,形成谷氨酰-tRNA,谷氨酰-tRNA 在谷氨酰-tRNA 脱氢酶的作用下,合成谷氨酸-1-半醛(glutamate-1-semialdehyde, GSA),再经谷氨酸-1-半醛氨基转移酶的催化合成 ALA。

B. 从 ALA 到尿卟啉原Ⅲ的生物合成:这是好氧途径和厌氧途径共同的步骤,该过程由 ALA 脱水酶(HemB)催化 2 个 ALA 分子形成卟胆原(porphobilinogen),再经卟胆原脱氨酶

(HemC)催化形成含 4 个吡咯的分子前尿卟啉原(preuroporphyrinogen),再由尿卟啉原Ⅲ合成酶(HemD)催化 4 个吡咯分子环化形成尿卟啉原Ⅲ(uroporphyrinogen Ⅲ)。

C. 前咕啉 6/钴-前咕啉 6 的生物合成:该过程涉及环缩合和去乙酰基,是好氧过程和厌氧过程主要的不同环节。在好氧合成途径中形成前咕啉 6,催化这一过程需要 5 个依赖于 S-腺苷基甲硫氨酸(S-adenosylemethionine,SAM)的甲基转移酶(CobA、CobG、CobJ、CobM 和 CobF)逐步转移 6 个甲基基团,并以单加氧酶催化氧原子的结合而著称。在厌氧合成途径中则将尿卟啉原Ⅲ转化成钴-前咕啉 6。该过程也需要 5 个甲基转移酶(CysG、CbiK、CbiL、CbiH 或 CbiF),但不同的是早期将钴原子并入大环中。合成前咕啉 2 之后,即将钴原子螯合到大环中,形成钴-前咕啉 2,具有螯合钴原子的酶在不同生物中所催化的酶不同,如鼠伤寒沙门菌(*Salmonella typhimurium*)的 CysG、CbiK 和费氏丙酸杆菌(*Propioni freudenreichii fei*)、巨大芽孢杆菌(*Bacillus megaterium*)的 CbiX 酶都有相同的酶活性。

D. 将前咕啉 6/钴-前咕啉 6 转化成腺苷钴胺素:好氧途径中,前咕啉 6 经还原、甲基化、脱羧、甲基重排及酰胺化反应生成钴(Ⅱ)啉酸 a,c-二酰胺[Cob(Ⅱ)yrinic acid a,c-diamide]。CobK 还原生成二氢前咕啉 6(dihydro-precorrin 6),二氢前咕 6 再经 CobL 催化的 C-5 和 C-15 位的甲基化及脱羧,合成前咕啉 8,前咕啉 8 在 CobH 催化下,经甲基重排形成氢咕啉酸(hydrogenobyrinic acid),氢咕啉酸在 CobB 催化下酰胺化形成氢咕啉酸 a,c-二酰胺(hydrogenobyrinic acid a,c-diamide),需氧菌利用依赖于 ATP 的钴螯合酶(CobNST)催化将钴元素插入氢咕啉酸 a,c-二酰胺的咕啉环中心,从而得到具有钴元素的中间体——钴(Ⅱ)啉酸 a,c-二酰胺。在厌氧途径中没有发现 CobNST 复合物。

3) 维生素 C 的合成途径:在动物体内,D-葡萄糖是维生素 C 最初的合成前体,通过 D-葡萄糖醛酸和 L-古洛糖-1,4-内酯生成。D-葡糖醛酸首先缩成 L-古洛糖酸,然后通过脱水生成 L-古洛糖-1,4-内酯,再通过微粒体中 L-古洛糖-1,4-内酯氧化酶氧化生成维生素 C。

(3) 肠道菌群的维生素转运

1) 脂溶性维生素:脂溶性维生素的跨膜转运不需要载体和能量,属于自由扩散。

2) 水溶性维生素:在水溶性维生素中,维生素 C 的跨膜转运大多是靠 Na^+ 依赖主动转运系统吸收,被动简单扩散吸收数量较少;维生素 B_1 低浓度时主要靠 Na^+ 依赖主动转运系统,高浓度时可通过被动扩散,但效率低;维生素 B_2 靠主动转运吸收,血中与白蛋白松散结合;维生素 B_3 在血液中以烟酰胺形式转运,低浓度时靠 Na^+ 存在的易化扩散,高浓度时靠被动扩散,在肠黏膜细胞内转化为辅酶形式 NAD 和 NADP。

6. 对纤维素和半纤维素的分解

纤维素是 D-葡萄糖以 β-1,4-糖苷键连接缩合而成的高分子多糖,是构成植物细胞壁的成分。能利用纤维素生长的细菌均具有纤维素酶,纤维素酶属于一种多酶复合体,主要包括内切葡聚糖酶、外切 β-1,4-葡聚糖酶和 β-1,4-葡聚糖酶 3 种,只有和组分酶共同作用时才能将纤维素彻底水解为葡萄糖并应用于生产。纤维素水解具体见图 3-3,内切酶葡聚酶作用于纤维素分子链的无定形区,从而产生新的链端和不同长度的低聚糖。外切酶葡聚糖酶则是在整个降解过程里起主导作用,它作用于纤维素链还原端或者非还原性末端,生成的主要产物为纤维二糖,因此也被称为纤维二糖水解酶。β-葡萄糖苷酶只作用于非还原性末端,它将纤维二糖和纤维寡糖水解成葡萄糖。细菌的纤维素酶位于细胞膜上,它们分解纤维素时,细菌需要附着在纤维素上,从外部开始分解。植物细胞壁里还有半纤维素,它的结构与组成随植物种类或所在部位的不同有明显不同。

最常见的半纤维素是木聚糖,在草本或木本植物中均有半纤维素存在。半纤维素的组成类型很多,因而分解它们的酶也各不相同。半纤维素主要经细胞外水解过程释放出木二糖,再由细胞内木二糖醇水解为木糖。一般能水解纤维素的细菌也能利用半纤维素,但某些能利用半纤维素的细菌却不能利用纤维素。

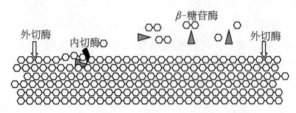

图 3-3　纤维素酶水解作用示意图
引自 Martins,2011

目前的研究表明,细菌、真菌、原生动物、昆虫和软体动物等均能够产生纤维素酶(cellulase)。植食性动物尤其是高等动物,自身并不产生纤维素酶,而是依赖其消化道微生物,如细菌、真菌和原生动物产生的纤维素酶降解纤维素。

在鱼类中,以草鱼为例,对草鱼纤维素降解细菌的研究发现,弧菌、气单胞菌和芽孢杆菌是草鱼肠道中重要的降解纤维素的细菌。而在甲壳类动物中,克氏原螯虾消化道内枯草芽孢杆菌能够产生纤维素降解酶,具有较高的纤维素降解能力。

7. 合成、分泌宿主生长发育所必需调节因子等

肠道菌群除了能够合成维生素、酶和短链脂肪酸等物质,维持宿主正常的营养功能外,还能合成、分泌宿主生长发育的调节因子,调节宿主体内的菌群平衡,对宿主体内酶活性及合成和矿物元素代谢等起到一定的调控作用。

鱼类肠道微生物对宿主营养代谢的影响研究主要集中在斑马鱼,Semova 等用荧光标记脂肪酸类似物培养无菌斑马鱼,发现肠道微生物可以促进斑马鱼肠道上皮及肝脏对饲料脂肪酸的获取和细胞内脂滴的形成。罗尔斯(Rawls)等发现,在饥饿状态下,一些与脂代谢相关的基因在无菌斑马鱼体内表达上调,表现出类似于正常动物处于饥饿时的生理状态。肠道微生物同样也会影响蛋白质代谢,无菌斑马鱼肠道末端不能吸收蛋白质大分子,表明肠道微生物在斑马鱼的脂类代谢、蛋白质代谢等过程中发挥着重要作用。

在无菌斑马鱼的试验中,贝茨(Bates)等发现无菌培养的斑马鱼会出现一些生理异常,如肠道上皮细胞分化出现障碍,肠道缺乏刷状缘碱性磷酸酶活性,糖复合物表达谱尚不成熟,杯状细胞和肠内分泌细胞数量较少等,表明肠道微生物在协助肠道食物消化、营养吸收等方面有部分调节作用。对虾肠道的细菌在维持宿主健康中发挥着重要作用,如促进消化、减少有毒微生物的代谢活动、抑制病原菌的失控生长等。在对虾肠道细菌分析中,发现肠道细菌的失衡可引起肠炎。Kashiwada 等用鲤鱼做试验,证明鲤鱼肠道内细菌能合成的维生素有维生素 B_1、烟酸、泛酸、生物素、维生素 B_{12} 等,还发现摄食甲壳质的鱼类消化管内有甲壳质分解菌,摄食藻类的鱼消化管内则含有木聚糖分解菌。

第三节　水生动物正常菌群的免疫防御功能

水生动物正常微生物群广泛分布于口腔、鳃、皮肤、胃肠道、泄殖腔及卵的表面。与宿主间形成了极其复杂而重要的关系,构成了一个统一的整体。大量的研究已经证实,正常菌群与这些部位的黏膜组织有着密切的联系,在局部的黏膜免疫方面起着不容忽视的作用。因此,正常微生物群的免疫作用成为机体一个重要生理功能,在防治病原感染及维护宿主的健康方面发挥了重要作用。

一、原籍菌群的免疫作用

原籍菌群是存在于水生动物机体的大量正常菌群,不仅皮肤黏膜表面上有,黏膜下层、上皮细胞表面与细胞间隙也有,有的栖居在细胞壁内细胞质膜外,有些病毒长期定居在细胞内。根据现代免疫学理论,机体产生免疫耐受是由于机体在胚胎发育期的中胚层接触的组织产生免疫耐受,将其视为"自身",而不会产生免疫排斥;但是,机体的菌群无论是在哺乳动物还是鱼类等脊椎动物,在发育的过程中无论是在子宫还是在卵内都是无菌的环境,是不可能接触到微生物的。因此,从这个角度分析宿主应对自身携带的正常微生物群应该具产生强烈的免疫反应,但事实却相反,不但反应很低,而且有的根本无反应。主要的原因可以从以下几个角度分析。

1. 在进化过程中,原籍菌群与宿主组织具有相同的或相似的抗原性

原籍菌群不易引起宿主产生抗体。由于原籍菌群与宿主组织有相似性或相同性,原籍菌群不能诱生与其抗原起反应的抗体。例如,大肠埃希菌在外膜上有与人类结肠组织相同的抗原性;类杆菌与小鼠结肠组织有共同抗原。这就是与种属特异性无关的存在于人、动物、植物、微生物中相同的抗原,亦称异嗜抗原。因此,可以认为原籍菌群不易引起宿主产生免疫应答,与其抗原性和其宿主组织抗原性有相似性和相同性有关。

2. 宿主对原籍菌群的低反应性

宿主对原籍菌群的低反应是正常菌群在宿主免疫应答中的另外一个特点。原籍菌群一般不引起宿主产生抗体,即使产生也是低水平。例如,口腔及肠道的正常菌群中的产碱韦荣小球菌、多形梭杆菌、产黑色素拟杆菌和脆弱拟杆菌等,在正常人的血清内均可检出其自然抗体,但是其抗体的水平都非常低。又如,双歧杆菌尽管数量很大,一般不会引起机体产生抗体。有时原籍菌群即使抗原性与宿主不同,并且也侵入黏膜上皮内,如果出生后早期就大量定殖了,也不会引起宿主产生抗体。早期大量进入动物体内的微生物可以使动物的免疫机制激活。例如,胃黏膜上皮细胞组织在出生后立即为大量乳杆菌定殖而不会被宿主的免疫屏障所排斥。

3. 自然抗体

自然抗体的来源迄今仍是个谜。在人与动物的血清及其他分泌物质中可以找到原籍菌群的自然抗体。例如,在正常人血清、唾液和尿内都有被认为是正常微生物群的低抗体水平,如轻链球菌、唾液链球菌、肠球菌及大肠埃希菌等。在健康人或动物体内存在着对厌氧菌如类杆菌和梭杆菌的低水平的抗体,而且还证明这些菌的脂多糖与该抗体起反应。

普通动物或无菌动物普通化后,其血清中不仅存在固有菌的抗体,而且存在着潜在病原菌或病原菌的自然抗体。例如,大肠埃希菌、沙门菌属、志贺菌属及霍乱弧菌等的自然抗体能在人与动物的血清、肠道黏膜中检出。

现已知潜在病原菌与病原菌的自然抗体可能来自肠道菌的共同抗原的刺激,即发生交叉免疫反应。自然抗体产生的原因具体如下。

(1)原籍菌群转为外籍菌群:肠道的原籍菌群如果转移到其他生境就会变为外籍菌群,就

可以引起感染,从而使宿主产生抗体。

原籍菌群与外籍菌群是生态学上的分类,不是生物学分类,因此,原籍菌群一般不会使宿主产生抗体,但是外籍菌群就可以使宿主产生抗体。例如,用无特定病原的小鼠实验证明,在小鼠出生后 7~10 d,用原籍菌群不能使其产生抗体。

(2) 食物中抗原的刺激:无菌动物食物中有一定抗原物质。刚出生的无菌小鼠血清球蛋白水平很低,但摄取食物后则迅速增加,因此血中的自然抗体有食物中抗原刺激的来源。

以上论述基本上支持 Dubos 提出的原籍菌群不会引起宿主产生抗体的假说。

4. 原籍菌群与分泌型 IgA

分泌型 IgA 的作用与固有菌的作用是互补的。固有菌可以保护分泌型 IgA 不被肠道的消化酶降解,而 IgA 可抑制外籍菌群的活动,保护固有菌。

分泌型 IgA 的分泌片是由黏膜上皮细胞合成的,IgA 双体是由黏膜下的浆细胞合成的。分泌片的作用是可帮助 IgA 透过腺体的黏膜表面和抵抗蛋白酶水解作用。

胃肠黏膜如果合成 IgA 或其分泌片的能力出现障碍,就会引起菌群失调。生态环境内的原籍菌群受分泌型 IgA 的保护。IgA 在黏膜上皮细胞组织中的淋巴细胞或浆细胞合成后便被上皮细胞运输到黏膜表面,并与原籍菌群混在一起,保护原籍菌群不受侵犯,而对外籍菌群却予以抑制。

IgA 与另外肽链(分泌片)相结合可以保护 IgA 分子在肠腔内的稳定性,这就使其在自然生态环境内具有保护原籍菌群、抑制外籍菌群的作用。所以,分泌型 IgA 抗体是宿主抵抗许多病原菌与黏膜上皮细胞的联系因素之一。

二、外籍菌群的免疫作用

侵入水生动物(鱼类)体内的外籍菌群能够引发宿主产生强烈的免疫反应,激活宿主体内致敏淋巴细胞并产生抗体。宿主体内存在的一些共生细菌常可使宿主产生一定水平的抗体,因而对与这些菌有共同抗原的致病菌或条件致病菌具有明显的控制作用。

宿主对外籍菌群侵入的抵抗力、宿主的免疫机制与生物拮抗常互为辅助,共同发挥作用。正常微生物群的生物拮抗作用在人体形成一道微生物防线,一切外来细菌的侵入必须首先突破位于皮肤与黏膜表面上的微生物防线,然后才能突破皮肤、黏膜本身、吞噬细胞及血清防线而在宿主体内生长和繁殖。微生物防线的结构和功能具体如下。

1. 占位性保护作用

正常菌群黏附在肠道黏膜上,使外来菌无定殖之处而被排出。这些正常菌群紧密地与黏膜上皮细胞相黏附。黏附在黏膜上皮细胞上的细菌层或微生物膜对宿主起到了占位性保护作用。但是一旦这个微生物防线被某些因素(如辐射或抗生素等)破坏,黏膜上皮细胞就难免被外籍菌群定殖或占领,打破宿主的第一道防线,为后来的外籍菌群的侵入创造了条件。

2. 微生物防线与免疫的配合

宿主的生理状态与微生物防线的牢固性有直接关系,如免疫、营养、患病及各种刺激等都能影响微生物防线的牢固性。这些因素中,免疫的作用尤为重要。固有菌对外袭菌有强烈拮抗作用,这种拮抗作用有两方面的机制,一是分泌型 IgA 作用,二是固有菌作用,所以在微生物防线中,存在着固有菌与免疫配合而发挥作用的机制。

正常菌群对上皮细胞的黏附作用,不同菌种对不同部位细胞的黏附有其特异性。

由此可见,微生物防线的结构相当复杂,一方面与宿主的各种因素密切相关,另一方面又与正常菌的种属特异性相关,微生物防线在保护肠道防线的完整性或维持水生动物微生态平衡性方面都发挥重要的作用。

3.过氧化氢的作用

过氧化氢作为一种强氧化剂,是水生动物原籍菌群拮抗外籍菌群的一种手段,在维护微生态菌群平衡中发挥重要作用。

4.有机酸的作用

固有菌的生活代谢物之一就是有机酸、挥发性脂肪酸及乳酸等,特别是双歧杆菌能产生乳酸与乙酸,可降低其生态环境的氧化还原电位和 pH,抑制外籍菌的定殖;这种环境不利于需氧菌和外来致病菌的生长。同时,酸性环境还能促进肠蠕动,对致病菌起到机械性排出作用。

5.争夺营养

在正常微生物群中,争夺营养是微生物之间相互控制的一个重要措施,受环境条件严格控制。微生物在生态环境中之所以能保持一定的种群数,既不超过,也不减少,其主要原因之一就是营养争夺。营养争夺中一个重要因素是繁殖速度,繁殖速度快的菌常占优势。

6.细菌素的作用

细菌素是细菌质粒编码基因所产生的一种蛋白质类似物,仅作用于有近缘关系的细菌抗菌物质,抗菌范围较抗生素窄。细菌素在种间、种内都有拮抗作用,是微生物防线的组成之一。

第四章　水生动物微生态的平衡与失调

　　水生动物微生态平衡作为微观生态平衡在水生动物中的一个具体的层面体现,是生态平衡的重要组成部分,是微观层次的生态平衡,是宏观生态平衡的延续。水生动物与外环境的生态平衡属于宏观生态平衡,水生动物与机体内环境的生态平衡则属于微生态平衡。外因通过内因起作用,"外因是条件,内因是依据"。归根结底,一切外环境(养殖水体、饲料、消毒剂等)对水生动物体的影响,都必须通过微生态系统而发挥作用。因此,维持水生动物的健康发育和最佳的生理状态,提升水生动物的健康的管理水平,重视宏观生态平衡的同时更要重视微观生态平衡。

第一节　水生动物微生态平衡的概念

　　水生动物微生态平衡是水生动物微生态学的核心,只有对水生微生态平衡形成全面科学的认识,才能正确地理解水生动物微生态失调的现象与本质,进而采取生态防治措施以恢复水生动物生态平衡。

　　人们对微生态平衡的认识是逐步深化的过程,由不认识到认识,由片面认识到全面认识,由表及里,由浅入深。概括来讲,对微生态平衡的认识可分为两个阶段:一个阶段是从微生物本身来看待微生态平衡,认为微生态平衡是微生物群落的平衡,另一个阶段是从微生物与宿主相互关系中看待微生态平衡,认为微生态平衡是微生物与宿主间的平衡。

　　自从微生物被发现以来,人们就在思考微生物生态学及微生态平衡问题。20世纪初至60年代,人们对微生态平衡的认识主要侧重于微生物方面。微生物与微生物、微生物与环境及微生物与宿主的关系,一直是微生物学家关心的问题。微生态平衡的狭义概念是从微生物生态学出发的。

　　1962年,Haenel提出了一个微生物群落生态平衡的定义:"一个健康器官的、平衡的、可以再度组成的、能够自然发生的微生物群落的状态,称作微生态平衡。"这个定义强调的是微生物群落状态以及判断是否生态平衡主要看微生物群落状态的表现,对宿主的表现则未提及。它的着眼点依然是微生物,指微生物群落的生态平衡。而对宿主的作用与反作用,以及对微生物与宿主统一体的意义则尚缺乏足够的认识。

　　在20世纪50年代,人们主要重视需氧菌,如大肠埃希菌与肠球菌在生态平衡中的作用。在德国,以Nissele为首的大肠埃希菌派倡导大肠埃希菌是微生态平衡的核心。他们提倡的大肠埃希菌活菌制剂曾在德国广为流传,这是在大肠埃希菌与肠球菌是人类或动物肠道内主要菌群的思想指导下,旨在恢复微生态平衡所采取的实际措施。

　　20世纪60年代以来,微生态学研究成果的不断问世,证明了大肠埃希菌、肠球菌、变形杆菌、铜绿假单胞菌、肺炎杆菌、葡萄球菌及白色念珠菌等兼性厌氧菌或需氧菌仅占肠道内所有正常菌群的千分之几甚至万分之几,肠道内的细菌99.9%都是厌氧菌,特别是无芽孢厌氧菌。

　　随着微生态学研究的深入,特别是由于现代理论与技术的发展,通过无菌动物、悉生动物的模型,各种电子显微镜的直接观察,分子生物学的分析,以及各种微生态制剂的应用等,我们对微生态平衡的认识已经从单一微生物生态学,进入了一个从微生物与宿主相互关系中看待微生态平衡的崭新阶段。这个阶段的着眼点是从微生物与宿主统一体的生态平衡出发,来考察与研究微生物与微生物、微生物与宿主及微生物与宿主和外环境的生态平衡问题。我国康白教授总结了前人有关论述并提出了微生态平衡的概述:"微生态平衡是在长期历史进化过程中形成的、正常微生物群与其宿主在不同发育阶段的动态的生理性组合。这个组合指在共同的宏观环境条件影响下,正常微生物群各级生态组织结构与其宿主(人类、动物与植物)体内、体表的相应的生态空间结构正常的相互作用的生理性统一体,这个统一体的内部结构和存在状态就是微生态平衡。"此为微生态平衡的广义概念。

因此,水生动物微生态的平衡的概念可以概括为"在长期历史进化过程中形成的水生动物正常微生物群(水体环境、体内、体表)与水生动物不同发育阶段的动态的生理学统一体,微生态系统内(微生物与宿主间)结构和功能处于相对稳定状态,具有能自我调节恢复到初始稳定状态的功能"。

水生动物微生态的概念可以从以下 3 个方面理解。

1. 水生动物微生态平衡是具体的平衡

水生动物不同发育阶段、不同种属、不同生态空间都有其相应的生态平衡。生态平衡是以宏观环境(物理的、化学的及生物的)和微观生态环境为条件,宿主与微生物、微生物与微生物等各成员间存在相互依存的关系和具有完整功能上的统一性,而这个平衡状态是一定生态组织与相应生态空间的平衡状态;同时,水生动物所处的水体环境中的微生物对水生动物生长发育的重要性,强调了水体环境与水生动物微生态系统的统一性。

2. 水生动物微生态平衡是动态的生理平衡

生态系统在演进过程中总有适应具体条件自然走向平衡的趋势。这个过程是以宏观环境为条件,微生物与水生动物相互作用的结果。水生动物微生态系统始终处于不断的运动变化中,但同时也存在相对的均衡和稳定,即微生态平衡。当此平衡在水生动物免疫、营养、代谢或外界物理、化学、生物等因素影响下被暂时打破时,新的平衡又会建立,这样周而复始地进行着微生系统自我调节。这种相对稳定的平衡趋势是生态系统运动的特点,是由微生物物种的多样性和变异的无限潜能决定的。

3. 微生态平衡不是孤立的平衡

任何平衡都不是孤立的,水生动物微生态系统与总生态系、大生态系或生态系有相应联系。局部生态平衡受总体生态平衡影响,整个生态平衡必将影响局部生态平衡。因此,确定任何一个微生态平衡都应综合地、全面地、相互联系地进行分析与判断。生态系统各个环节对整体系统都能发生反馈作用,这是生态系统的自动调节功能,借以调整各个部分消长。当然,这种自动调节功能是有一定限度的,当受到大的干扰和破坏,超过自动调节限度时,就会出现微生态失调。

第二节　水生动物微生态平衡的指标

微生态平衡是微生物与宿主间动态的生理性平衡状态,在各级生态组织及与其相应的生态空间内各生态要素间存在着相互制约、相互依存和互为因果的关系。因此,衡量微生态平衡系统的指标必将是动态的、变化的;而又是相对稳定的。水生动物微生态平衡在不同发育阶段、不同解剖部位或生态环境,其表现形式差异很大,可以通过设置平衡的指标加以衡量和体现,从而量化微生态平衡的结构,体现微生态系统的状态,为水生动物生产管理与疾病防控提供基础数据支撑。

由于构成生物体的各生态系统既包括菌群,又包括宿主与非生物环境,并且三者之间相互影响、彼此依存,共同形成了维持生物生命所必需的微生态系统。因此,微生态平衡指标包含了微生物与宿主两个方面。但是,人们在研究微生态平衡的过程中,曾经在很长一段时间内一直把菌群本身的表现作为平衡的核心,认为菌群失调与菌群平衡是一对矛盾。但是,随着研究的不断深入和应用实践的丰富,人们认识到单纯地从微生物一个维度来理解微生态的平衡是不全面的,微生态平衡不仅仅有微生物的相对平衡,还要全面考虑宿主与环境因素。因此,在评价、考察任何一个微生态平衡时,应该运用系统思维,全面思考。

一、水生动物微生态平衡的指标

1. 微生物方面

微生态平衡在微生物方面的指标包括其所含种群的定位、定性与定量 3 个方面。

(1)定位标准:原籍菌与外籍菌在生物学上是相同的,但在生态学上是不同的。原籍菌在原籍是有益的,但如果脱离了原籍而转移到外籍,就可能成为病原菌。同一种群的微生物,在原位是原籍菌,在异位就是外籍菌。所以,微生物的定位标准指微生物的生态空间。对正常微生物群的检查,首先要确立调查的位置与空间。

(2)定性标准:指运用微生物分类的技术手段,对微生物种群进行分离、纯化与鉴定。即确定种群的种类。定性检查应包括微生物群落中所有成员的鉴定,如原生动物、细菌、真菌、衣原体及病毒的检查。

(3)定量标准:指对生境内的总菌数和各种群的活菌数的定量检查。定量检查是微生态学的关键技术。可以说,没有定量检查,就不可能有现代化的微生态学。

优势菌常常是决定一个微生物群的生态平衡的核心因素。例如,在肠道内厌氧菌占绝对优势(约占 99%),如果这个优势下降或消失,就会导致生态平衡的破坏。

另外,即使是原籍菌,如果超过了一定数量,也会引发疾病。例如,在对虾的养殖中,养殖水体中弧菌的数量一般不超过 10^5 个/mL,如果超过了这个界限,就可能引起对虾发病疾病。

2. 宿主方面

微生态平衡的标准,必须与宿主的不同发育阶段和生理功能相适应,这就是微生态平衡的生理波动。例如,水生动物的不同发育阶段,无论是鱼类还是甲壳动物都存在发育阶段的生理性波动,在确定标准时,必须考虑到发育阶段的特点。

二、水生动物微生态平衡的影响因素

在微生态系统中,宿主、微生物及其环境是处于一个统一体当中,其中环境是构成微生态系统的重要因素之一。

1. 环境

任何有机体及其微生态系统,只凭其自身而没有一个适宜的环境是不能生存的,所以说环境是构成微生态平衡的重要因素。

(1)环境对宿主的影响:对于依赖于水生环境的水生动物来说,环境因素显得更加重要,"鱼儿离不开水"是对水体环境重要性最好的描述;水体环境中的溶解氧、pH、氨气、亚硝酸盐及硫化氢等环境因子都会影响到水生动物的生长性能;溶解氧过低、温度高或低、突变等变化、氨气等有害因子的浓度增加和病原微生物的增多会致使水生动物生理功能严重失调,造成疾病发生、流行。主要表现在组织、器官受侵害,自然防御机制受破坏,免疫功能降低或抑制。

(2)环境对微生物菌群的影响:环境对微生物的影响以间接影响为主,主要是通过宿主生理功能的改变,使微生物菌群失调、定殖状态异常及微生物性能改变。而对水生动物而言,水生动物生长发育所处的水体环境的特殊性,导致水体中的环境因素的变化可以直接影响水生动物体表、鳃丝乃至肠道微生物菌群组成和结构。

2.宿主

宿主是微生态系统的主要组成部分,任何影响宿主生理功能的因素及其自身的免疫功能、遗传性状、生理功能可直接或间接影响微生态平衡。

(1)免疫功能:宿主的免疫功能是抵御外袭菌侵袭和增强宿主防卫能力的重要因素,也是清除正常微生物群代谢产物——内毒素的重要器官。当其免疫功能减弱或抑制时,可引起宿主发生不良反应,导致微生态失调。

(2)遗传性状:正常微生物群的组成与数量,不同种属有明显不同,不同个体微生物群的组成与数量也不同,这并不是偶然的,而是受一定规律支配的。不同种属不同个体,同一个体不同微生态空间(生境)都有差别。

近年来,有人从遗传学角度入手进行研究,发现不同种属的动物肠道菌群的组成与数量有显著差异,它们对某些疾病的易感性不同。说明宿主的遗传性因素,可能是控制正常菌群组成与数量的因素之一。

(3)生理功能:宿主的生理功能不仅与正常微生物菌群的定殖和数量有关,与宿主病理状态的发生也密切相关。因此,任何使宿主生理功能改变的因素,均可影响微生态平衡。

生理功能的异常往往是病理状态发生的关键和因素。因此,宿主生理功能状况与微生态平衡密切相关。

3.微生物菌群

在微生态成员中,正常微生物菌群是主要成员,对宿主是有益的,同时也是构成微生态平衡的重要因素。微生物菌群除受外环境、宿主状态及其生境影响外,其自身状态与种群间相互关系的失调,也是引起微生态失衡不可忽视的因素。

以抗生素对正常微生物菌群作用为例。抗生素不仅可以抑制或杀死病原微生物,也可以杀死正常微生物。因此,抗生素在治疗传染病的同时,也会导致菌群失调,破坏肠道微生态平衡,宿主一旦失去菌群屏障,便会失去生物拮抗作用,内源性条件致病菌和外源性致病菌便得以大量繁殖,引发新的疾病。

第三节　水生动物微生态失调

一、水生动物微生态失调的概念

20世纪20年代,德国的微生物学家朔伊纳特(Scheunert)在研究肠道菌群时提出,肠道菌群紊乱状态称作微生态失调(micro dysbiosis)。其后 Haenel 指出,一个健康的、自然发生的、可以再度组成的微群落的状态遭到破坏或紊乱,就是生态失调。这个定义主要强调了微生物本身的失调,对微生物与宿主间的失调未加提及,只适于微生态失调中的菌群失调(dysbacteriosis)的概念。20世纪60年代以后,微生态失调这个术语广泛应用起来,并与微生态平衡(eubiosis)并用,微生态失调成为微生态平衡的反义词。

因此,水生动物微生态失调一般指在外环境条件下,正常微生物群之间、正常微生物群和其宿主之间的微生态平衡由生理性组合转变为病理性组合的状态。生态失调包括菌与菌的失调、菌与宿主的失调、菌和宿主的统一体与外环境的失调三方面内容。因此,水生动物微生态失调主要有两方面表现:一方面是正常微生物群的种类、数量和定位的变化;另一方面是宿主表现出患病或出现病理变化。这两方面互为因果。

微生物与其宿主宏生物之间的生态平衡与生态失调是可逆的。转化的条件是外环境,转化的过程是互生、抗生和偏生的。

二、水生动物微生态失调的分类

从微生态学的理论和实际出发,水生动物微生态失调可分为菌群失调、定位转移、血行感染和易位病灶4种情况。

1. 菌群失调

菌群失调又称比例失调,指在原微生境或其他有菌微生境内正常微生物群发生的定量或定性的异常变化。这种变化以量的变化为主。根据失调的程度,菌群失调可分为以下三度。

(1)一度失调:使用抗生素或者其他化学疗法治疗或者预防时,通常不是杀灭了所有的微生物,而是抑制或者杀灭了一部分细菌,促进了另一部分细菌的生长,造成了某些部位的正常菌群在组成和数量上的异常变化,这种变化称作比例失调。失调表现为细菌定量变化,在临床症状上通常没有表现或只有轻微的反应。一度失调在抗生素或其他化学疗法停止后,即可自然恢复。因此,一度失调是可逆的。

(2)二度失调:是不可逆的。比例失调之后,即使诱发原因去掉了,仍然保留原来的失调状态,菌群内生理波动转为病理波动。二度失调在临床上多有慢性病的表现。

(3)三度失调:表现为原来的菌群大部分被抑制,只有少数菌种占绝对优势的状态。三度失调通常表现为急性症状。

2. 定位转移

定位转移也称为易位。定位转移有横向转移与纵向转移之分。

(1)横向转移:正常菌群由原定位向周围转移,就是横向转移。

(2)纵向转移:正常菌群在黏膜与皮肤上是分层次的。从电子显微镜标本上可清晰地看到纵向转移状态。

3. 血行感染

血行感染可出现在定位转移之前,也可出现在定位转移之后。血行感染既是易位菌传播的一种途径,又是一种易位感染。血行感染分为菌血症与脓毒败血症。

(1)菌血症:菌群侵入血液生长繁殖称为菌血症。正常菌群进入血行途径虽然常见,但在正常情况下并不都形成感染,只有在身体衰弱、免疫抑制状态才发生感染。由正常菌群引起的菌血症一般称为非特异性菌血症,因此菌种常常出现更替或协同感染。

(2)脓毒败血症:细菌经血行途径(菌血症)转移到其他部位,引起严重感染,然后再由感染部位重新进入血行途径,引起更严重的感染,形成脓毒败血症。

4. 易位病灶

正常微生物群多由其他诱因所致,在远隔的脏器或组织形成病灶,这样病例多与脓毒败血症连续发生或同时发生。

三、水生动物微生态学的感染与微生态失调

1. 微生态学感染的概念

在微生态学中，在一定条件下水生动物体内原籍菌群发生易位、数量发生增减或易主，从生态平衡转化为生态失调即为感染。此处原籍菌群指正常微生物群。微生态学认为感染是普遍的，发病是偶然的。感染是保持微生物与其宿主生态平衡的一种功能。

感染的结局以隐性感染最多，显性感染其次，死亡最少。如果感染引起免疫反应，控制了感染，则感染的主流是好的，因为感染可以保护大多数宿主不再受侵犯和感染，因而就可以减少因感染引起的极少数的发病和极少数的死亡。预防接种，特别是活疫（菌）苗的接种就是以人工感染代替自然感染来预防感染的方法。

微生物与宿主的生态平衡，在感染初期，微生物常常占上风，在发病阶段上表现为在新感染某种微生物引起疾病流行初期，发病率与死亡率都很高。经过一段流行，渐趋平衡，最终也进入"感染是普遍的，而发病是偶然的，死亡更是偶然的"普遍规律中。从现代观点来看，感染与免疫都是生理性功能，只是在一定条件下，可由生理性转化为病理性，或由生态平衡转化为生态失调。

2. 感染的类型

感染是一个广泛表征微生物与宿主或宏生物的相互作用的概念。微生物与个体、微生物与细胞都表现为感染现象，而微生物与微生物群落也表现为感染现象。从微生态学出发，可将感染分为以下 3 个类型。

（1）自身感染（self-infection）：是个体自身的正常微生物群引起的自身的感染，如在免疫功能低下时引起的各种自身感染。因此，自身感染是正常微生物易位（横向或纵向）的结果。

（2）内源性感染（endogenous infection）：指自身或同种属其他个体的正常微生物成员引起的感染。内源性感染既有易位（translocation），也有易主（transversion），而这个易主专指同种属之间的传播。

（3）外源性感染（exogenous infection）：指由致病性微生物引起的感染，这些微生物不属于动物体正常微生物群，故属外源性感染。微生态学认为，感染的发生是受生态动力学支配的，有的是易位的结果，有的是易主的结果。易主一般专指同种属之间的传播，外源性感染是易主的结果，但这个易主既包括同种属之间，也包括异种属之间的易主。自身或内源性感染的储菌库是原因菌的易位途径。

3. 感染的原因菌

从生态动力学出发，引起感染的微生物不一定是致病菌或病原体，而是正常微生物群易位或易主的结果。从微生态出发，感染的原因可区分为生物病因论与生态病因论。

（1）生物病因论：从生物种的分类学出发，研究种间甚至株间的毒力、毒性、侵袭力等生物学特性，认为病原微生物是致病的主要原因。而对宿主、病因与环境的相互关系考虑较少，以致有时无法评价某种微生物的致病作用。生物病因论现在普遍遵循的标准是科赫法则。

（2）生态病因论：从生态学出发，宿主、病因与环境是统一的，微生物的定性与定量也是统一的。要从全局、相互关系、生态学规律来考虑问题。只有这样，才能理解因菌群失调所出现的一切问题。例如，鱼的肠炎、对虾的白便病的发病原因都是肠道菌群紊乱。两者互为因果，这些病症本身会带来肠道菌群的变化，而肠道菌群的变化也会引发疾病。

4. 感染的流行环节

外源性感染或者传染病有 3 个流行环节：传染源、传播途径和易感动物。自身感染与内源

性感染也有 3 个环节:储菌库、易位途径和易感生境。前者是病原体在动物之间的传播过程,后者是原因微生物在宿主体内不同微生境间的易位途径。

(1) 储菌库(reservoir):在宏观流行病学中,"reservoir"这个词译为储菌动物或储菌宿主;在微观流行病学中,其可译为储菌库或储菌生境。在微生态学中,储菌库是引起生态失调(包括感染)的原因菌的储存场所或主要来源。水生动物主要的储菌库有皮肤黏膜、肠道菌群、水体环境和鳃。

(2) 易位途径:主要包括血行途径、淋巴道途径及其他治疗措施介导的途径。

(3) 易感生境:多为受某种损伤的器官和组织。宿主的全身状态如营养不良、免疫功能低下、抗生素应用等均可提高机体对环境的敏感性。

5. 感染对正常微生物群的影响

自身感染与内源性感染既是生态失调的原因,也是生态失调的结果。外源性感染则主要是生态失调,特别是菌群失调的原因。

四、水生动物微生态失调的因素

影响微生态失调的因素很多。一切干扰宿主及正常微生物的因素,均会引起微生态失调。由于在动物体的体表、体内及水体环境栖居着大量正常微生物,对机体的营养消化吸收、免疫拮抗等发挥着极其重要的生理功能作用,保护着机体的健康,因此不论什么原因引起的疾病,均会不可避免地导致正常微生物群的紊乱。微生态失调与疾病的关系,不是病因,就是结果,或互为因果。

在水产养殖实践中,抗生素及化学消毒剂对水生动物微生态平衡的影响很大。

1. 引起菌群失调,破坏微生态平衡,导致免疫抑制

抗生素及化学消毒剂可干扰正常微生物群的微生态平衡,引起微生态失调或二重感染。其主要是因为抗生素消灭了敏感菌株,为耐药菌株的生长创造了条件,使得内源性或自身感染转变为外源性感染;同时,在水产养殖实践中,长期大量使用抗生素破坏了具有强大生理作用的厌氧菌所构成的正常微生物屏障,降低了机体对病原菌的抵抗力;此外,抗生素药物本身也具有降低鱼类等水生动物免疫能力的副作用,导致免疫抑制,从而成为二重感染的诱因之一。

2. 加快耐药性细菌的筛选,造成耐药性的扩散

抗生素及化学消毒剂对耐药细菌的筛选促进了正常微生物群对耐药因子在肠道菌群和水体环境的传播。具有耐药性因子的菌株,可通过 R 因子(即 R 决定簇)与传递性耐药因子,以及在转座子(transposon)等质粒(plasmid)的作用下,以大约 10^{-6} 的频率传递耐药性。一种菌可有一种或多种耐药性。抗生素可引起菌株耐药性增加与某些具有耐药因子的菌株具有性菌毛(sex pilus)有关,具有耐药因子的菌株可通过性菌毛把供体和受体连接起来。

3. 使内源性或自身感染转变为外源性感染

抗生素及化学消毒剂的使用同时破坏了水体微生态环境,从而间接影响到水生动物的微生态平衡,这也是导致水生动物发病的原因之一。

第五章　水生动物微生态学研究方法

第一节　水生动物微生态学常规研究方法

一、直接观察法

(一) 观察设备

研究水生动物微生物群,往往需要借助一些工具来进行辅助,显微镜便是研究其必不可少的工具。从最初使用可见光源到使用紫外线作为光源,显微镜的放大率和分辨率有了极大的提升,而显微镜的发展更是为研究水生动物微生态学提供了保障。观察细菌形态特征时,最常用的是油镜。

生物学显微镜根据成像原理不同主要分为光学显微镜和电子显微镜。利用这两大类的显微镜,我们就可以进行一些水生动物微生态学的初步研究。直接观察法就是通过光学显微镜或电子显微镜对微生物群进行直接观察的方法。

1. 光学显微镜

光学显微镜指利用透镜放大物像到眼睛或成像仪器,可以观察到细胞大小的物体。一般来说的显微镜大多指的是光学显微镜。按照不同的分类方式,光学显微镜可分为不同类型。

按照进入物镜光线的不同进行分类,可将其分为明视野显微镜、暗视野显微镜、相差显微镜、荧光显微镜。

(1) 明视野显微镜:为普通的生物光学显微镜,可用于普通的微生物观察。

(2) 暗视野显微镜:在普通光学显微镜中去除明视野集光器,换上一个暗视野集光器,使照明光线不直接进入物镜,只允许被标本反射和衍射的光线进入物镜,因而视野的背景是黑的,物体的边缘是亮的,利用这种显微镜能见到小至 4～200 nm 的微粒,分辨率可比普通显微镜高 50 倍。

(3) 相差显微镜:是一种观察未染色标本的显微镜,适合用于观察透明的活微生物或其他细胞的内部结构,相差显微镜利用光衍射和干涉现象改变细胞内部相位差变化,把相差变为振幅差来观察活细胞和未染色的标本,这样就能使透明的不同结构呈现出明暗的不同,使之能够清楚地予以区别。

(4) 荧光显微镜:是用来观察荧光性物质,特别是供免疫荧光技术应用的专门显微镜。荧光显微镜以紫外线为光源,用以照射被检物体,使之发出荧光,然后在显微镜下观察物体的形状及其所在位置,常用于研究细胞内物质的吸收、运输、化学物质的分布及定位等。细胞中有些物质,如叶绿素等,受紫外线照射后可散发荧光;另有一些物质本身虽不能散发荧光,但如果用荧光染料或荧光抗体染色后,经紫外线照射亦可散发荧光,荧光显微镜就是对这类物质进行定性和定量研究的工具之一。

按目镜和移动台的相对位置,可将其分为正置生物显微镜和倒置生物显微镜。

（1）正置生物显微镜：常规的生物显微镜为物镜在移动台的上方，此为正置显微镜，生物领域常用。

（2）倒置生物显微镜：其物镜在移动台的下方，改变了目镜、物镜、标本、光源自上而下的顺序。常用来进行生物切片、生物细胞、细菌及活体组织培养、流质沉淀等的观察和研究，同时可以观察其他透明或者半透明物体以及粉末、细小颗粒等物体。同普通光学生物显微镜比较，其适合用于观察、记录附着于培养皿底部或悬浮于培养基中的活体物质，在食品检验、水质鉴定、晶体结构分析及化学反应沉淀物分析等领域也能发挥巨大作用。

2. 电子显微镜

电子显微镜是根据电子光学原理，用电子束和电子透镜代替光束和光学透镜，使物质的细微结构在非常高的放大倍数下成像。电子束的波长远远小于可见光的波长，所以即使电子束的锥角仅为光学显微镜的 1%，电子显微镜的分辨本领仍远远优于光学显微镜。光学显微镜的最大放大倍率约为 2 000 倍，而现代电子显微镜最大放大倍率已经超过了 300 万倍。

电子显微镜主要可分为透射电子显微镜和扫描电子显微镜两种。

（1）透射电子显微镜：其工作原理是把经加速和聚集的电子束投射到非常薄的样品上，电子与样品中的原子碰撞而改变方向，从而产生立体角散射。散射角的大小与样品的密度、厚度相关，因此可以形成明暗不同的影像，影像将在放大、聚焦后在成像器件（如荧光屏、胶片及感光耦合组件）上显示出来。透射显微镜的分辨率可达 3 Å 左右，已达到原子分辨程度，但是由于样品制备技术的限制，往往只能达到 20 Å 的水平。也就是说，电子显微镜图像的实际分辨率，一方面取决于电子显微镜本身的分辨本领，另一方面也取决于样品的结构和反差。

（2）扫描电子显微镜：其工作原理是电子与样品发生作用，产生信号电子。这些信号电子经收集、处理系统作用，最终成像在显示系统上。因为电子和样品作用产生的信号电子和样品表面的形状、材料等因素有关，所以图像为样品的图像。扫描电子显微镜广泛用于生物学、医学、材料学、物理学、电子学等领域，具有诸多优点。例如，样品制备简单、扫描电子显微镜图像为富有立体感的三维立体图像等。但是，生物领域与物理学、材料学等学科不同的是，样品不似前者经过简单处理即可，所以，扫描电子显微镜在生物学的应用同透射电子显微镜相同，都受到了样品制备的限制。

（二）标本制作与染色方法

在使用显微镜对水生动物正常微生物群进行观察前，需要对观察对象进行处理，以便镜检。根据研究内容与目的，选择直接镜检或染色镜检。

无论是直接镜检还是染色镜检都需要先制作标本，直接镜检的标本制作主要有 3 种方法，即涂片法、压片法及埋片法。

（1）涂片法：将细菌培养物、水生动物分泌物、排泄物等直接涂于载玻片上，自然干燥后固定即可。

（2）压片法：将灭菌后干净的载玻片静压在需要观察的组织上 30 s 左右（一般压片的组织常分泌液体），自然干燥后固定即可。

（3）埋片法：为微生态学特有的研究方法。为了不破坏原生境的微生物生存的自然状态，在微生态学研究中将一定的载片植入动物体内，经过一段时间之后，将植入的载片拿出来进行观察，就可真实地反映局部微生境的组成情况。

染色镜检同样包括很多方法，有革兰氏染色法、伊红-亚甲蓝染色法、瑞氏染色法、吉姆萨染色法、荧光标记抗体染色法、酶标记抗体染色法等。其中，最常用的为革兰氏染色法。

标本制作完成后,用显微镜观察细菌,需要使用油镜。以革兰氏染色法为例,将细菌进行革兰氏染色后革兰氏阳性菌呈蓝紫色,阴性菌呈红色。通过革兰氏染色法可以清楚地观察到细菌的形态、排列及某些结构特征,从而加以分类鉴定。使用显微镜直接观察,节约了时间和成本,结果简单明了,便于观察。

二、细菌培养法

水生动物微生态学主要研究正常微生物与水生动物体内环境的关系,而要想研究微生物,则需要对其进行人工培养。

人工培养细菌要根据标本以及培养目的的不同,选择适合的接种和培养方法。由于微生物的特性决定了不可能对微生物生态系统中所有的微生物逐个进行分析和研究,而是要有目的地分析和研究其中某些类型的微生物,有些还需要进行纯培养才能对其进行研究。根据细菌代谢对氧气分子的需要,可将细菌简单分为需氧菌和厌氧菌。

需氧菌需要在有氧气的环境中才能生长繁殖,大多数细菌属于此类型;只有在无氧条件下才能生长的细菌,称为专性厌氧菌。在振摇培养时,这类细菌生长于试管培养基的底部。这类细菌对于无氧环境的要求特别严格,有一些氧分子的存在就不能生长。

厌氧菌需要在较低的氧化还原势能下才能生长(例如,破伤风梭状芽孢杆菌需氧化还原电势降低至0.11 V时才开始生长)。已接种标本或细菌的培养基应置于合适的气体环境中,需氧菌和厌氧菌置于空气中即可,专性厌氧菌须在无游离氧的环境中培养。

1. 需氧菌分离培养法

(1)平板划线培养法:为常用的细菌分离培养的方法。将待检材料适当稀释,以求获得单独的菌落,防止发育成菌苔,以致不易鉴定菌落性状。划线培养时需要注意以下几点。

1)左手持皿,用左手的拇指、食指及中指将平皿盖揭开成20°左右的角度(角度越小越好,以免空气中的细菌进入平皿中将培养基污染)。

2)右手持灭菌后的接种环从培养肉汤中取适量待检材料涂布于培养基边缘,然后将接种环在酒精灯上烧灼灭菌,待接种环冷却后,再与待检材料轻轻接触,开始划线。

3)划线前先将接种环稍稍弯曲,这样易于接种环与平皿平行,防止划破培养基。

4)不宜重复划线,以免形成菌苔。

5)接种完毕后,在皿底做好日期、材料等标记,倒扣置于恒温箱37℃培养。

(2)纯培养的获取和移植法:将划线分离培养37℃下24 h的平板从恒温箱取出挑取单个菌落经染色镜检证明不含杂菌,此时用接种环挑取单个菌落移植于琼脂斜面培养所得到的培养物即为纯培养物,具体操作方法如下。

两试管斜面移植时,左手斜持菌种管和被接种琼脂斜面管,使管口互相平齐,管底部放在拇指和食指之间松动两管棉塞,以便接种时容易拔出。右手持接种棒在酒精灯火焰上灭菌后,用右手小指和无名指并齐,同时拔出两管棉塞,将管口靠近酒精灯火焰灭菌。将接种环伸入菌种管内,先在无菌生长的琼脂上接触,使之冷却。再挑取少许细菌后拉出接种环,立即伸入另一管斜面培养基上。切勿碰及斜面和管壁,直达斜面底部。从斜面底部开始划线,沿着斜面向上延伸至顶端为止。然后,将管口靠近酒精灯火焰灭菌,将棉塞塞好。接种完毕将接种环在酒精灯火焰下灭菌处理放置好后,最后在斜面管壁上注明菌名、日期等,置于37℃恒温箱中培养。

从平板培养基选取可疑菌落移植到琼脂斜面上做纯培养时,右手执接种棒将接种环在酒精灯火焰上灭菌,左手打开平皿盖挑取可疑菌落。左手盖上平皿盖后立即取斜面管,按上述方法进行接种培养。

1) 肉汤增菌培养法：为了提高细菌分离培养效率，在用平板培养基做分离培养的同时，多用普通肉汤做增菌培养，这样，即使细菌数目很少，也大都能被检查出。另外，用肉汤培养细菌，以观察其在液体培养基上的生长表现，也是鉴定细菌的依据之一，其操作方法与斜面纯培养相同。

2) 穿刺培养法：半固体移植用穿刺法接种基本上与纯培养接种相同，不同的是用接种针挑取菌落垂直刺入培养基内。要从培养基表面的中部一直刺入管底，然后按原方向退出即可。

3) 芽孢需氧菌分离培养法：若怀疑材料中有带芽孢的细菌，可将待检材料接种于一个含有液体培养基的试管内，然后将它置于水浴箱加热到 80℃，维持 15～20 min，再行培养。若材料中有带芽孢的细菌，则其仍能存活并发育生长，不耐热的细菌繁殖体则被杀灭。

4) 利用化学药品的分离培养法

抑菌作用：有些药品对某些细菌有极强的抑制作用，而对另一些细菌则无效，故可利用此特性来进行细菌的分离。例如，通常在培养基中加入结晶紫或青霉素抑制革兰氏阳性菌的生长，以分离革兰氏阴性菌。

杀菌作用：在待检材料中加入 15%硫酸溶液处理，其他杂菌则被杀死，结核菌因其具有抗酸活性而存活。

鉴别作用：根据细菌对某种糖具有分解能力，通过培养基中指示剂的变化来鉴别某种细菌。例如，SS 琼脂培养基可以用作鉴别大肠埃希菌与沙门杆菌。

2. 厌氧菌培养法

(1) 生物学方法：植物组织（如马铃薯、燕麦、发芽谷物等）的呼吸作用、动物组织（如新鲜无菌小片组织或者加热杀菌的肌肉、心脏、脑等组织）中的可氧化物质氧化或者培养基中含有不饱和脂肪酸等均可以消耗氧气，从而形成厌氧环境，有利于厌氧菌的生长。

另外，将厌氧菌与需氧菌共同培养在一个平皿，利用需氧菌的生长将氧消耗后，使厌氧菌能够生长。具体方法是将培养皿的一半接种吸收氧气能力强如枯草杆菌这样的需氧菌，另外一半接种厌氧菌，接种后将平皿倒扣在一块玻璃板上，并用石蜡密封，置于 37℃恒温箱中培养 2～3 d 后即可观察到需氧菌和厌氧菌先后于培养皿生长。

(2) 化学方法：利用还原作用强的化学物质，将环境或培养基内的氧气吸收。或用还原氧化型物质降低氧化-还原势能。主要的化学方法包括以下几种。

1) 李伏夫(B. M. JIbbob)法：用连二亚硫酸钠和碳酸钠来吸收空气中的氧气，以提供厌氧菌生长环境。

2) 焦性没食子酸法：焦性没食子酸在碱性溶液中能吸收大量氧气，同时由淡棕色的焦性没食子酸变为深棕色的焦性没食橙。每 100 cm³ 空间用焦性没食子酸 1 g 及 10%氢氧化钠或氢氧化钾溶液 10 mL。

3) 硫乙醇酸钠法：培养基中加入还原剂硫乙醇酸钠，能除去其中的氧或还原氧化性物质，促使厌氧菌生长。其他可用的还原剂包括葡萄糖、维生素 C、半胱氨酸等。

(3) 物理学方法：利用加热、密封、抽气等物理方法，以驱除环境及培养基中的氧气，使形成厌氧状态，有利于厌氧菌的生长繁殖。主要的物理学方法包括以下几种。

1) 厌氧罐法：常用的厌氧罐有 Brewer 氏罐、Broen 氏罐和 Mclntosh-Fildes 二氏罐。将接种好的厌氧菌培养皿依次放于厌氧罐中，先抽去部分空气，代以氢气至大气压。通电，使罐中残余的氧与氢经铂或钯的催化而化合成水，使罐内氧气全部消失。将整个厌氧罐放入孵育箱内培养。本法适用于大量的厌氧菌培养。

2）真空干燥器法：将待培养的平皿或试管放入真空干燥器中，开动抽气机，抽至高度真空后替代以氢、氮或二氧化碳气体。将整个干燥器放进孵育箱培养。

3）高层琼脂法：加热融化高层琼脂，冷至 45℃ 左右接种厌氧菌，迅速混合均匀。冷凝后37℃培养，厌氧菌在近罐底处生长。

4）加热密封法：将液体培养基放在阿诺氏蒸锅内加热 10 min，清除溶解于液体中的空气，取出。迅速置于冷水中冷却。接种厌氧菌后，在培养基液面覆盖一层约 0.5 cm 的无菌凡士林石蜡，置于 37℃ 培养。

3. 二氧化碳培养法

少数细菌如牛型布氏杆菌等，孵育时需要向空气中添加 5%～10% 的二氧化碳，方能使之生长繁殖旺盛。常用的方法是置于二氧化碳培养箱中进行培养。最简单的二氧化碳培养法是烛缸法，即在盛放培养物的有盖玻璃缸内点燃蜡烛，当火焰熄灭时，该缸中的空气中就增加了5%～10% 的二氧化碳。也可以用化学物质作用后生成二氧化碳，如碳酸氢钠与硫酸钠或碳酸氢钠与硫酸作用即可产生二氧化碳。若用 0.4% 的碳酸氢钠与 30% 的硫酸 1 mL，则可产生22.4 mL 的二氧化碳气体，以为需要二氧化碳才能生长的细菌提供适宜的生长繁殖环境。

三、微生物生物量测定法

测定细菌总数是为了了解在一定生物环境中微生物的数量，特别是细菌、真菌与放线菌的总数，包括死菌与活菌。细菌总数反映微生态学规律的一定信息，为确定微生态平衡与微生态失调提供参数，同时核定活菌数测定结果的可靠性。

微生态学中测定的生物量主要指微生物的生物量，包括细胞个体数目和细胞物质的含量。

1. 直接计数法

利用光学和电子显微镜对样品中的微生物进行直接观察，计算微生物数目；或测定丝状微生物的长度，其结果可以用单位面积、单位体积或质量的微生物数目来表示，据此估计生物量。使用的计数器有血细胞计数板、Peteroff-Hauser 计菌器和霍克斯利（Hawksley）计菌器，这些计数器可以用于酵母菌、细菌和霉菌孢子的计数。有时还要对样品进行染色或进行适当稀释，以便观察。可以利用吖啶橙分子与细菌细胞中的核酸反应，用滤光片使波长为 450～490 nm 的入射光照射到细菌的细胞和核酸上，处在不同生理状态的细胞和核酸吸收这些光后放出绿色、红色或黄色的荧光，在荧光显微镜下可以直接观察或测定细胞数目。由于使用这些方法时只能取少量的样品，与水生动物生存环境以及自身携带的众多微生物相比不甚全面，所以不能代表所在环境的全部微生物状况。

操作步骤如下：

（1）制备酵母菌的菌悬液：酿酒酵母菌马铃薯葡萄糖琼脂（PDA）斜面菌种一支，用无菌生理盐水，将菌苔洗下，倒入装有玻璃珠的无菌三角瓶中，制成 50 mL 菌悬液。振荡，混匀。

（2）清洁血细胞计数板：镜检计数板、计数室内干净后才可以使用。如果有污物，先用自来水冲洗血细胞计数板（切勿用硬毛刷刷洗），再用酒精棉球轻轻擦拭，晾干后再次镜检。盖玻片用同样方法清洗和检查。

（3）加细菌悬液：将盖玻片盖在计数室的上面，用细口滴管吹打菌悬液，充分混匀。然后吸取细菌悬液，滴在计数室和盖玻片的边缘，菌悬液自然渗入盖玻片和计数板间缝隙中。再用镊子或接种环柄等轻压盖玻片，去除过多的菌悬液，以免实际的计数室体积变大。静置片刻，待菌体自然沉降后,计数。

(4) 计数:在 10×物镜下(将视野调暗)找到计数室(即方格网),确认计数室无气泡。再找到中间大方格,将其移至视野的正中央,再调至 40×物镜,计中央大方格四个角的中方格和中间的中方格数。重复计数 1 次,即得到 10 个中方格的酵母菌个数。

2. 平板菌落计数法

在无菌培养皿中加适量菌悬液(或其稀释液),再加入融化并冷却至适当温度(一般约50℃)的固体培养基,混合均匀,平放至彻底凝固,然后适温培养,其中的单个细胞(或单个孢子)形成一个菌落(也可能几个邻近细胞形成一个菌落)。根据适当稀释度平板上的菌落数,计算单位体积原始样品中的活菌数,即能够形成菌落的微生物数(单位 CFU)。但是,这种方法也有许多缺点,造成计算误差的因素很多,如该法所测数值有可能偏低,因为有可能两个或两个以上的单细胞在一起形成一个菌落,有些微生物在平板上只能形成微菌落,不便于肉眼观察。实验室所用的培养条件很难使样品中所有微生物得到生长所用的有限种类的培养基,也无法使所有微生物得到生长。另一个问题就是在平板上形成的丝状微生物菌落无法确定是从孢子萌发而来,还是由菌丝生长而来的。

3. 滤膜菌落计数法

以大肠埃希菌为例,将水样经抽气泵真空抽气,通过无菌滤膜,大肠埃希菌无法通过滤膜,滞留在滤膜上,接着将其放入 M-Endo 琼脂培养基中,放入 37℃恒温培养箱培养中培养 24 h。培养过程中,大肠埃希菌会分解乳糖,产生气体和醛类,醛类会和培养基中的碱性洋红染料结合,产生在阳光反射下出现的绿色金属光泽,以此来计算大肠埃希菌的数目。

4. MPN 法

MPN 法即最大概率数法(most probable number method)也是一种早期检测微生物数量的方法,它是根据概率统计学的方法来推算水样中某种待测菌的数量。1959 年,扬纳施(Jannasch)等用这种方法来推算水体细菌的数量,其方法是将待测水样进行一系列的梯度稀释后,分别吸取一定的体积于适量液体培养基试管中进行培养,记录有细菌生长的试管数,查MPN 表来推算水样中活菌的数量。该法成本低廉,方法简单,操作方便;但是耗时长,操作较为烦琐,劳动强度大,只能用于可培养的细菌进行的活菌计数,且基于统计学的计数准确度不高。

5. 重量法(湿重或干重)

(1) 湿重:将一定容量菌液经离心洗涤或过滤,菌体用水洗净,并用滤纸等把水分充分吸干后,所得重量即为湿重。

(2) 干重:将一定容量菌液经离心洗涤或过滤,菌体用水洗净,菌体细胞干燥后再称得的重量即为干重。

微生物的干重一般为其湿重的 10%～20%。据测定,每个大肠埃希菌细胞的干重为 2.8×10^{-13} g。以大肠埃希菌为例,它在一般液体培养物中,细胞浓度通常为 2×10^9 个/mL,用100 mL 培养物可得 10～90 mg 干重的细胞。

6. 光吸收法

在一定波长范围内,菌悬液中的细胞浓度与光吸收值(OD 值)成正比。其实验方法是首先配成系列不同浓度的细菌悬浮液标准溶液,采用分光光度计测定相应的 OD 值,获取菌液浓度与 OD 值标准曲线,确定 OD 与细菌数目的关系即可实现水样品中细菌数量。光吸收法快速、操作简单、不受时间和其他因素的限制,但该法测得的是细菌总量,无法区分死活菌体。该法受培养基固体颗粒物及细菌代谢产物性质的影响较大,对某一种细菌也无专一性及针对性,可能导致测定结果偏高。

7. 电阻抗法

该法是通过测量细菌代谢引起的培养基电特性变化来测定样品微生物含量的一种快速检测方法。微生物在培养过程中,由于新陈代谢,培养基中的大分子的电惰性物质,如糖类、类脂、蛋白质等,转化为小分子的电活性物质,如乳酸盐、乙酸盐、重碳酸盐等,使导电性增强,电阻抗降低。有研究表明,电导率随时间的变化曲线与细菌生长曲线相似,出现缓慢增长期、加速增长期、指数增长期和缓慢减少期,最后趋于稳定期。细菌起始数量不同,出现指数增长期的时间也不同,通过建立两者之间的关系,就能通过检测培养基电特性变化推演出微生物的原始菌量。电阻抗法可采用自动连续性检测,能同时检测多个样品的含菌量,具有在线快速、准确的特点,具有较好的应用前景。但该法成本相对偏高,受培养基变化等干扰因素影响也较大,且无法区分碎片和细胞。

8. 流式细胞仪测定法

流式细胞术(flow cytometry,FCM)是20世纪70年代发展起来的一种以流式细胞仪为工具,能快速测量细胞的物理或化学性质,如大小、内部结构、DNA、RNA、蛋白质、抗原等,并可对其分类、收集的高新技术。其原理是经荧光染料标记过的细胞样品制成单细胞悬液,以一定的流速经过喷嘴到达光源发出的激光形成的聚焦区时,标记的荧光染料在激发光的激发下发射出特异颜色的荧光信号和散射光信号,信号的强弱与细胞内待测组分的含量成正比,经光电信号转换,即可实现数字化定量分析。

微生物生物量的测定有许多方法,随着科学技术进步,学者们在传统方法的基础上改进、发展了许多精确方便的测定方法,以快速高效测定微生物生物量。虽然目前在水生动物微生物计数方面还存在着不足,但随着方法的创新和仪器的改进,以及多种方法的联合使用,必将推动相关测定方法的改进与提高。

四、基因工程

基因工程(gene engineering)指人们利用分子生物学的理论和技术,自觉设计、操纵、改造和重建细胞的遗传核心——基因组,从而使生物体的遗传性状发生定向变异,以最大限度地满足人类活动的需要。这是一种自觉的、可人为操纵的体外DNA重组技术,是一种可达到超远缘杂交的育种技术,更是一种前景宽广、正在迅速发展的定向育种新技术。

基因工程的基本操作

基本工程的基本操作包括目的基因(即外源基因或供体基因)的取得、优良载体的选择、目的基因与载体DNA的体外重组、重组载体导入受体细胞、重组受体细胞的筛选和鉴定、"工程菌"或"工程细胞株"的大规模培养等。

1. 目的基因的取得

取得具生产意义的目的基因主要有3条途径:①从适当的供体生物包括微生物、动物或植物中提取;②通过逆转录酶(reverse transcriptase)的作用,由mRNA合成cDNA(complementary DNA,即互补DNA);③由化学合成方法合成有特定功能的目的基因。

2. 优良载体(vector,vehicle)的选择

优良的载体必须具备几个条件:①是一个具自我复制能力的复制子(replicon);②能在受体细胞内大量增殖;③载体上最好只有一个限制性内切核酸酶(restriction endonuclease)的切

口,使目的基因能固定地整合到载体DNA的一定位置上;④其上必须有一种选择性遗传标记,以便及时高效地选择出"工程菌"或"工程细胞"。目前,具备上述条件者,对原核受体细胞来说,主要是松弛型细菌质粒和λ噬菌体;对真核细胞受体来说,在动物方面,主要有SV40病毒,而在植物方面,主要是T质粒。

3. 目的基因与载体DNA的体外重组

采用限制性内切核酸酶的处理或人为地在DNA的3′末端接上poly-A和poly-T,就可使参与重组的两个DNA分子产生"榫头"和"卯眼"似的互补黏性末端(cohesive end)。然后把两者放在5~6℃条件下温和地"退火"(annealing)。因为每一种限制性内切核酸酶所切断的双链DNA片段的黏性末端都有相同的核苷酸组分,所以当两者相混时,凡与黏性末端上碱基互补的片段,就会因氢键的作用而彼此吸引,重新形成双链。这时,在外加连接酶(ligase)的作用下,目的基因就与载体DNA进行共价结合,形成一个完整的、有复制能力的环状重组载体或称嵌合体(chimera)。

4. 重组载体导入受体细胞

上述由体外操纵手续构建成的重组载体,只有将它导入受体细胞中,才能使其中的目的基因获得扩增和表达。受体细胞种类极多,最初以原核生物为主,如大肠埃希菌和枯草芽孢杆菌,后来发展到真核微生物如酿酒酵母以及各种高等动、植物的细胞株、组织,目前正在向各种大生物扩展,如转基因动物和转基因植物等。把重组载体导入受体细胞有多种途径,如质粒可用转化法,噬菌体或病毒可用感染法等。

以转化为例:在一般情况下,大肠埃希菌不存在感受态,也不能发生转化,可是,它又是一个遗传背景极其清楚、各项优势明显的模式生物甚至称得上"明星生物",故是一个极其重要的遗传工程受体菌。为此,学者们经过研究,终于发现氯化钙能促进大肠埃希菌对质粒DNA或λDNA的吸收,从而发展出目前常用的利用氯化钙进行大肠埃希菌转化的方法。采用此法,一种最广泛使用的pBR322质粒(松弛型,具有四环素和氨苄西林抗性基因标记,并具有一些便于应用的限制性内切核酸酶位点)的转化率可达到$10^5 \sim 10^7$个转化子/μg DNA。

5. 重组受体细胞的筛选和鉴定

在重组DNA分子的转化、转染或转导过程中,并非所有的受体细胞都能被重组DNA分子导入。对相对数量极大的受体细胞而言,仅有少数外源DNA分子能够进入,同时也只有极少数的受体细胞在吸纳外源DNA分子之后能稳定增殖为转化子。

转化子相对某种特定重组子来说又为数量巨大的群体。大量的转化子会接纳多种类型的DNA分子,其中包括:①不带任何外源DNA插入片段,仅由线性载体分子自身连接形成的环状DNA分子;②由一个载体分子和一个或数个外源DNA片段构成的重组DNA分子;③单纯由数个外源DNA片段彼此连接形成的多聚DNA分子。当然,最后这类多聚DNA分子不具备复制基因和复制起点,不能在转化子中长期存留,最终由于细胞分裂被消耗掉,成为无用的分子。尽管如此,面对这种混合的DNA制剂转化来的大量克隆群体,需要采取一套之有效的方法,筛选出可能含有外源DNA片段的重组体克隆,然后用特殊的方法鉴定内含目的基因的期望重组子。

目前,已经发展和使用了一系列构思巧妙、可靠性强的重组体克隆检测技术和方法,包括菌落原位杂交筛选、免疫学方法、遗传检测法、结构分析筛选法及转译筛选等。

6. "工程菌"或"工程细胞"的大规模培养

基因工程菌的高密度培养具有提高单位体积设备生产能力、减少设备及运行费用、减轻下游纯化负担等优点。利用基因重组技术构建的生物工程菌的发酵工艺不同于传统的发酵工艺,就其选用的生物材料而言,前者含有带外源基因的重组载体;而后者是单一的微生物细胞;从发酵工艺考虑,生物工程菌的发酵生产之目的是希望能获得大量的外源基因产物,尽可能减少宿主细胞本身蛋白的污染,外源基因的高水平表达,不仅涉及宿主、载体和克隆基因三者之间的相互关系,而且与其所处的环境条件息息相关,因此仅按传统的发酵工艺生产生物制品是远远不够的,需要对影响外源基因表达的因素进行分析,探索出一套适于外源基因高效表达的发酵工艺。

第二节　无菌斑马鱼培养方法

所有动物都是具有常驻微生物群落的生态系统。在宿主发育、生理及进化过程中,这样的微生物群发挥着重要的作用。近些年来,斑马鱼作为一种新型的动物模型,其由于胚胎数量多、通体透明和遗传操作简易的特点,广泛用于生物学和医学领域的研究。

1. 无菌斑马鱼培育

无菌斑马鱼培养主要包括两个部分,一是无菌培养过程,二是无菌检验过程。

(1) 无菌培养:无菌培养系统包括隔离器、传递窗、恒温加热装置、照明灯、紫外杀菌灯和空气过滤装置。进行无菌培养前,隔离器内部使用紫外灯光杀菌及 2%过氧乙酸喷雾消毒,隔离器手套安装好后将手套外翻,开启风机检查是否漏气。经传递窗传送的物品先经高压灭菌或过滤除菌,再用2%过氧乙酸喷雾消毒。消毒后通风24 h,隔离器内过氧乙酸全部排出后待用。经 0.1% 聚乙烯吡咯烷酮碘消毒液(PVP-Ⅰ)及次氯酸钙溶液消毒后的鱼卵放入隔离器后,28℃恒温培养,保持光照 14 h,黑暗 10 h 的光照周期。

无菌斑马鱼胚胎培养流程如下:

1) 取 1~2 对成年斑马鱼放入交配缸,加入经 0.22 μm 滤膜过滤的循环系统新鲜水,用透明隔板隔离公鱼与母鱼。

2) 次日换新交配缸及新鲜过滤水,抽掉隔板,进行自然产卵。

3) 受精后立即用一次性灭菌吸管将受精卵转移至无菌培养皿中,用无菌培养液清洗鱼卵3 次,最后加入适量无菌培养液,放入无菌培养隔离器,每 12 h 换 1 次无菌培养液。

4) 受精后 8 h,去除未受精鱼卵,将受精的鱼卵放入 0.1%PVP-Ⅰ中浸泡 1 min,用无菌培养液清洗鱼卵 3 次,将鱼卵放入 0.5%次氯酸钙消毒液(现配现用,60%有效氯含量的次氯酸钙)中浸泡 10 min,用无菌培养液清洗鱼卵 3 次,每次 3 min。孵化过程中(受精后 1~2 d),及时移除卵壳,更换无菌培养液。

(2) 无菌检验:用灭菌生理盐水蘸湿的棉拭子采集普通培养箱,无菌隔离器出风口、传递窗和操作台等样本,另用一次性灭菌吸管采集斑马鱼体及胚胎培养液样本,根据《实验动物　微生物学检测方法(2)》(GB/T 14926.41—2001),将无菌胚胎、无菌培养液和棉拭子样本分别接种于牛脑心浸出液培养基(BHI 培养基)和胰蛋白胨大豆肉汤(TSB)液体培养基,37℃恒温培养 14 d,取少量培养液进行涂片及革兰氏染色,观察微生物生长情况;并在7 d 及 14 d 时取少量培养液涂血平板,37℃培养 48 h,观察菌落形成情况。

2. 无菌斑马鱼饲养

出于对无菌斑马鱼从胚胎期到成年的无菌饲养的考虑,针对在无菌条件下斑马鱼生存环境、特定阶段的营养及有效地去除排泄废物等方法至关重要。

（1）无病菌活食：无菌斑马鱼长期饲养面临的最大挑战是提供足够的营养。Melancon 等成功培育了无菌嗜热四膜虫、纤毛虫，并引起了幼年斑马鱼的正常捕食行为。为了提高斑马鱼的营养水平，开发了在无菌乳化鸡蛋黄上培养四膜虫的方法。在对照喂养试验中，结果显示使用蛋黄培养的四膜虫饲养斑马鱼，其存活率大大提高。

（2）水质保持和监测：长期进行无菌斑马鱼饲养的另一个重要条件是水质。每天更换大约75%养殖用水，并监控水质。与无菌四膜虫共培养的无菌斑马鱼的水质相对稳定，水中氨氮含量低。食物残渣和鱼类排泄物会导致斑马鱼养殖系统的水质变差，影响斑马鱼的健康。养殖水处理单元具有净化斑马鱼养殖水的功能。该设备主要包括物理过滤单元、生物净化单元、杀菌单元及水质调控单元。

（3）日常记录：在无菌斑马鱼的饲养过程当中，需要参与人员分配职责，主要包括维护设备、供给饲料、定期检测水质等。在长期的无菌动物实验期间保留详细的记录是非常重要的，这可以使程序不断改进。必须对所有参与人员进行交叉培训，以便可以轮流执行日常任务。标准化日常笔记的记录有助于保存工作人员在轮换过程中记录的沟通交流内容。

第三节　微生物组学研究方法

微生物组学（microbiome）是以特定生物样品群体为研究对象，以功能基因筛选和测序分析为研究手段，对生物多样性、种群结构、进化关系、基因功能等及其与环境之间的相互关系进行研究的微生物研究方法。其最大的特点在于摆脱了传统研究中微生物分离培养的技术限制，直接提取样本中核酸或蛋白质进行检测和分析。根据研究对象的不同，微生物组学可分为宏基因组学（metagenomics）、宏转录组学（metatranscriptomics）和宏蛋白组学（metaproteomics）。随着测序技术和生物信息学的快速发展，微生物组学在微生物研究领域中的优势愈发明显，尤其在鉴定低丰度的微生物群落、挖掘更多基因资源方面，具有通量高、速度快、信息全面等优势。目前，微生物组学研究的应用范围十分广泛，覆盖医学、制药、农业、食品、公共健康、环境保护等多方面研究应用。

一、宏基因组学

微生物在生物体食物消化、机体免疫等方面发挥着重要作用。在大多数情况下，微生物通过群落而非单一个体来发挥这些重要功能。水体、土壤、肠道和很多的人工生物环境（如废水处理、食品发酵、堆肥、沼气池等）都具有很复杂的微生物群落，这些微生物相互作用、共同协作，一起完成复杂的代谢功能。环境样品中的微生物组成的群落构成了一个巨大而复杂的基因库，在这个基因库中既包含代表不同微生物身份的系统发育标记基因（如 16S rRNA 基因），也包含各种代谢功能基因，它们统称为宏基因组（又称宏基因组、环境基因组或生态基因组），这些基因确定了样品微生物群落的组成与功能。研究样品的基因组是认识复杂微生物群落的主要途径。

如果将宏基因组学的研究方法应用到病毒领域，就形成了病毒宏基因组学。2002 年，布赖特巴特（Breitbart）等开展了海水中病毒组的研究，为海洋病毒宏基因组学的正式开展拉开了帷幕。病毒宏基因组的研究手段是将环境中的病毒与其他微生物分离，只研究病毒的基因组，然后将得到的病毒基因组数据同目前已知的病毒数据进行比对和分析，可以直接研究不同环境中病毒的一些变异情况，也能防控追踪和预测新型病毒。病毒宏基因组的研究手段是将环境中的病毒与其他微生物分离,只研究病毒的基因组,然后将得到的病毒基因组数据同目前已知的病毒数据进行比对和分析,可以直接研究不同环境中病毒的一些变异情况,也能防控追踪和预测新型的病毒;特别是对于那些特殊结构的病毒,病毒宏基因组分析将提供关于病毒遗传和表型多样性的关键数据,改变人们对以往认识的病毒圈的理解。

宏基因组学在开发微生物资源多样性、筛选获得新型活性物质、发掘与抗生素抗性、维生素合成及污染物降解相关的蛋白质等方面展示了很大的潜力。

1. 基于宏基因组学分析微生物样品

基于宏基因组学分析微生物样品的基本流程为从特定环境样品中提取 DNA;将 DNA 克隆到合适的载体上,将载体转移到宿主细菌建立基因组文库,对基因组文库进行分析和筛选。

(1)样品 DNA 的制备:制备高质量样品的总 DNA 是宏基因组文库构建的关键之一。现在常用的提取样品 DNA 的两种方法分别是原位裂解法和异位裂解法。原位裂解法是直接破碎样品中的微生物细胞而使得 DNA 以释放,主要通过酶法(如蛋白酶 K 法)、化学法(如盐类裂解法)或机械法(如珠打法、冻融法)。异位裂解法则是通过物理方法从样品中分离出微生物细胞后抽提 DNA,如采用尼可登介质密度梯度离心法。试验过程中,采用哪种提取方法要取决于目的基因的大小和实验的目的性。

(2)载体的选择:其决定基因组能否转入宿主细胞并高效表达出来,因此其在宏基因组的构建过程中是十分关键的。在环境微生物宏基因组文库构建中,常用的 DNA 克隆载体有质粒、黏粒和细菌人工染色体等。试验中,具体选择哪种载体取决于目的基因的大小及其能否成功表达等。

(3)宿主菌的选择:重组基因能否成功克隆或表达同样取决于是否选择了合适的宿主菌。选择时主要考虑以下几个方面,如重组载体在宿主细胞中的表达性、稳定性、转化效率及目标性状的筛选等。试验中,假单胞菌、链霉菌和大肠埃希菌是常用的宿主细胞。大肠埃希菌具有遗传背景清楚、生长特性良好等特点,因此,大肠埃希菌是微生物宏基因组文库构建方面使用较广泛的宿主。

(4)宏基因组文库的筛选:是宏基因组学研究的最后环节,也是至关重要的一个环节,该环节是筛选基因组文库中有用基因的过程,主要是通过利用高通量技术和高灵敏度的方法。目前,试验中常用的宏基因组文库筛选方法有 3 种:

1)功能驱动筛选:可以对各种选择性培养基上具有特殊表征性的淀粉酶、抗生素抗性基因克隆子进行筛选,也可以在选择性条件下利用异源基因的宿主菌与其突变体的功能互补特性来筛选宏基因组文库。

2)序列驱动筛选:根据已知保守序列设计引物或探针,利用杂交或聚合酶链反应(polymerase chain reaction,PCR)技术筛选目的基因。

3)底物诱导基因表达筛选:编码分解代谢途径的基因通常存在于一些受底物诱导的操纵子中,在底物存在时表达。

2. 利用高通量测序进行宏基因组学研究

在高通量测序出现之前,宏基因组学主要研究过程包括提取样品中微生物总 DNA、构建宏基因组文库、目的基因的筛选和序列分析等过程,进行的测序过程采用烦琐的传统 Sanger 测序技术。这种方法需要有大量的数据才能保证所得出的结论的全面和客观,在高通量测序出现以前,这种研究方法由于成本太高,在研究中应用有限。随着高通量测序的出现,可以直接对提取的总 DNA 进行测序,得到特定环境中宏基因组序列,这些序列既包括用于微生物鉴定的特征序列,又包括一些编码功能蛋白的功能基因序列,通过比对相关数据库不仅能得到微生物多样性和丰度的信息,还可以对微生物的功能和代谢方面进行分析研究。利用高通量测序研究宏基因组学的步骤包括:①提取样品中微生物总 DNA;②进行高通量测序;③数据统计和生物信息学分析。

高通量测序为宏基因组学研究打开了新的大门,同时也是为微生态学打开了新的大门。但是,宏基因组学的研究方法又具有自身局限性,在宏基因组中的 rRNA 基因所占比例很低,低至不到 1%,所以需要进行更深层次的测序才能得到较为完整的微生物多样性信息,但是这又为数据分析带来了很大的难度;同时,宏基因组是以 DNA 为研究对象,所得到的功能分析只能说明其具有某种功能基因的存在,并不能对相关基因是否表达及其表达程度给出定论。

二、宏转录组学

宏转录组指在某个特定时刻,生境中所有微生物基因转录体的集合,这是原位衡量宏基因组表达的一种方法。宏基因组虽然能够提供微生物区系(尤其是未培养的微生物)潜在的活动信息,但仍不能揭示在特定的时空环境下,微生物群落基因的动态表达与调控等问题。要解决这一问题,就需要在转录与表达水平上进一步研究。传统技术可利用微阵列等来分析微生物群落的基因表达,可是设计和构建微阵列不仅耗时,而且费用昂贵,还不能检测新基因。宏转录组技术在挖掘新功能基因、新活性酶上的能力远远高于宏基因组技术。随着高通量测序技术的发展,生境中 RNA 也可以直接测序分析,不过其组装过程却是重要的挑战:①与可利用重叠区域组装基因组 DNA 不同,RNA 深度测序得到的序列大小范围更广。例如,小 RNA 等不需要组装,大片段的 RNA 则需要组装。②不同于 DNA 的双链都可以测序,RNA 只有一条有义链是有效的。③由于外显子的存在,来自同一个基因的 RNA 可能有不同的拼接方式,因此现有 RNA 组装过程需要依赖已有的基因组数据库。

随着 RNA-seq 测序技术的发展及其相关新算法的发明,可以对序列从头组装,不再依赖于参考基因组,但是仍存在错误率高的缺点。尽管如此,在现有技术条件下,宏转录组学在多种生境中的应用仍然给人们带来了很多新发现。

宏转录组分析的一般策略是采集环境样品,提取总 RNA,去除残余的 DNA,扩增 mRNA,由于 mRNA 极易降解,需要将 RNA 反转录为 cDNA,然后对 cDNA 进行测序,测序平台同样是二代测序平台如 454 焦磷酸测序和 Illumina 测序平台或者新一代单分子实时测序平台等。真核微生物基因转录产生的 mRNA 携带有 poly-A 尾巴,依此可将原核生物与真核生物的表达区别开来。近年来,宏转录组学在海洋和土壤等生境研究中得到广泛应用。

1. 生物间共生与协作的研究

运用焦磷酸测序技术对沿海芒蛤及其体内的硫杆共生菌总 RNA 约 160 万个序列(500 Mbp)宏转录组学分析研究,发现研究的基因在分类学上属不同种的氧化硫菌纲,进而揭示其他硫菌纲共生体与紫色硫菌属之间的联系。另外,某些新基因参与硫能量代谢机制,包括异化亚硫酸盐氧化还原途径、APS 途径和 SOX 途径,这些途径指出,与共生体硫能量代谢机制相关的序列仅占细菌 mRNA 总量的 7%。研究进一步表明,硫杆菌共生体在海洋还原生态系统中对硫的转录起着关键性的作用。在对白蚁与其肠道内的共生菌进行宏转录组学分析时,通过构建白蚁与其共生菌 cDNA 文库,并利用高通量测序对文库中的 1 000 个序列进行测序分析,挖掘出 6 555 个具有功能的转录子,其中包含 171 个具有编码木质纤维素酶活性的转录子。通过序列分析发现,白蚁体内半纤维素的消化由肠道内的共生菌完成,而纤维素的消化由白蚁与其共生菌协同完成。

2. 微生物群落抗逆性功能机制的研究

极端环境因其理化性质极端,可供微生物利用的营养物质有限,微生物的群落组成和代谢途径均相对较为简单,形成了一种以自养为基础的生物圈,可作为环境微生物研究的模式系统来研究微生物的群落组成与功能以及微生物对环境因子的响应和相关的反馈机制。宏转录组学技术能够有效地检测到微生物生长过程中的基因表达变化情况。环境微生物的转录组学分析通常能得到和基于 DNA 分析不一样的结论,RNA 转录物得到的微生物群落随着海洋深度的增加并没有多大的变化,但是在甲烷气体存在的情况下,深海极端环境中依然能够发生嗜酸性硫酸盐还原、厌氧甲烷菌氧化和硫酸盐还原反应等一些代谢途径的生物反应。针对环境微生物转录组的研究,近年来发明了一些新的算法,可以对获得的基因进行拼接和组装,从而构建基因草图。对极端环境中微生物功能活性分析后发现,处于极端环境中微生物的代谢机制大都为一些基础代谢。运用宏转录组的技术手段发现青藏高原某些菌株中的胆碱酯酶基因、胞外多糖基因和类孢子素氨基酸在恶劣环境的适应中发挥主要的作用。

3. 在海洋生态环境中的应用

对挪威海岸边的微生物运用 GS-FLX 焦磷酸测序技术对一个随机获取的复杂海洋微生物群落的全部 mRNA 进行分析,研究证实使用宏转录组技术可以挖掘出一些新的高表达序列;将美国东南部由潮汐形成的盐湖构建环境宏转录组文库,并用高通量技术分析,发现环境中的硫氧化、氮固定等重要的生化进程与转录组存在着必然的联系;对北太平洋海水微生物运用焦磷酸测序技术分别对白天、夜晚获取的微生物转录组 mRNA 进行测序分析,发现微生物群落的代谢活性及其基因表达在白天和夜晚的差异;对夏威夷海细菌浮游微生物通过对自然环境收集的总 RNA 进行焦磷酸测序来研究微生物在此环境中的基因表达,从宏转录组的数据中发现一段 cDNA 序列由被认知的 sRNA 和未被认知的 psRNA 组成;将酸性水域环境水气界面微生物总 RNA 经反转录成 cDNA 后再与基因组芯片杂交,发现生物膜的形成和稳定与混合酸发酵的基因上调存在着一定的联系。

三、宏蛋白组学

宏基因组学研究能够给出微生物群落中潜在基因的功能,宏转录组学能够深入了解基因表达和活性的程度,但其细胞定位与活动调节是发生在蛋白质水平上的,因此从转录组与蛋白质组得到的信息将大不相同。研究微生物群落的功能与代谢途径必须对蛋白质组进行研究,通过揭示环境中蛋白质的组成与丰度、蛋白质的不同修饰、蛋白质和蛋白质之间的相互关系,可以认识微生物群落的发展、种内相互关系、营养竞争关系等。

目前,宏蛋白组学的研究策略主要有两条,一条是以双向电泳加生物质谱的方法鉴定群落中各种蛋白的表达谱以及各蛋白表达程度的相对变化,另一条路线就是多维色谱与生物质谱相结合的方法(称为鸟枪法)的技术路线。其研究过程大致如下:①从环境样品中分离总蛋白质组分,随后进行分馏与酶处理;②酶处理后的蛋白质组分通过质谱进行定量,定性分析;③质谱产生的数据通过软件及其他工具推断出多肽的氨基酸序列,随后通过蛋白数据库进行数据比对,最后对所得的多肽进行鉴定。

首次提出"宏蛋白组学"一词的是维尔梅斯(Wilmes)和邦德(Bond),他们将其定义为环境微生物群在特定的时间内蛋白质的所有总和。在生命有机体内蛋白质参与生物转化,而在构建微生物群动态功能学时宏蛋白组学是最全面、最恰当的方法,同时也是研究代谢组学中代谢途径和调节机制最重要的一步。宏蛋白组学可以分析活性污泥、废水处理系统的生物除磷过程中的代谢信息。Wilmes 等应用 2DE 和质谱技术发现了 46 个蛋白，与生物强化除磷（bio-enhanced phosphate removal，EBPR）过程相关的宏基因组序列最近，这些蛋白直接参与 EBPR 过程，包括参与乙醛酸/三羧酸循环、糖原的分解与合成、糖酵解、脂肪酸的 β 氧化、磷酸脂肪酸合成和运输；还发现了几个蛋白参与细胞应激反应。宏蛋白组学可以分析水体微生物群落的组成和蛋白质功能。坎（Kan）等以切萨皮克湾的微生物群落（$0.2 \sim 3.0~\mu m$）的元蛋白质组进行研究，应用 LC-MS/MS 技术发现该地区微生物的所有蛋白质中，中湾重复蛋白约占 92%，上下湾的重复蛋白分别约为 30% 和 70%。应用 Protein BLAST 搜索法有 3 种蛋白质被检测出，这些蛋白质的识别来源于海洋微生物，与切萨皮克湾 α 变形菌、拟杆菌属高度相关。而莫里斯（Morris）等应用比较宏蛋白组学揭示了海洋微生物群落的能源利用率和能量转换。首次将宏蛋白组学技术应用在婴儿粪便微生物的是 Klaassens 等，他将 2DE、基质辅助激光解吸电离飞行时间质谱（matrix - assisted laser desorption ionization/time-of-flight/mass spectrometer，MALDI/TOF/MS）分析法结合起来表明粪便生物群落元蛋白组图谱会随着时间的变化而变化。

四、整合宏组学

进入后基因组时代，宏基因组、宏转录组和宏蛋白组学等宏组学给微生物学的研究带来了新的变革，在这三种宏组学的基础上，学者们也努力将三者整合，或者与其他组学方法如代谢组学相结合以解决学术及切实问题。简单来说，宏基因组学可以确定微生物群落的组成，也可以提供潜在功能信息。而宏转录组学可以用来评估基因表达和推测关键的代谢通路。宏蛋白组学确定表达中的细胞定位和调控、后转录修饰等。由于生境中微生物区系与功能的复杂性，单一的方法很难全面跟踪研究清楚生境中的微生物区系与其基因功能，因此整合多种高通量方法的整合宏组学技术开始兴起。通过整合宏组学技术可以构建微生物区系结构与功能的关系，从而使我们能够更加全面深刻地认识复杂的水生生境。

宏基因组学、宏转录组学、宏蛋白组学技术在 DNA、RNA 和蛋白质 3 个层次上揭示微生物群落的结构、系统发生、代谢功能、调控规律等。随着宏组学技术提取方法的改进与高通量测序技术的进一步发展，相信这些技术将会在多种生态领域得到快速的发展和应用，可以使人们从系统角度全面认识微生物群落与其功能，利用其规律、挖掘新的微生物菌种及其酶资源等，这将是未来微生物生态学研究的新趋势与新研究方向。

第六章 水产微生态工程与水产微生态制剂

第一节 水产微生态工程的概念

随着水产养殖行业的规模不断扩大,高密度的养殖模式和养殖品种单一化等因素导致养殖生态环境失调,养殖水质受到严重污染,各种病害频发。一直以来,人们使用抗生素来防治水产动物病害,起到了积极作用,但是长期、大量使用抗生素等化学药物不仅使病原菌产生抗药性,而且破坏了水生动物消化道内正常菌群和养殖水体的生态环境。水产微生态工程是运用微生态学原理,通过微生态制剂的研究开发及应用来解决现代水产养殖行业中存在的病害防治、水质调控等问题,为水产养殖行业的可持续低碳绿色发展提供技术支持。

微生态制剂(micro-ecological agent,MEA)是在微生态理论指导下,保持微生态平衡,调整微生态失调,提高宿主——动物、植物、人健康水平或增进健康状态的益生菌或微生物及其代谢产物和生长促进物质的制品。微生态制剂是从天然环境中筛选出来的有益微生物菌种,经过培养后制成的活菌菌剂。实际应用的微生态制品包括活菌体、死菌体、菌体成分、代谢产物及活性生长促进物质。我国微生态制剂在水产养殖中的应用是从畜牧养殖业微生态制剂应用基础上发展起来的。而最早应用于水产养殖行业的微生态制剂为光合细菌,主要用于水质调节。微生态制剂以其无毒副作用、无残留、无污染、成本低、效果显著等特点,逐渐得到广大水产养殖界的认可。

微生态制剂早期的研究是从"有益细菌"即"益生菌"开始的。1974 年,帕克首次将益生菌定义为有助于肠道菌群平衡的微生物和物质。Fuller 认为,益生菌是一种活的微生物饲料添加剂,通过改善肠道的微生物平衡对动物产生有益作用。这一定义是最初人们研究陆生动物——反刍动物、家禽及人时定制的。莫里亚蒂(Moriarty)把益生菌的含义扩展为"一类添加到养殖水体中的有益微生物"。还有一些研究者把"益生菌"的定义扩展为"一种单一或者复合的活菌培养物,应用于动物或人体,通过改善消化道菌群的特性来对宿主产生有益的影响"。

1986 年,Kozasa 首次将微生态制剂应用于水产养殖,用 1 株从土壤中分离的芽孢杆菌处理日本鳗鲡,降低了由爱德华菌引起的疾病的死亡率。此后,微生态制剂的研究和概念得到了迅速发展。对水生动物而言,水环境中的细菌对鱼体肠道的微生物组成具有重要影响。肠道中出现的微生物主要是来自环境和饵料并能在肠道生存和繁殖的种属。Gatesoupe 给益生菌下的定义为"有助于增进动物健康地进入胃肠道并保存活力的微生物细胞"。而水环境中的微生物还可生活于养殖动物的鳃或皮肤上。格拉姆(Gram)去掉对肠道的限制,将益生菌的定义扩展为"一种活的微生物添加剂,通过改善动物的微生物平衡而对其产生有利的影响"。水生动物往往在水中产卵,使其周围水中的细菌能在卵表面定居。水生动物幼体早期阶段的主要微生物群落种类部分取决于饲养它们的水,因此水中细菌的性质尤为重要。Verschure 等将益生菌的定义进一步扩展为"一种活的微生物添加剂,通过改善与动物相关的或其周围的微生物群落,确保增加饲料的利用或增强其营养价值,从而增强动物对疾病的应答或改善其周围环境的水质而有益于动物。"1994 年,在德国海德堡召开了国际微生态学术讨论会,对微生物制剂进行讨论并重新下了定义:"益生菌是含活菌和(或)死菌,包括其组分和产物的活菌制品,经口或经由其他黏膜途径投入,旨在改善黏膜表面处微生物或酶的平衡,或者刺激特异性或非特异性免疫机制"。这个定义明确指出:

(1) 微生态制剂不但包括活的微生物,而且包括死的微生物及微生物代谢产物。

(2) 微生态制剂的作用是维持微生态平衡,同时能够维护生物体内酶的平衡,从而提高生物免疫功能。

微生态制剂的作用原理是利用微生物的生物学功能及同种或者异种微生物之间的相互作用关系,通过定量将其添加到饲料或者水体中来建立与维持水体及动物肠道的微生态平衡,从而实现改良水质、防治病害和营养调节等作用,且对养殖水产动物不会产生危害、对水体无二次污染的生物制剂,是与当前我国及世界环境友好型水产养殖行业发展的方向完全匹配的工程技术,具有良好的发展前景和产业发展前途。

第二节　水产微生态制剂的种类与应用

我国农业部分别于 1994 年、1999 年、2003 年、2013 年公布了饲用微生态制剂的微生物种类,目前遵循的是 2013 年的 2045 号文件中规定饲粮微生态添加剂共 33 种。2021 年,针对水产投入品生产使用中存在不规范及生物安全等问题,下发了关于水产养殖用投入品规范性使用的通知,为微生态制剂的使用提供了规范性依据。其他国家也有公布微生态制剂的使用的规范,其中美国的 FDA 是公布最早和进行规范化规定最早的国家,FDA 规定:在饲料中允许用作益生素的微生物有 42 种,但是对水体投入的微生物制剂并没有相应的规定。

水产养殖用微生态制剂从主要用途可以分为两大类,一类主要用作饲料微生物添加剂,另一类则主要作为水质改良微生态制剂使用。根据微生态制剂在水产养殖中的作用,可以将其分为 3 种,即促生长的饲料添加剂、改善养殖水环境的水质改良制剂和控制病原的微生态药物制剂。根据微生物的菌种类型,则可以分为乳酸菌制剂、芽孢杆菌制剂、酵母类制剂和光合细菌制剂等。根据菌株的组成,则可分为单一菌剂和复合菌剂。单一菌剂只有一种活菌,如光合细菌制剂、硝化细菌制剂和芽孢杆菌制剂等。复合微生态制剂则含有多种菌种,不同复合菌种制剂只是在菌种和菌种配比有差异,如有益微生物菌制剂。

本节将着重介绍乳酸菌、芽孢杆菌、酵母菌、光合细菌、硝化细菌与反硝化细菌、蛭弧菌、噬菌体、益生元及有益微生物菌制剂的生物学特性及应用。

一、乳酸菌

乳酸菌(lactic acid bacteria,LAB)是一群形态、代谢性能和生理学特征不完全相同的革兰氏阳性菌的总称。乳酸菌在自然界分布广泛,可栖居于人和各种动物的消化道及其他器官内。在土壤、植物根际以及许多人类食品、动物饲料,还有自然界的湖泊、河水中都发现乳酸菌的存在。大多数乳酸菌无毒、无害,而且对人体和动植物具有较好的益生效果。

乳酸菌与人类的关系十分密切,人类使用乳酸菌的历史很长。早在公元前 641 年,我国唐朝就有"酸奶"的记载。而"乳酸菌之父"——俄罗斯著名生物学家 E.梅契尼科夫则从保加利亚人的饮食习惯中发现并开始研究乳酸菌。直到 20 世纪 60 年代,乳酸菌的分类体系开始逐渐确立,之后关于乳酸菌的研究和利用,在更深、更广的程度上得到了发展。

1. 乳酸菌的生物学特性和分类

自然界发现的乳酸菌在分类学上至少有 23 个属。乳酸菌归类于乳酸菌科。乳杆菌族只包括杆状的乳酸菌。直或微弯的杆菌单个或成链,有时呈长丝状并不能产生假分支,共包括 5 个属:乳杆菌属、真杆菌属(Eubacterium)、链条杆菌属(Catenabacterium)、假枝杆菌属(Ramibacterium)、运动杆菌属(Cillobacterium)。其中,以乳杆菌属最重要,多为食品工业的发酵菌种,如德氏乳杆菌、植物乳杆菌和双歧乳杆菌(Lactobacillus bifidus)等。

乳酸菌其总的特征是为革兰氏阳性菌,不形成芽孢(个别属除外),不运动或少运动,不耐高温,但耐酸的球菌或杆菌,很少有致病菌。厌氧或兼性厌氧,对营养的要求比较严格,在培养的过程中除了要供给适量的水分、碳源、氮源和无机盐类外,还需要加入维生素、氨基酸和肽等。在 pH 3.0～4.5 酸性条件下仍能生存。代谢产物主要是乳酸,其次是一些挥发性脂肪酸,可以降低肠道 pH 从而抑制其他致病菌的生长繁殖,是消化道中的常驻菌群。而刚出生的小鱼肠道菌群较少,因此可以通过投喂乳酸菌改变肠道内优势菌群,形成良好的肠内环境。

2. 乳酸菌的应用

(1) 水产养殖:乳酸菌制剂是一种天然的活性微生态制剂,在鱼类肠道内具有较好的定殖能力且无明显的宿主特异性,可通过多种途径调控动物胃肠道内环境的稳定,改善肠道微生态平衡,增强肠道上皮细胞的屏障层和提高鱼类的免疫功能。在细胞免疫方面,乳酸菌能激活 Th2 细胞,增强分泌型 IgA 抗体的分泌;在体液免疫方面,乳酸菌能够激活巨噬细胞、NK 细胞和 B 细胞,增加白介素的产生量。此外,乳酸菌可通过增强其体壁或体液中的过氧化氢酶、溶菌酶和超氧化物歧化酶等多种免疫酶活性来达到增强水产动物免疫力的目的。

同时,乳酸菌还常用于虾蟹类养殖中,乳酸菌可在虾蟹体内进行新陈代谢及生命活动,为其提供必要的氨基酸及多种维生素,甚至提高矿物元素的生物活性,进而增强虾蟹的营养代谢及促进其生长。此外,刺参作为我国北方经济效益较高的、最大的海水养殖种类,其饲养过程中也有乳酸菌的参与。乳酸菌制剂及其代谢产物均能提高刺参的特定生长率。

(2) 改善水质:乳酸菌通过氧化、氨化、固氮、硝化和反硝化等作用,将养殖过程中产生的残饵、粪便及其他的有害物质迅速地分解为二氧化碳、硝酸盐、磷酸盐等无毒无害的营养物质来达到净化水质的目的,同时提高水体中的溶解氧,保证养殖水环境的洁净,促进养殖生物的健康生长。

二、芽孢杆菌

目前,我国水产养殖允许使用的芽孢杆菌菌种有枯草芽孢杆菌(Bacillus subtilis)、纳豆芽孢杆菌(Bacillus natto)、蜡样芽孢杆菌、凝结芽孢杆菌(Bacillus coagulans)、缓慢芽孢杆菌(Bacillus lentus)、地衣芽孢杆菌、短小芽孢杆菌(Bacillus pumilus)、环状芽孢杆菌(Bacillus circulans)、巨大芽孢杆菌(Bacillus megaterium)、坚强芽孢杆菌、东洋芽孢杆菌(Bacillus toyoi)、芽孢乳杆菌(Lactobacillus sporogens)等。

1. 芽孢杆菌的生物学特性

1835 年,埃伦贝里(Ehrenberg)发现并命名了枯草芽孢杆菌。1872 年,德国植物学家科恩(Cohn)建立了第一个细菌分类系统,根据细菌的形态特征命名了芽孢杆菌属。芽孢杆菌是一类好氧或兼性厌氧、杆状革兰氏阳性细菌。它能产生对高温、干燥、电离辐射、紫外线及多种有毒化学物质均有较强抗性的芽孢。

芽孢杆菌广泛存在于土壤、动物肠道、植物体内、空气及水体等环境中，并易于从土壤和植株中分离获得，具有抗逆性强、营养要求简单、繁殖速度快且稳定性强等生物特性。芽孢杆菌是人类发现最早的细菌之一，而枯草芽孢杆菌是最常用、最具特色的一类芽孢杆菌，该菌对养殖动物和人无病原性、毒性及毒副作用，易于生产和保存。

枯草芽孢杆菌又称枯草杆菌，隶属于芽孢杆菌纲(Bacilli)，芽孢杆菌目(Bacillales)，芽孢杆菌科(Bacillaceae)，是一种革兰氏阳性菌，能产生芽孢，营养需求简单，繁殖快，竞争优势强，通常存在于空气、水、灰尘、土壤和沉积物中。其特点：①耐酸碱、耐高温、耐挤压，对环境的适应性强，在饲料制粒过程中以及在肠道酸性环境中都比较稳定；②耐干燥，方便保存和运输，处于休眠状态的芽孢极大地减少了对饲料营养成分的消耗，保证饲料品质；③无毒、无污染、无残留、安全性高；④生境多样，可利用的营养物质种类丰富，这决定了其具有极强的分泌功能，能分泌多种酶类及营养代谢产物。在水产养殖中，枯草芽孢杆菌一般有两种用途：一种是作为饲料添加剂，与多数微生物饲料添加剂作用一致，具有促生长、改善肠道菌群组成、免疫调节等功能；另一种是微生物调控剂，用于改善水质，抑制有害微生物的生长繁殖，创造优良的水生生态环境。

地衣芽孢杆菌为革兰氏阳性兼性厌氧菌，细胞呈杆状，大小一般为$(0.6\sim0.8)\mu m \times (1.5\sim3.0)\mu m$，芽孢呈椭圆形或柱状，中生或偏中生，孢囊不膨大或轻微膨大；在固体培养基上形成扁平、边缘不整齐、表面皱褶的白色菌落；最适生长温度大约为50℃，酶分泌的最适温度为37℃。地衣芽孢杆菌对外界环境有较强的抵抗力，对高温、酸性、胆盐和人工胃液有一定的耐受能力。目前，地衣芽孢杆菌已作为微生态制剂在水产养殖行业中得到较广泛的应用，具有促进水产动物生长、提高免疫力和净化养殖水环境等多种作用。

2. 芽孢杆菌的应用

枯草芽孢杆菌具有极强的分泌功能，能够产生多种胞外酶，如淀粉酶、蛋白酶、脂肪酶等活性物质，在动物肠道酸性条件下具有很好的稳定性，能够协助机体消化营养物质，促进饲料中营养素的降解，提高饲料利用率，促进消化吸收，提高生长性能。另外，其有净化养殖水体、改善养殖环境等作用。

三、酵母菌

在常见水产微生物菌剂中，酵母菌营养丰富、适口性好、环境适应力及免疫作用强，易于培养，不仅能用作水产养殖动物饵料，还能用于养殖水体净化，因而酵母菌及由其开发出的衍生物在水产养殖中的应用越来越受到人们的重视。

1. 酵母菌的生物学特性

酵母菌(yeast)一般泛指一类能发酵糖类的各种单细胞真菌，它的直径比细菌大得多，且形态多样，可以进行有性和无性生殖。

酵母是一类单细胞真核微生物的统称，并非系统演化分类的单元，属于真菌，具有细胞壁、细胞膜、细胞核、细胞质、线粒体等较为复杂的细胞结构，是较为高等的微生物种类。酵母细胞宽为$2\sim6\ \mu m$，长为$5\sim30\ \mu m$，不能运动。细胞形态因种而异，常见的有球形、卵形和圆筒形，个别种类可形成假菌丝。某些酵母因种属或存在生长期差异，还呈现出高度特异性的细胞形状，如柠檬形或尖形等。其繁殖方式主要为芽殖，少数为裂殖，条件适宜时有些种类可以进行有性繁殖。最适生长条件：温度$18\sim28$℃，pH $4\sim6$。一般为兼性厌氧，未发现专性厌氧的酵母，在缺乏氧气时，发酵型的酵母通过将糖类转化为二氧化碳和乙醇来获取能量。酵母容易生长,分布广泛,空气中、土壤中、水中、动物体内都存在酵母。酵母种类繁多,不完全统计的酵母种类超过 1 500 种,水产养殖中常见的酵母主要为酿酒酵母、啤酒酵母、海洋红酵母等。

2. 酵母菌的营养价值

酵母细胞中含有丰富的营养物质。有机物占细胞干重的 90%~94%,其中蛋白质的含量占细胞干重的 30%~50%,含有鱼类、甲壳类所需的 10 种必需氨基酸,除蛋氨酸和色氨酸含量略低外,其他必需氨基酸均很丰富;糖的含量在 35%~60%,主要为酵母多糖,以 β-葡聚糖和甘露寡糖为主,是酵母细胞壁的组成成分,在维护水产动物肠道、提高免疫力上具有显著功效;脂类物质的含量占 1%~5%,含有一般水产饵料中易于缺乏的脂肪酸。酵母细胞中还富含多种维生素、矿物质和各种消化酶。例如,硫胺素、核黄素、泛酸、胆碱、烟酰胺、生物素和叶酸等多以磷酸酯形式存在,易被水产动物体吸收利用;磷、铁、钙、钠、钾、镁、铜、锌、锰、钴和硒等众多的中微量元素,在调节动物体生理功能方面发挥重要作用;酵母细胞内发达的酶系统和丰富的生理活性物质,能够分泌产生蔗糖酶、麦芽糖酶、乳糖酶、脂肪酶、蛋白酶、脱羧酶、脱氢酶、磷酸酶、氧化还原酶等丰富的生物酶,以及辅酶 A、辅酶 Q、辅酶 I、细胞色素 C、谷胱甘肽等生理活性物质,能够促进各种饵料的消化吸收。此外,还含有多种色素(如海洋红酵母、红法夫酵母富含虾青素)和未知的活性物质,特别适于水产动物幼体的养殖。

3. 酵母菌的应用

酵母菌可以有效地改善胃肠内环境和菌群的结构,促进乳酸菌、纤维素菌等有益菌群的繁殖和增强其活力,加强整个胃肠对饵料营养物质的分解、合成、吸收和利用,从而加大了摄食量,可提高饵料的利用率和生产性能;同时,其参与病原微生物菌群的生存性竞争,有效地抑制病原微生物的繁殖,而且酵母可提供丰富的维生素和蛋白质,还是双歧杆菌和乳杆菌等有益菌的营养源,可促进它们大量繁殖;增进和保护肠道健康。

酵母菌可应用于整个水产养殖周期。苗种培育阶段,酵母菌可用于饵料生物培养及营养强化;成体养殖时期,酵母菌可用作饲料添加剂,用于改善水产动物肠道功能。

由于具备较强的有机物分解能力,酵母活菌还能用于养殖水体净化。

四、光合细菌

光合细菌在环境修复、污水处理等方面具有很大的潜力,被应用于各类污水处理行业。此外,光合细菌菌体营养丰富,富含蛋白质、维生素、类胡萝卜素等营养物质。其作为饲料添加剂可以有效地促进动物生长、提高饲料利用率。光合细菌菌体蛋白质的含量高达 65.45%,而且富含 B 族维生素、叶酸、生物素、辅酶 Q10 等。辅酶 Q10 是一种在自然界中存在的脂溶性醌化合物。

1. 光合细菌的生物学特性及分类

光合细菌(photosynthetic bacteria, PSB)是进行不放氧光合作用的一大类细菌的总称,广泛存在于海洋、湖泊和土壤等环境中,为革兰氏阴性菌,可以在有光无氧的条件下生长、繁殖,也可以在无光有氧的条件下生长。在有光的条件下,光合细菌的菌体能利用光能,以硫化氢和有机物作为供氢体、以二氧化碳或有机物作为碳源而生长发育;在有氧无光的条件下,光合细菌的菌体可以通过有氧呼吸,使有机物氧化,并从中获取能量。

光合细菌在弱光环境中生长繁殖快,光照强度太大对细菌叶绿素造成危害,因此适宜的光照强度为 1 000~2 000 lx。光合细菌对光质还有一定的要求,大多数光合细菌利用波长 700~900 nm 近红外区的光。

光合细菌根据对碳源的利用不同,可以分为以下 3 种营养类型:

(1)光能自养型:光合细菌以二氧化碳为主要碳源,以硫化氢作为供氢体,如着色菌科和绿杆菌科的细菌。

(2)光能异养型:光合细菌以各种有机物为供氢体,同时以这些有机物作为碳源,如红螺菌科的细菌。

(3)兼性营养型:光合细菌既能以二氧化碳为碳源,也能以有机物作为碳源,如绿色丝状菌科的细菌。

目前,生产中常用的是紫色非硫细菌。紫色非硫细菌是一类兼性厌氧菌,其代谢途径多样,在不同环境条件下生长时,营养类型会发生变化。在有氧条件下,可以氧化磷酸化环境中的有机物;厌氧条件下,能够利用水中残饵、粪便等有机污染物进行不产氧的光合作用,从而完成菌体的生长繁殖。

光合细菌是生态系统中碳、氮、硫循环的主要参与者,可以有效改良水质、增加水中的溶解氧、降低水体化学耗氧量和生物耗氧量,同时降低水体氨氮和亚硝酸盐浓度,在极大程度上减少了高密度养殖塘的换水量、换水次数以及降低了疾病发生率,提高了养殖效益和水产养殖动物品质。

2. 光合细菌的应用

(1)光合细菌对鱼病的防治作用

1)光合细菌数量的增加,形成了对养殖生物最有利的微生物群落,使一些致病性或条件致病性的微生物数量和发病条件得到有效控制,减少了养殖生物发病的可能。

2)光合细菌有效改善了养殖环境,净化了水质,降低了病害发生的概率。

3)光合细菌中的荚膜红假单胞菌细胞壁中含有的多糖类为光谱的非特异性免疫激活剂,使鱼类的免疫球蛋白数量提高 10 倍以上,增强其免疫功能,并增强了鱼的体质和抗病力,减少疾病的发生,从而起到防治病害的作用。

(2)光合细菌可以有效地降氮除磷:光合细菌因其独特的兼性厌氧生活方式,能够在下层缺氧或低氧的环境中有效发挥作用,降解养殖水体及底质中的毒害物质。光合细菌能够在高有机负荷的污水中正常生长,在进行光合代谢的同时以废水中的众多有机物质为碳源获得营养,有效减少了废水中的有机物,具有无毒、低投入、污染物去除率高等特点。污水中的磷(以聚磷酸盐、正磷酸盐和有机磷等形式存在)无论是氧化态还是还原态都不能变成气态进入空气中,一般只能运用生物学或者化学的方法将其沉降后分离除去。化学沉淀法所使用的药剂费用较高,产生的沉淀量大,不易处理,且可能产生二次污染。生物除磷法是废水除磷工艺中最常用也是最为有效的技术,不易产生二次污染。

五、硝化细菌与反硝化细菌

1. 硝化细菌

(1)硝化细菌的生物学特性:硝化细菌(nitrifying bacteria)是一类能降解氨和亚硝酸盐的自养型细菌,包括亚硝化菌属和硝化杆菌属两个生理亚群,它们归属于一个独立的科——硝化杆菌科(Nitrobacteraceae)。硝化杆菌科包括 9 个属,它们分别是硝化杆菌属(*Niobacter*)、硝化刺菌属(*Nitrospina*)、硝化球菌属(*Nitrococcus*)、硝化螺菌属(*Nitrospira*)、亚硝化单胞菌属(*Nitrosomonas*)、亚硝化螺旋菌属(*Nitrosospira*)、亚硝化球菌属(*Nitrosococcus*)、亚硝化叶菌属(*Nitrosolobus*)、亚硝化弧菌属(*Nitrosovibrio*)。硝化细菌分为硝化细菌和亚硝化细菌。亚硝化细菌的主要功能是将氨氮转化为亚硝酸盐；而硝化细菌的主要功能则是将亚硝酸盐转化为硝酸盐。氨氮和亚硝酸盐都是水产养殖系统中产生的有毒物质，且亚硝酸盐还是强烈的致癌物质。

硝化细菌具有以下特性：

1）自养性：硝化细菌是一种专性化能自养菌，能利用亚硝态氮获得合成反应所需的化学能，在体内制造糖类，并对底物的专一性要求很高。

2）生长速度慢：硝化细菌由自身合成糖类，产能效率低，从而导致硝化细菌生长缓慢，平均代时在 10 h 以上。

3）好氧生长：氧气是最终的电子受体。

4）形态多样：同一生理亚群中的种类，尽管生理学上具有共同性，但细胞形态多种多样，如球状、杆状、螺旋状等。

5）均二分裂：大多数种类为无形的均二分裂，只有维氏硝化细菌为芽殖法。

6）革兰氏阴性，无芽孢。

7）大多数具有复杂的薄膜状、囊泡状、管状膜内褶结构。

8）DNA 中 GC 分子百分含量范围较窄，硝化细菌的含量稍高于亚硝化细菌。

9）有些属分布较广，有些属分布则较局限，如硝化球菌和硝化刺菌属的种仅分布在海水中。

（2）硝化细菌的应用：硝化细菌通过硝化作用氧化无机化合物获取能量来满足自身的代谢需求，并且以二氧化碳作为唯一的碳源，是典型的化能无机营养菌。

硝化作用指的是硝化细菌在好氧条件下将 NH_3 氧化为 NO_2^-，并进一步氧化为 NO_3^-，从中获得生长所需能源的过程。硝化作用可以分为两个相对独立而又联系紧密的阶段。前一阶段 NH_3 氧化为 NO_2^-，称为亚硝化作用或氨氧化作用，由亚硝化细菌完成，后一阶段是 NO_2^- 氧化为 NO_3^- 的过程，称为硝化作用，由硝化细菌完成。硝化作用实际上包括了由亚硝化细菌完成的亚硝化作用和由硝化细菌完成的硝化作用两个阶段：

$$2NH_4^+ + 3O_2 =\!\!=\!\!= 2NO_2^- + 4H^+ + 2H_2O + 352\ (kJ)$$

$$2NO_2^- + O_2 =\!\!=\!\!= 2NO_3^- + 75\ (kJ)$$

总反应式为

$$NH_4^+ + 2O_2 =\!\!=\!\!= NO_3^- + 2H^+ + H_2O + 213.5\ (kJ)$$

使用硝化细菌有两种方法，一种是应用预先培养附着硝化细菌的生化培养球；另一种是向池中直接泼洒硝化细菌制剂。硝化细菌发挥作用的适宜条件为 pH 7～9，pH 低于 6 则不利于硝化细菌生长；水温在 30℃ 时活性最高。水中溶解氧对硝化细菌作用影响很大，溶解氧含量高则硝化作用能更好进行。此外，光对硝化细菌的生长繁殖有抑制现象，因而在硝化细菌制剂使用的过程中应注意水体中的溶解氧含量及光照强度。

（3）使用硝化细菌的注意事项：硝化细菌制剂可分为活菌制剂及休眠菌制剂两种。

活菌制剂见效较迅速，适用于处理氨氮浓度较高的紧急情况。但是，活菌在氧气充足的条件下才能生存，硝化细菌不产生芽孢或孢子，如果制成液体或普通固体的制剂，菌体很快就会死亡，对保存条件要求很高，保质期也很短。

休眠菌制剂的保存期限则较长，易于存储，使用方便。不过，硝化细菌繁殖较慢，投放后可能需要 4~5 h 才可见效,所以休眠菌制剂更适合日常的水质管理,或根据需要提前投加。硝化细菌使用前不需要活化,也不需要用葡萄糖、红糖等来扩大培养,用水稀释后泼洒使用即可。

影响硝化细菌生长速率的主要因素有温度、溶解氧量、pH、有机污染物和无机营养盐含量等。硝化细菌在中性到弱碱性环境中生长情况最好,在酸性水质中则效果会变差,最适宜的 pH 范围为 7.5~9.0,最适宜的温度则为 20~30℃。硝化反应是需氧反应,因此溶解氧量低的池塘使用硝化细菌后应注意补充溶解氧。硝化细菌生长除需要亚硝酸盐外,也需要其他无机营养盐与微量元素,如果水体长期没有补充过无机盐与微量元素,在使用硝化细菌前应进行适量补充。

在池塘中施用硝化细菌后 4~5 d 最好不要排水或减少排水。硝化细菌有附着于固定物表面的习性,投放的前几天细菌的繁殖还未进入高峰期,池壁等处附着的细菌量也较少,这时排水会排走大量的硝化细菌,影响净水效果。另外,也可人工投入载体,如在投放硝化细菌时配合颗粒型底质改良剂同时泼洒,可使硝化细菌附着于载体上快速沉在水底而不易随水排走。

硝化细菌不能与消毒杀菌药剂同时使用。消毒剂在目前的水产养殖中广泛用来杀灭有害细菌,但目前常用的消毒剂都是广谱型杀菌剂,在杀灭有害细菌的同时,也会杀灭大量的有益菌,其中也包括硝化细菌。其他微生物如亚硝化细菌等的生长速度较快,依靠自身繁殖短时间内数量便可恢复。而硝化细菌的生长速度则慢得多,并且养殖池中的水质环境往往比自然界要差,硝化细菌生长所需的时间会更长。

硝化细菌也不能与化学增氧剂同时使用,如过氧化钙或碳酸钠。因为这类强氧化剂会在水中分解出氧化性较强的氧原子,具有很强的杀菌作用,硝化细菌可能会大量被杀死。

维持水体健康的有益微生物种类很多,硝化细菌可以和大多数微生物配合使用,但也有一些不适合共同使用的种类。需要同时放养不同的净水细菌时,应该注意细菌之间的共容性。例如,硝化细菌和光合细菌净化水质的过程有抑制作用,硝化细菌为需氧菌而光合细菌为厌氧菌,一同使用可能会降低净化效果;蛭弧菌在消灭有害细菌的同时对硝化细菌也有裂解作用,也会增大活菌之间营养成分的竞争。

在目前高密度、高负荷的水产养殖环境下,很难防止养殖水体中过量氨氮的产生,不过通过提高硝化细菌的数量,保持其活性,可以消耗掉水体中大量的氨氮,保持养殖水体环境的健康。硝化细菌安全无毒,不会对养殖环境和水产动物构成任何威胁,能够保持水体中这些净水微生物的活力,氨氮等有害物质就不会大量积累,养殖水体系统的稳定性就能获得保证。

2. 反硝化细菌

反硝化细菌(denitrifying bacteria)指在厌氧或者低溶解氧条件下能利用氮的氧化物作为电子受体,并产生氮气的细菌。它们中的大部分细菌是异养型的,一些仅利用一种碳源,而另一些是自养型的,它们能够利用 H_2、CO_2 或者硫的还原态化合物进行自养生长。其中也有一类是光能自养型的。根据对氧气的需求情况,反硝化细菌可大致分为厌氧反硝化细菌和好氧反硝化细菌两大类。一般来说,反硝化被认为是一个严格的厌氧的过程,O_2 的存在会抑制反硝化作用的各种还原酶,因 O_2 的夺电子能力要强于 NO_3^-。此外,O_2 通常被认为是氧化有机物质首选的电子受体。自 20 世纪 80 年代罗伯逊(Roberson)等首次发现好氧反硝化细菌并证明好氧反硝化酶系的存在以来,好氧反硝化细菌便被广泛关注。

(1) 反硝化细菌的生物学特性:反硝化细菌指一类能将硝态氮(NO_3^-)还原为气态氮(N_2)的细菌群,它们分散于 10 个不同的细菌科中,已知有 50 个属以上的微生物能够进行反硝化作用,自然界中最普遍的反硝化细菌是假单胞菌属,其次是产碱杆菌属。根据已有研究结果,反硝化细菌的反硝化作用分4步进行,即: $NO_3^- \rightarrow NO_2^- \rightarrow NO \rightarrow N_2O \rightarrow N_2$,分别由硝酸还原酶、亚硝酸还原酶、NO还原酶、$N_2O$还原酶催化。

目前已知产碱菌属、副球菌属和假单胞菌属存在好氧反硝化现象。由于在水产的高密度养殖过程中必须连续地充氧以保证水中一定量的溶解氧,厌氧反硝化细菌的反硝化作用就不能充分地发挥。

细菌好氧反硝化与传统的细菌厌氧反硝化相比具有独特优势:

1)细菌在有氧条件下进行反硝化,使硝化和反硝化作用能够同时进行,硝化反应的产物可直接作为反硝化作用的底物,避免了硝酸、亚硝酸积累对硝化反应的抑制,加速了硝化-反硝化的进程,且反硝化释放出的 OH^- 可部分补偿硝化反应所消耗的碱,使系统中的 pH 相对稳定。

2)与传统的化学自养硝化菌不同,好氧反硝化菌可将氨在好氧条件下直接转换成气态的产物,且反应可由单一反应器一步完成,降低了操作难度和运行成本。

3)大部分好氧反硝化菌能很好地适应厌氧周期变化,在有氧/无氧交替时具有生态生长优势,其生长速度快、产量高、要求的溶解氧浓度较低、能在偏酸性环境中生长,反应速度快,反硝化彻底,适合治理大面积氮污染水域。

(2)反硝化细菌的应用:影响反硝化细菌在水产养殖上发挥作用的几种情况如下。

1)水质清瘦,通常是由于大量使用芽孢杆菌,从而使水质变得清瘦,在这种情况下,芽孢杆菌消耗了大量的营养,同时与反硝化细菌继续竞争养分而抑制了反硝化细菌的生物繁殖,因此使用反硝化细菌的效果甚微。

2)重金属离子浓度较高。池塘本身重金属离子浓度较高,再加上消毒剂的使用,使池塘中的重金属离子浓度更高,而抑制了反硝化细菌的生长繁殖,从而起不到降解亚硝酸盐的作用。

3)消毒剂的使用。

但是,污染水体的微生物治理不能单纯依靠反硝化细菌一种微生物的作用,还必须依靠多种微生物的协同作用。

六、蛭弧菌

1. 蛭弧菌生理学特性

噬菌蛭弧菌(*Bdellovibrio bacteriovorus*)是一种专门以捕食细菌为生的寄生性细菌,在自然界中分布广泛,能够在较短的时间内裂解弧菌、气单胞菌、假单胞菌、沙门菌、志贺菌等常见病原菌,将这些细菌限制在较低的数量水平;蛭弧菌是革兰氏阴性菌,以弧、杆状为主,其菌体长度为 $0.8 \sim 1.2~\mu m$,宽度为 $0.25 \sim 0.40~\mu m$。菌体一端附着一到数根带鞘的鞭毛,另一端则有数根钉状的纤毛结构存在。1962 年,Stolp 等首次从菜豆叶烧病假单胞菌中发现蛭弧菌。

2. 蛭弧菌作用机制

蛭弧菌的功能与噬菌体功能相似,能够通过裂解作用,将致病菌杀死,但是两者又有本质的区别;蛭弧菌为原核生物,具有完整的细胞结构;而噬菌体是细菌的病毒,是非细胞型的微生物,只有蛋白质外壳和遗传物质,既没有产能酶系又无蛋白质合成酶系。

蛭弧菌的生活史有两个阶段:一个是自由生活、能运动、不进行增殖的阶段,即非生长攻击阶段;另一个是在特点宿主细菌的周质空间中利用宿主菌成为营养源并通过复分裂进行增殖,最后裂解宿主细菌并释放成熟子代子体,两个阶段交替进行,具体可分为识别定位、吸附侵入、生长繁殖、裂解释放 4 个阶段。

（1）识别定位阶段：某些蛭弧菌菌株对水中氨基酸和其他有机化合物有趋向性，蛭弧菌可通过识别宿主菌群产生的丝氨酸内酯向宿主菌富集区域高速前进。

（2）吸附侵入阶段：蛭弧菌高度猛烈碰撞宿主菌，并以无鞭毛端与宿主菌细胞壁接触，与宿主菌形成一个短暂的可逆结合，当蛭弧菌通过识别确认是一个合适宿主时，通过外膜蛋白、脂多糖或纤毛与宿主相互作用发生不可逆结合。吸附于宿主菌后，菌体会在宿主菌细胞壁产生机械"钻孔"效应，并通过释放聚糖酶、肽酶、N-脱乙酰基酶、酰基转移酶和一种去除脂蛋白的酶，使宿主菌的细胞壁外膜降解、变薄并形成小孔。蛭弧菌入侵宿主菌后导致宿主菌不断膨胀，并成为对渗透压不敏感的球形体，最终导致宿主菌死亡。因此，宿主菌被一个蛭弧菌吸附后，不能再被其他蛭弧菌吸附。其他没有找到合适宿主菌的蛭弧菌会因消耗大量能量而死亡。

（3）生长繁殖阶段：蛭弧菌侵入宿主菌周质空间的同时失去鞭毛，宿主菌由杆状变为球状，形成蛭质体，蛭弧菌把宿主菌作为营养源进行自身生物大分子合成，并利用宿主DNA降解得到的核苷酸来合成自身DNA。当宿主营养被完全吸收后，丝状的菌体均匀伸长数倍，并均匀地以复分裂方式形成多个游动细胞，同时合成鞭毛。

（4）裂解释放阶段：蛭弧菌的增殖和水解酶的产生使宿主菌细胞壁分解，进而裂解释放出子代蛭弧菌，开始新的生命周期。

3. 蛭弧菌的应用

（1）预防水生动物细菌性疾病：利用蛭弧菌对病原菌独特的寄生和裂解特性，可有效清除养殖水体及水生动物体内的病原菌，减少病原菌数量，使其无法达到致病密度，以达到防治病害、提高成活率的效果。因此，蛭弧菌具有取代抗生素的潜力，成为控制水生动物疾病的新手段。蛭弧菌作为水体自净的生物因子，可有效清除河水中的大肠埃希菌、沙门菌和不凝集弧菌，清除率均在90%以上。

蛭弧菌可有效减少抗生素、消毒剂等化学药剂的使用，有效降低化学药物在水生动物体内的残留，进而减少药物残留对人类健康的危害。

（2）治疗水生动物细菌性疾病：水生动物细菌性疾病的病原菌以气单胞菌属、假单胞菌属、弧菌属为主，这3个属细菌均为革兰氏阴性菌，能被蛭弧菌裂解，且裂解率高达70%以上。但是，当发生暴发性强、发病急的细菌性疾病时，蛭弧菌的效应时间较长，难以达到治疗的效果，所以使用蛭弧菌应以预防为主，并在细菌性疾病发病初期使用。

（3）用于水产品保鲜：水产品是人类重要的蛋白源，然而在种类繁多的水产品中存在多种危害人体的病原菌，如大肠埃希菌、霍乱弧菌、副溶血弧菌、沙门菌等，这些细菌是引起食物中毒的主要原因。蛭弧菌能够通过裂解引起水产品变质的病原菌，达到水产品长期保鲜的目的，同时它还能保持原有风味，不会造成食物营养的流失，还能有效降低水产品中包括病原菌在内的生物负荷量。

七、噬菌体

1. 噬菌体简介

（1）噬菌体概念：噬菌体（phage）是一种能感染细菌等微生物病毒的总称。1915年，英国细菌学家Frederick Twort发现，金黄色葡萄球菌（*Staphylococcus aureus*）上发生了溶菌现象，并提出是一种病毒寄生在细菌内并杀死细菌的假设；1917年，加拿大法裔微生物学家费里斯·代列尔（Félix d'Hérelle）发现了一种肉眼无法看到但对痢疾杆菌有拮抗作用的微生物，指出这种微生物的本质是一种病毒，并首次提出了噬菌体的概念。1923年，在格鲁吉亚首都第比利斯成立了世界上第一个国际噬菌体研究机构——Eliava 噬菌体研究所,从事噬菌体研究及临床应用工作。

噬菌体是感染细菌、真菌、放线菌或螺旋体等微生物病毒的总称,其体积微小、结构简单,不具备细胞结构,只能寄生生活,分布十分广泛。目前,国际病毒分类委员会(International Committee on Taxonomy of Virus, ICTV)公布的噬菌体分类系统中,包括 2 个目,即有尾噬菌体目(Caudovirales)和套氏病毒目(Nidovirale),共计 14 个科,37 个属。

除了已建立的噬菌体各科,近几年又描述了许多古菌的噬菌体,噬菌体高级阶科或同等级别的分类单位达到 20 个。目前,用于治疗水产养殖疾病的噬菌体,以长尾噬菌体科和肌尾噬菌体科居多。噬菌体治疗(phage therapy)指利用噬菌体可以裂解细菌的特性来治疗人或动物的细菌性感染。

(2)噬菌体的侵染机制:噬菌体可进行两种不同的生命周期,即裂解周期和溶原周期。噬菌体附着于宿主菌表面的特异性受体上,并将其遗传物质注入宿主细胞中。宿主细胞提供了复制噬菌体遗传物质和产生后代噬菌体所需的分子构建物和酶。噬菌体编码的蛋白质如溶菌酶和穿孔素从宿主细胞内部进行裂解。穿孔素是小蛋白,积聚在宿主的细胞质膜中,使内溶素降解肽聚糖,并使子代噬菌体泄露。随后,在外部环境中,裂解性噬菌体可以感染和破坏所有邻近细菌细胞。利用裂解性噬菌体产生大量的子代是裂解性噬菌体用于噬菌体治疗的优势,但裂解性噬菌体具有狭窄的宿主范围并感染特定细菌种类。可以通过噬菌体鸡尾酒疗法来克服这种缺乏广泛宿主范围的问题。在溶源周期中,温和噬菌体不立即裂解宿主细胞;取而代之的是,它们的基因组插入宿主染色体的特定位点上。这种噬菌体 DNA 在宿主基因组中被称为前噬菌体,含有前噬菌体的宿主细胞称为溶源性细菌。前噬菌体随着细菌宿主基因组一起复制,建立稳定的关系。

在噬菌体治疗中使用温和噬菌体的缺点是,一些噬菌体群体将其基因组插入宿主染色体,并休眠或改变宿主的表型。除非该溶源性细菌暴露于不利的环境条件,否则溶原周期可以继续下去。噬菌体之间的感应信号各不相同,但在抗生素治疗、氧化应激或 DNA 损伤中激活了细菌 SOS 应答时,通常诱导前噬菌体的激活。一旦溶原周期终止,噬菌体 DNA 和随之而来的裂解周期便开始表达。

根据噬菌体的侵染机制,噬菌体治疗海水养殖动物疾病主要是利用其对致病菌的裂解作用,杀死水体和动物体内的致病菌,从而降低发病概率或防止发病。溶源性噬菌体由于不能快速裂解致病菌,起不到防治的效果。因此,人们一般筛选裂解性噬菌体用于治疗疾病。

2. 噬菌体应用

噬菌体由于其高效特异裂解性与专一宿主性,应用时并不会给生态环境中奇特有益菌群造成伤害,从而保证养殖环境微生态的平衡,基于噬菌体自我复制的生物特性,只需要极少量即可杀灭相应致病菌,达到预防和控制水产类疾病的目的;噬菌体环境丰度高,自然界中普遍存在细菌相应的噬菌体,易于分离;噬菌体的分化周期短,易保存,且在水环境中应用方便;噬菌体基因组小,易检测,对噬菌体进行测序及毒性试验可降低毒素基因在细菌间转移的风险。

(1)甲壳动物养殖中的噬菌体治疗:近年来,许多养殖甲壳动物的疾病频繁暴发,使得养殖业蒙受了巨大的损失。其中,弧菌病是造成对虾养殖业经济损失最严重的,死亡率为 100%。由副溶血性弧菌引起的急性肝胰坏死病一直是东南亚和拉丁美洲对虾养殖业中最严重的疾病之一。选择裂解性噬菌体(A3S 和 Vpms1)能有效降低由副溶血性弧菌引起的南美白对虾的死亡率,低感染复数(MOI<0.1)就足以杀死副溶血性弧菌,并且在感染 6 h 内注射噬菌体可避

免对虾的死亡。如若在感染 6 h 后再进行治疗,则会降低存活率,影响治疗效果。

哈维弧菌是发光的海洋细菌,对虾感染哈维弧菌时可引发发光病。且哈维弧菌可形成生物膜,从而导致抗生素的治疗效果降低,而噬菌体的治疗效果优于抗生素。

(2) 软体动物养殖中的噬菌体治疗:弧菌致病菌对方斑东风螺、皱纹盘鲍及牡蛎的致病性很强。水体中存在一定浓度的噬菌体,可使宿主弧菌浓度持续下降到一个较低浓度,并可持续控制较长时间,从而大幅度地减少养殖动物弧菌病的暴发。

(3) 棘皮动物养殖中的噬菌体治疗:腐皮综合征已成为刺参养殖业最常见、危害最严重的疾病,严重制约了刺参养殖业的发展。幼参和成参均可被感染,其中幼参的发病率高达 90% 以上。2003~2005 年,由刺参腐皮综合征引起的经济损失额高达 20 亿元。而应用噬菌体可以很好地治疗腐皮综合征。噬菌体添加量越多治疗效果越好。

(4) 鱼类养殖中的噬菌体治疗:在大西洋鳕鱼(*Gadus morhua*)和大菱鲆(*Scophthalmus maximus*)幼苗养殖中使用广谱噬菌体 KVP40 可控制 4 种不同鳗弧菌(*Vibro anguillarum*)引起的细菌性疾病,有效降低幼鱼的死亡率。另外,噬菌体在幼鱼生长过程中,可有效且安全地预防疖疮。

3. 噬菌体注意事项

使用噬菌体时还会存在一些问题。

(1) 并非所有噬菌体均可以用于治疗。治疗性噬菌体应具有较好的抗菌活性,不含有产生毒素的基因,且溶源性噬菌体不适合用于噬菌体治疗。

(2) 噬菌体的专一性会导致噬菌谱狭窄。若细菌对某些噬菌体类型产生耐药性,则可减缓噬菌体与细菌间特异性吸附过程,从而降低治疗效果。

八、益生元

1. 益生元概念及分类

益生元(prebiotics)的概念由吉布索(Gibso)于 1995 年首次提出,益生元属于一种微生态制剂,很多益生元由 3~10 个分子单糖组成。其能够选择性地刺激肠内一种或几种有益菌生长繁殖,而不被宿主消化;能选择性刺激肠道中有益菌生长繁殖和激活其代谢功能;使肠道菌群向有利于向宿主健康的方向转化;能诱导有利于宿主健康的肠道局部免疫或全身免疫反应。

2. 益生元作用

(1) 改善肠道微生态:益生元可以有效促进肠道内双歧杆菌的繁殖和生长,进而改善肠道微生态环境。

肠道中的微生物是由原籍菌群和外籍菌群两大主要种群组成。原籍菌群常常生长在胃肠道上皮细胞的表面,包括微绒毛。该部分细菌可有效阻止病原菌对宿主胃肠道的入侵。鱼类胃肠道中病原微生物的存在也可能被提供物理和生化保护的黏膜层所阻碍。

(2) 促进矿物质吸收:益生元进入机体肠道内后,会因发酵而生成有机酸,此时肠道内酸碱度降低,肠上皮细胞主动运输和被动运输作用增强,在促进矿物质吸收方面作用显著。

(3) 增强机体免疫力:益生元作用在机体中,不但可以促进益生菌繁殖,而且还具有较强的免疫刺激作用,可以增强巨噬细胞活性使其产生抗生素。胃肠道中的第一道防线是把肠道中的微生物与胃肠道直接接触的上皮细胞分隔开的黏膜。而肠道分布了大量的淋巴细胞,黏液及与黏液相接触的淋巴细胞称为肠道相关淋巴组织(gut-associated lymphoid tissue, GALT),它具有区分潜在病原微生物和正常微生物的功能。因此,肠道相关淋巴组织具有能够特定识别是否要进行攻击或接受特定细菌存在的功能。如果潜在的病原菌被检测到,肠道相关淋巴组织的细胞和体液机制会激活先天性免疫系统,随后激活后天性免疫系统阻止病菌引起或产生的感染。

先天免疫反应包括血液中的中性粒细胞产生氧化自由基、血清产生溶菌酶和巨噬细胞产生超氧化物阴离子。这些机制可杀死多种外来或入侵的微生物,机体接触到多种病原菌时,会增强抗病性,从而显著降低了水产生物的死亡率。

后天性免疫有着更复杂的免疫组成系统,一般是被先天性免疫所激活。后天性或特异性免疫的组成主要包括那些可自动识别某些致病微生物并可杀死该部分致病菌的淋巴细胞,如B细胞和T细胞。后天性的免疫系统允许脊椎动物(包括鱼类)识别和记忆特定的病原体,因而具有二次免疫的功能。

(4)降低病原菌的致病力:病原性微生物的第一步是结合在消化道黏膜表面,因此这种结合是许多外源性细菌病的促发因素。病原菌的结合受体具有特异性,因此,当肠道中存在一定数量的与这些病原菌结合受体结构相似的益生元时,它们竞争性地与病原菌结合,而减少病原菌与肠黏膜上皮细胞结合的机会,使其得不到所需的营养。

3. 益生元应用

(1)应用于复合制剂:双歧杆菌和低聚果糖一同使用可以发挥出更加理想的生理代谢功能和营养价值,同时低聚果糖有着安全性强等优点,所以通常以复合制剂的形式应用。

(2)应用于饲料:使用抗生素是会杀死部分有益菌,还会导致动物机体免疫力下降及药物残留等许多不良反应。而益生元可以作为抗生素替代物,可促进饲料消化,达到促进生长和增重的作用,并刺激肠道免疫器官生长,可用作饲料添加剂。

九、有益微生物菌制剂

有益微生物(effective microorganism,EM)是采用适当的比例和独特的发酵工艺将筛选出来的EM混合培养,形成复合的微生物群落,并形成有益物质及其分泌物质,然后通过共生增殖关系组成了复杂而又相对稳定的微生态系统。EM由光合细菌、乳酸菌、酵母菌等5科10属80余种有益菌种复合培养而成,具有结构复杂、性能稳定、功能广泛、使用方便、价格便宜、可以促进动(植)物生长、增强机体抗病能力、去除粪便的恶臭、改善生态环境、提高养殖成活率等优点。

EM中包含有多种菌群,各微生物之间通过形成互惠互利的共存共生体系。其可以大致分为以下几类:

(1)光合细菌菌群:基质为二氧化碳、乳酸、硫化氢、氮素;产物为氨基酸、核酸、糖类、维生素类、氮素化合物、生理活性物质、抗病毒物质;可降解污水中的有机物、氨氮和硫化氢等有害物质。

(2)放线菌群:基质为氨基酸、氮素、嘧啶嘌呤、木质素、纤维素、甲壳素;产物为抗生素、维生素、酶;可以促进污水中的有机氮和纤维悬浮物的分解。

(3)酵母菌群:基质为氨基酸、碳水化合物;产物为酵母蛋白、二氧化碳、乙醇、促进细胞分裂的活性化物质;可以促进污水中醇、酚、脂、氨基酸及多糖和蛋白质的分解。

(4)乳酸菌群:基质为多糖类、木质素、纤维素;产物为乳酸;可以促进污水中难降解碳水化合物的分解。

EM菌制剂中的EM经固氮、光合等一系列分解、合成作用,可以使水体中的有机物质形成各种营养元素,供给自身及饵料生物生长繁殖,同时增加水体中的溶解氧含量,降低氨态氮、硫化氢等有毒物质的含量。

另外,EM 可促进机体对饵料的消化吸收,从而降低蛋白质向氨和胺的转化,使排泄物中的氨态氮含量减少,进而达到净化水质、促进生长的作用。EM 菌制剂对改善池塘水质、增加池水溶解氧等有明显效果。

第三节　水产微生态制剂的调控机制

一、水产微生态制剂与病害防治

近年来,我国水产动物病害十分严重,引起水产动物疾病的病因有很多,包含了养殖生物体自身原因、病原生物因素、单因素环境改变及其相互关系被破坏失衡等多因素相互作用。而长期使用化学药物对水产病害进行防治会致使病原体产生耐药性,动物机体内会留有药物残留,而有些药物由于毒性大可引起人体急性中毒。另外,由于中低毒性的残留积累效应,水产微生态制剂对人体可能有致癌、致畸、致残等较大的危害性作用。

随着微生态制剂的发展,越来越多的微生态制剂被用于替代传统化学药物,应用在水产养殖行业中,以此来避免长期使用化学药物对动物的耐药性、养殖环境、水产动物及人体健康的影响。水产养殖行业所用益生菌形式的微生态制剂主要作用是通过参与动物体内微生态结构,使其在微生态平衡的系统下表现出最佳的生理状态,或者通过高效改善水质或平衡水体微生态环境而间接地防治动物疾病的发生。在水产动物病害防治方面,微生态制剂具有调节水产动物的肠道微生态平衡、提高水产动物的免疫力、能够杀死有害病原菌等病害防治相关作用,目前在水产养殖行业已有广泛应用。

1. 调节肠道微生态平衡

益生菌形式的饲料型微生态制剂中大多数含有乳酸菌、芽孢杆菌及酵母菌等,这些菌株能够在肠道中定殖,起到调节肠道生态平衡的作用。

(1) 乳酸菌类:在正常情况下,动物消化道中会寄生大量微生物菌群,而微生物菌群的平衡对动物自身的健康十分重要,而乳酸菌是能够调节这种微生态平衡并且保障机体正常生理状态的一种益生菌。乳酸菌在动物肠道中能将单糖,尤其是乳糖转化为乳酸,从而使肠道 pH 降低,防止外来菌在肠道中定殖,抑制致病性大肠埃希菌、沙门菌等病原菌的生长;乳酸菌还可通过改变消化道内酶的活性来促进肠道的消化过程。某些乳杆菌可与胆汁进行相互作用,在肠道内释放出游离的胆酸,从而削弱胆汁阻碍微生物通过的能力,进而影响消化道内的微生态平衡。肠道内的腐生菌能够产生大量的吲哚、硫化氢等代谢物,它们都需要在肝脏中进行分解,分解后以葡萄糖醛酸盐和硫酸盐等形式排出体外,如若不及时分解掉这些代谢物,将会导致肝功能紊乱和循环系统失常。而乳杆菌在肠道内是可以吸收并利用这些含氮有害物的。乳杆菌通过抑制产氨的腐败菌,降低肠道内的 pH,使得氨变为难以吸收的离子型氨根离子,从而来达到降血氨的功效。乳酸菌的生长繁殖也维持了肠道菌群的平衡,起到了整肠作用。在牙鲆幼鱼养殖中投喂添加乳酸菌的饲料,发现牙鲆肠道的乳酸菌数量呈上升趋势,当数量达到稳定时,乳酸菌可以在肠道内定殖,并且维持牙鲆肠道菌群的稳态。除以上几种乳酸菌类外,还有乳酸片球菌也可以产酸,调节宿主胃肠菌群,维持肠道的生态平衡。

双歧杆菌是一种厌氧的革兰氏阳性杆菌,其在肠道菌群的平衡方面有重要作用,它能够产生抑制非有益菌的有机酸浓度,通过调节五羟色胺来调控斑马鱼肠蠕动,因而产生抗便秘效果。

（2）丁酸梭菌：也是一种有益菌，能够抑制葡萄球菌、念珠菌、大肠埃希菌等有害菌种的生长，从而减少胺类、吲哚类和硫化氢等有害物质的产生，促进肠道中有益菌的繁殖。当丁酸梭菌在肠道内定殖后，可在消化道中促进具有代谢活性的细胞生长，调节肠道微生态平衡，改善微生态环境，促进肠道的生理活动。同时，微生物在肠道内分泌多种酶类，进入机体肠道的酶群中，从而提高机体肠道的消化酶活性。有研究表明，丁酸梭菌对于鱼肠道上皮的黏附率低于鳗弧菌，对鱼肠道细胞的损伤也低于鳗弧菌，同时可以抑制鳗弧菌在肠道内的黏附，维持鱼肠道内的生态平衡。在饲料中添加丁酸梭菌与添加酵母菌、乳酸菌和蛋白酶等类似，都能够增加鱼类肠道酶的活性。当使用丁酸梭菌投喂偏肉食性鱼类如鲹鱼，可使其本身肠道内活性并不高的淀粉酶活性增强。

（3）芽孢杆菌：其产品是以处于休眠状态内生孢子（芽孢）形式的细胞为主要成分的一种微生态制剂，具有耐高温、耐酸碱、耐挤压的特性。在储藏过程中，由于芽孢处于休眠状态，不消耗饲料的营养成分，不影响饲料品质。芽孢发芽后形成的芽孢杆菌是需氧菌，可以在动物肠道内迅速繁殖，消耗肠道内的大量氧气，使得肠内的氧分子浓度下降，恢复乳杆菌、双歧杆菌等厌氧性正常微生态的平衡。此外，还可限制某些需氧病原菌的繁殖，可以提高动物机体抗病能力，减少胃肠道疾病的发生。而枯草芽孢杆菌在宿主内发挥作用主要取决于消化道内具有代谢活性的营养细胞，当饲喂枯草芽孢杆菌后，能够稳定动物肠道内的菌群，促使肠道中的有益菌群数目增加，从而维持肠道内生态平衡。

凝结芽孢杆菌俗称乳酸芽孢杆菌，是一种可以发酵利用糖类物质而产生乳酸的一类杆菌，既有芽孢杆菌的优势，又可以产生乳酸。乳酸芽孢杆菌可以通过消化道，定殖于肠道中，为有益菌体。其由于具有兼性厌氧的特点，在定殖过程中可消耗肠道中的游离氧，减弱肠道中的氧化还原反应，促进肠道中的双歧杆菌等益生菌的增殖，从而调节肠道微生态平衡，降低肠道疾病的发生率。

纳豆芽孢杆菌能够增强以厌氧菌为优势菌群的肠道正常菌群的生长，其繁殖速度快，能够消化肠道中的氧，从而抑制有害需氧菌的生长，进而维持肠道微生物的平衡。

（4）酵母菌：可以和乳酸菌、芽孢杆菌进行混菌培养，用于治疗消化系统疾病。当某些因素造成肠道菌群失调时，动物会出现缺乏维生素的现象，而酵母中含有丰富的B族维生素，添加后可以提供动物所必需的多种维生素跟微量元素。酵母菌可以促进肠胃道中纤维素分解菌等有益菌的繁殖，提高其数量和活性，从而提高动物对微生物和矿物质的吸收与消化，对预防消化道系统疾病起到积极作用。酵母菌细胞壁中的多糖成分都能够增强牙鲆的胃、中肠、后肠中蛋白酶的活性。

（5）复合微生态制剂：EM菌制剂是一种应用较为广泛的复合型微生态制剂，它能够改善鱼类肠道微生物环境，促进消化。在鲤鱼的饲料中添加了复合微生态制剂后，鲤鱼肠道中的乳杆菌和芽孢杆菌得到了定殖，而欧文菌、变形菌及不动细菌等有益菌群得到了增殖，志贺菌、气单胞菌、弧菌及沙门菌等有害菌群得到了抑制。用复合微生态制剂喂养花鲈鱼，可以使得肠道中的蛋白酶、淀粉酶活力显著提升，提高胃肠道中的消化率。

肠道微生物平衡的建立是在正向效应和外向效应两者相互作用达到平衡时完成的，同时优势菌种的类型和数量可被固定。例如，拟杆菌在鲤鱼体内经过检测是优势菌种，这种优势菌种能够通过自身的定殖直接抑制其他有害菌的黏附，并且在菌群失调时重新引入拟杆菌，可以尽快使宿主肠道内微生态平衡系统恢复。

2. 增强水生动物免疫活性

（1）乳酸菌类：乳酸菌能在肠道内定殖，是形成生理屏障的主要组成部分，发挥天然免疫作用；同时具有刺激免疫系统、提高机体免疫力、提高肠组织对细菌的抵抗力的作用。有研究表明，乳酸菌及其代谢产物能够诱导干扰素和促细胞分裂剂的产生，活化 NK 细胞并产生免疫球蛋白抗体，从而具有活化巨噬细胞的功能，增强动物体的免疫能力，提高对疾病的抵抗力；明显激活巨噬细胞的吞噬作用。乳酸菌还可以产生中和毒素的产物，减少毒物作用，提高动物的免疫力。

目前，主要应用的菌种有乳杆菌、双歧杆菌、链球菌属等几大类。例如，乳酸菌可以中和肠毒素和防止有毒胺产生。宫魁等利用乳酸菌及其代谢产物投喂刺参后，刺参体腔内吞噬细胞活性均高于对照组，免疫酶活性显著提高。林艾影等的研究表明，饲料中添加了乳杆菌后，喂食军曹鱼幼鱼，其免疫酶活性显著升高。

双歧杆菌属是一类革兰氏阳性厌氧菌，具有免疫调节和治疗多种疾病的作用。双歧杆菌能够激活机体的吞噬细胞活性，提高机体抗感染能力与免疫力。有研究表明，双歧杆菌细胞壁中的完整肽聚糖可使小鼠的 IL-1、IL-6 等细胞因子的表达增多，从而在调节机体免疫应答反应中起作用。而肠道中的双歧杆菌能够易位到其他器官，被单核巨噬细胞吞噬，从而激活单核巨噬细胞，进而证明了双歧杆菌能够促进巨噬细胞的吞噬和杀菌功能。有研究人员采用三氯乙酸裂解法分离双歧杆菌细胞壁肽聚糖，将其分别注射给日本对虾和牙鲆，结果表明其可以作为免疫增强剂用于提高养殖日本对虾和牙鲆的非特异性免疫水平。

（2）芽孢杆菌：其免疫作用体现在能够促进动物肠道相关淋巴组织处于高度的免疫准备状态，同时加快免疫器官的发育，进而导致免疫系统成熟得快并且 T、B 细胞数量增多，动物体液免疫和细胞免疫水平提高。

枯草芽孢杆菌能够通过细菌本身或细胞壁的成分来激活机体免疫细胞，使其产生促分裂因子，促进细胞活力或者作为免疫佐剂发挥作用，具有刺激非特异性免疫的功能。枯草芽孢杆菌还具有特异性免疫功能，它能够促进 B 细胞产生抗体。当宿主服用枯草芽孢杆菌后，在其肠道中具有抗原识别部位的淋巴集合上发挥免疫佐剂作用，活化肠黏膜内的相关淋巴组织，使分泌型 IgA 抗体分泌增加，提高免疫识别能力，并诱导 T、B 细胞和巨噬细胞产生细胞因子，通过淋巴细胞再循环而激活全身免疫系统，从而增强机体的非特异性和特异性免疫。乳酸芽孢杆菌具有降低动物血脂和血糖水平，同时提高机体巨噬细胞的吞噬能力，增强 NK 细胞的活性，促进动物机体免疫器官的发育，促进 T、B 细胞的增殖，从而达到提高动物机体免疫力的作用。有研究人员在养殖南美白对虾时喂食地衣芽孢杆菌和枯草芽孢杆菌，一段时间后发现，对虾体内血细胞数、溶菌酶、血清蛋白浓度、血清酚氧化酶、血清超氧化物歧化酶和血清总抗氧化能力都有不同程度的提高。还有研究人员将鲤鱼的饲料中添加了 1% 的地衣芽孢杆菌，发现免疫器官胸腺、脾脏的生长发育速度明显加快，电子显微镜下观察到免疫器官内 T、B 细胞成熟速度也加快、细胞数目增多、抗体产生得也多、免疫功能增强。除此之外，还有纳豆芽孢杆菌也能产生多种酶类，并且能够促进动物对营养物质的吸收，增强机体的免疫力。

（3）酵母菌：是一种来源广泛、价格低、氨基酸比较全面的单细胞蛋白，其细胞壁上含有促进动物免疫活性的多糖类物质，主要成分是甘露聚糖和葡聚糖。这些物质可以促进动物免疫器官的发育，刺激动物机体包括巨噬细胞在内的免疫系统，从而增强动物机体的免疫功能。

酵母细胞中的免疫活性物质如 p-葡萄糖等可提高水产动物免疫力，而酵母菌细胞壁和 p-葡萄糖均能够显著提高南美白对虾溶菌活性、超氧化物歧化酶和酚氧化酶活性，从而提高机体的抗病能力。

（4）复合微生态制剂：EM 菌制剂是采用适当比例和独特发酵工艺产生的需氧菌和厌氧菌混合的 EM 菌制剂，能够有效地提高动物的抗病性和免疫力，尤其对动物肠道感染有很好的防治作用，降低动物的发病率，降低死亡率。将复合微生态制剂投喂花鲈鱼，能够增强花鲈鱼巨噬细胞的杀菌能力以及激活补体，提高花鲈鱼的非特异性免疫。溶菌酶是一种碱性蛋白，是鱼类非特异性免疫系统的重要组成部分，广泛分布在鱼的黏液、血清和某些淋巴组织中，对于抵抗各种病原菌的侵袭具有重要意义。当饲喂微生态制剂后，花鲈鱼、银鲫鱼等的溶菌酶的活性都显著提高，但是长期饲喂后，溶菌酶的活力又会有所下降。因此，对于复合微生态制剂的使用，需要根据养殖品种的不同、各种微生物特点的不同，搭配使用，以起到互补增效的效果。

除以上几种菌外，拟杆菌也具有益生作用，能够加快宿主免疫系统的发育，提高宿主的免疫能力。研究人员还从鲑鱼体内分离得到气单胞菌，其也可以增强对虾对致病性哈维弧菌和鳗弧菌的免疫力。丁酸梭菌能够增加宿主体内的免疫球蛋白含量，其细胞壁成分和它产生的胞外多糖、半乳糖、葡萄糖能够抑制肿瘤生长。用灭活丁酸梭菌制成的疫苗有激活细胞的作用。

此外，一些益生菌的部分代谢产物能够作为鱼的免疫增强剂。例如，将橄榄灰链球菌（*Streptomyces olivaceogriseus*）的培养基中分离得到的 FK-565（庚酮-γ-D-谷氨酸-L-内消旋-二氨基庚二基-D-丙氨酸）注射到虹鳟体内，能够活化虹鳟的吞噬细胞，增强抗杀鲑气单胞菌的能力。

3. 抑菌杀菌作用

（1）通过分泌抑制物质抑菌：乳酸菌能够分泌细菌素、过氧化氢、有机酸等物质来降低肠道 pH，抑制病原微生物的生长繁殖，使得 EM 在物种间相互竞争中占据优势。

1）分泌细菌素：产生类似细菌素的细小蛋白质或肽类，如各种乳杆菌素和双歧菌素，对葡萄球菌、沙门菌和志贺菌具有拮抗作用，能够有效抑制这些致病菌的生长繁殖。

2）分泌过氧化氢：在一些情况下，某些乳酸菌能够分泌过氧化氢，对许多细菌尤其是革兰氏阴性菌有显著的抑制作用。乳酸菌还能够分泌某些含量较低的抑菌物质，如丁二酮、过氧化物酶等，它们可以直接作用于过氧化氢和硫氰酸后生成亚硫氰酸。有研究表明，能够分泌过氧化氢的乳酸菌能够显著抑制革兰氏阳性细菌和阴性细菌的增殖。

3）分泌有机酸：所有乳酸菌在代谢过程中产生的有机酸如乳酸、乙酸、丙酸、丁酸等，都能够降低乳酸菌生长环境的 pH，故而间接或直接地影响其他微生物的生长。根据早期研究发现，乳酸菌制剂良好的保藏效果是由于其糖发酵产生的有机酸起到了作用。乳酸菌制剂的低 pH 和产生的有机酸起到了主要的抑制其他细菌增殖的作用。王洋等的研究报道，乳酸链球菌素（nisin）与乳酸或两者产生菌的联合使用能够显著增加对维氏气单胞菌的抑制作用，为在水产养殖中对抗病原微生物维氏气单胞菌提供了理论基础。

双歧杆菌通过产生细胞外糖苷酶来降解肠黏膜上皮细胞的复杂多糖，这些糖可以作为致病菌和细菌毒素的受体，所以通过这些酶来减弱致病菌及其毒素对肠黏膜上皮细胞的黏附。双歧杆菌也可通过产生的乙酸和乳酸，促使肠道 pH 降低，进而抑制许多病原菌与腐败菌生长。双歧杆菌对肠道 pH 的控制，使得酚类、氨、类固醇代谢物、细菌毒素及血管收缩胺的减少，而短双歧杆菌无细胞发酵的上清液还对鼠伤寒沙门菌有显著的抑制作用。

丁酸梭菌的发酵液对致病菌也有很好的抑制作用，其原理是发酵的代谢液中会产生一系列的短链脂肪酸。这些酸性代谢产物能迅速降低培养液的 pH，不利于致病菌生长繁殖，从而达到抑菌作用。饲料中添加丁酸梭菌能够显著提高虎龙斑肝脏、头肾和脾 HSP70 mRNA 表达水平及抗哈维弧菌的能力。有研究人员证实,丁酸梭菌 C2 在体外对鱼类肠道致病菌——迟钝爱德华菌、鳗弧菌、嗜水气单胞菌等都有较强的抑制作用,且效果要明显好于硫酸链霉菌。

芽孢杆菌属可产生氨基氧化酶、超氧化物歧化酶、分解硫化氢的酶、其他抗菌物质及一些酸类物质,进而降低肠道内的 pH,从而抑制肠道内病原菌的生长。地衣芽孢杆菌菌落呈灰白色、边缘不整齐、扁平状菌落,可通过调整菌落失调达到治疗的目的,可促进机体产生抗菌活性物质,杀灭致病菌,能产生抗活性物质,并具有独特的生物夺氧作用机制,能抑制致病菌的生长与繁殖。有研究表明,将枯草芽孢杆菌投放到锯盖鱼的幼体期养殖池中,可以显著降低弧菌的含量。大量应用试验表明,芽孢杆菌可以抵抗 63% 的鱼肠道中的病原菌。

光合细菌在水体中代谢时可产生胰蛋白分解酶,对于预防鱼类细菌性疾病和虾类的霉菌病有显著作用。在水产养殖中使用光合细菌,可使鱼、虾、贝类的抗病性增强、发病率降低、成活率提高。有研究报道,将患有细菌性皮肤病的鱼置于含有一定浓度的光合细菌液中浸泡,可以观察到皮肤病显著缓解。由于光合细菌中含有大量的叶酸,长期使用还可以预防鳗鱼贫血病的发生。

除以上几种细菌外,有研究表明,乳酸片球菌可以产生有益的代谢产物,激活酸性蛋白酶,参与机体的新陈代谢,防止有害物质的产生。微生态制剂溶藻胶弧菌的去细胞上清液冷冻干燥粉能有效抑制杀鲑气单胞菌和鳗弧菌。

(2) 裂解病原菌:噬菌蛭弧菌又称蛭弧菌,一种新型的微生态制剂,是一类专门以捕食细菌为生的寄生性细菌。它通常比普通细菌小,有类似噬菌体的作用。"寄生"和"裂解"细菌是蛭弧菌的特点,也是它维持自己生命活动最突出的功能表现。蛭弧菌可有效裂解浸泡感染试验水体中的气单胞菌,并且对其导致的鲤鱼出血病有明显的预防作用。大量的研究表明,蛭弧菌能够捕杀清除海水中的弧菌,还能够在中华绒螯蟹的养殖池中杀死致病菌。当蛭弧菌与球形红假单胞菌、蛭弧菌及黏红酵母共同用于对虾幼体培养时,可以杀死致病菌鳗弧菌,使得异养菌含量减少,明显提高幼体的成活率。蛭弧菌对嗜水气单胞菌的裂解率在 80% 以上;可以使得人工感染嗜水气单胞引起的甲鱼和河鲀败血病发病率降低 85.5%,死亡率降低 93.3%;对大菱鲆重症出血病的治愈率为 98.7%;对弧菌的裂解率为 87.8%。不同浓度的蛭弧菌能通过定位、穿入、细胞内繁殖和释放 4 个过程完成对宿主病原菌的裂解,达到杀灭病原菌的目的。蛭弧菌对嗜水气单胞菌的裂解率可高达 70%。蛭弧菌对致病菌的裂解作用为病害的防治提供了新的思路,尤其是对水产动物病害的防治。

(3) 竞争作用抑菌:微生态制剂中的一些 EM 能通过生物种群生态间的竞争,抑制水体中有害致病菌的繁殖生长,从而达到预防水产病害的目的。

乳酸菌能够通过竞争性排斥作用(竞争结合位点)来抑制病原菌的繁殖,是由于其进入消化道后,在肠道内繁殖,产生乳酸、乙酸和一些抗菌物质,使得肠道的 pH 和氧化还原电位降低,从而抑制病原菌和某些对动物健康有不利作用的细菌的生长繁殖。乳酸片球菌在动物体内对病原微生物有拮抗作用,可竞争性地抑制病原微生物增强动物机体的免疫力。在牙鲆幼鱼养殖过程中投喂含有乳酸菌的饲料,可以显著抑制肠道内的弧菌数量的增多,并且对肠道中的需氧型异养菌没有任何影响,其效果与抗生素接近,因此采用乳酸菌作为饲料添加剂来减少抗生素在病害中的使用具有潜在的应用前景。在鱿鱼的饲料中添加保加利亚乳杆菌及其发酵产物,发现其发酵液对大肠埃希菌、沙门菌、金黄色葡萄球菌和蜡状芽孢杆菌有明显的抑菌性。

双歧杆菌在水环境和消化道内都有竞争性排斥作用,对体内外的沙门菌、志贺菌、梭状芽孢杆菌、蜡状芽孢杆菌等病原菌起到抑制作用。双歧杆菌还能通过细胞的胞壁酸与肠黏膜上皮细胞相互作用,紧密结合,与其他厌氧菌一起共同占据肠黏膜表面形成一个生物学屏障,构成微生物肠道定殖的阻力,从而阻止致病菌的入侵与定殖。

芽孢杆菌作为微生态制剂喂食动物后,可分泌活性高的蛋白酶、脂肪酶、淀粉酶,降解植物性饲料中的某些复杂的碳水化合物,产生具有拮抗肠道致病菌的多肽类物质,能够显著降低大肠埃希菌、产气荚膜梭菌、沙门菌的数量,使得机体内的有益菌群得以增加,而有害的致病菌减少。进而净化体内外环境,减少疾病的发生。芽孢杆菌还可以抑制氨、胺、吲哚、硫化氢等有害物质对肠黏膜的损伤,使得养殖个体消化能力有所提高。

酵母菌微生态制剂能够使得动物体胃肠道 EM 特别是益生菌之一的乳酸菌占据种群优势,通过竞争或者吸附特异性抑制有害微生物的增殖。甘露聚糖等是酵母菌细胞壁的主要成分,并能够减少存在肠道中的一些毒素,进而使病原菌的繁殖得到抑制,对动物的消化道疾病有一定的防治作用,调节肠道微生态平衡,从而抑制胃肠道疾病,保障动物身体健康。酵母菌细胞壁上的甘露聚糖可以增强巨噬细胞的免疫作用,从而增加动物机体的免疫功能,并可以与肠道病原菌的纤毛相结合,阻止病原菌在肠道黏膜中的定殖,中和肠道中的毒素。

光合细菌通过营养竞争抑制病原微生物的生长。养殖水体中有机污染物比较多,往往因为有机酸的大量积累使得 pH 呈下降趋势,为真菌性病原微生物的孢子萌发和进一步生长繁殖提供了有利条件。由于光合细菌对小分子脂肪酸具有极好的利用性,当光合细菌大量进入养殖池中,可迅速吸收利用小分子脂肪酸而大量增殖,竞争性地削减了真菌性病原微生物生长所需的营养物,同时有机酸的减少,使得水质 pH 呈上升趋势甚至转变为微碱性,从而有利于放线菌的生长。偏碱性水质和放线菌的生长都不利于真菌性病原微生物的生长,这可能是应用光合细菌减少水产养殖病害发生的一个重要原因。

二、水产微生态制剂与水质调节

水体是微生物栖息的第二个天然场所。江、河、湖、海、地下水中都有微生物的存在。习惯上把水体中的微生物分为淡水微生物和海洋微生物两大类型。淡水微生物的种类及在水体中的分布受到温度、溶解氧、pH、有机质成分等多种因素影响,具有丰富的群落多样性。水产养殖水体也根据养殖种类不同、饵料成分差异、季节变化、潮汐等因素使其微生物群落结构独特而多样。水中真菌主要有水生藻状菌、酵母菌和水生霉菌。天然水中还有一些低等藻类生物,其中硅藻数量最多,此外还有各种原生动物。海洋微生物包括细菌、真菌、藻类、原生动物及噬菌体等。此外,海洋环境具有盐度高、有机质含量少、温度低及深海静水压力大等特点,所以海洋微生物绝大多数是需盐、嗜冷和耐高渗透压的微生物种类。

环境微生态制剂又称环境清洁剂或者微生物增强剂,是近些年来兴起的一种环境治理和保护的新技术。它是在微生态学和环境微生物学理论指导下,根据处理对象的特定环境要求,通过筛选出一种或者多种有益的微生物种群经加工而成的菌剂,用于防治环境污染、生物修复和生态保护等。当向水体中添加 EM 时,其能够通过大量繁殖成为优势种群,可以抑制有害病原菌的生长,同时也可通过其代谢产物,降低水体中过剩的营养物质和其他有害物质。此种做法对去除水体中的氨态氮、有机质、降低生化需氧量和化学需氧量、增加溶解氧等方面有明显的调节作用,同时也可调节水体的 pH,促进底泥中氮磷的释放,以此来促进浮游生物的生长。

生物发酵技术涉及最早最广的领域就是污水生物处理。将好氧、厌氧发酵处理污水的工艺相结合,是目前污水处理的发展趋势。微生物细胞对于环境中的污染物有着惊人的降解能力,是污染控制研究中最活跃的领域。例如,某些假单胞菌、无色杆菌具有清除氰等剧毒化合物的能力;某些产碱杆菌、无色杆菌、短芽孢杆菌对联苯类致癌物质具有降解能力。某些微生态制剂能够降解水面浮油,在去除水域石油污染中显示出惊人的效果。而有的国家利用甲烷氧化菌产生胞外多糖或者单细胞蛋白,利用 CO 氧化菌发酵丁酸或者产生单细胞蛋白,不仅消除或者降低了有毒气体,还能够从菌体中研发出有价值的产品。

我国于 20 世纪 80 年代着手研究微生态制剂在水质改良中的作用,近年来对于微生态制剂在水产养殖行业的应用已经积累了不少经验。微生态制剂最早被应用于水族箱养殖环境中,目前已较广泛应用于海水工厂化养殖生产,但是对于淡水养殖的水质调控则是近些年来才发展起来的。目前,可用于开发调控水体微生态制剂的微生物种群比较多,其中能降低水体氨氮的微生物主要是光合细菌、芽孢杆菌、硝化细菌等。近年来,微生态制剂正广泛应用到水产养殖的各个环节中,越来越受到人们的关注和认可。目前,市场上用于改良养殖水质的微生态制剂主要为单一微生态制剂和复合微生态制剂。

1. 单一微生态制剂

单一微生态制剂在水质净化上应用最广泛的是光合细菌、枯草芽孢杆菌及硝化(反硝化)细菌。

(1) 光合细菌:光合细菌在水产养殖行业中的应用越来越广泛,并且日益成为无公害水产养殖的常用产品。光合细菌作为养殖水环境的净化剂,目前在国内外均已进入广泛生产应用阶段。中国、日本、东南亚各国的养殖虾池和养鱼池均已普遍使用光合细菌来改善水质。在光合细菌的使用过程中,池塘底质中的硫化物和有机物含量都明显下降,溶解氧则有所上升。在对虾养殖池中和工厂化养鳗池中加入光合细菌,可以加快池中有机物的分解,在养虾池中溶解氧含量有所上升,氨氮含量显著下降。用光合细菌作为养殖水质净化剂可以使得总氮的去除率达到 65% 以上。光合细菌的使用除了改善鱼池水质外,池中饵料生物的情况也发生变化,有利于改善水质的蓝藻数量升高,说明光合细菌可以调控水质中优势藻类种,进而改善水质。光合细菌投入养殖水体中后,可以利用小分子有机物来合成自身生长繁殖所需要的各种营养,并且能够降解水体中的有机物,如动植物的分泌物、残存饲料、养殖个体的粪便等,还能通过自身同化作用吸收水体中的亚硝酸盐、氨、硫化氢等有害物质和有害气体,合成糖类、氨基酸、维生素和生物活性物质等,从而有效降解了有毒有害物质。同时,光合细菌能在厌氧和光照条件下,利用化合物中的氢进行不产氧的光合作用,将有机质或硫化氢等物质加以吸收,而使得耗氧的异养型微生物因缺乏营养而转化为弱势,降低有害分解产物的含量,使水质得到净化。光合细菌的使用还可使底质中的污染物和硫化氢减少,富营养化的藻类数目降低,具有饵料价值的藻类数目的增加,促使养殖的水产动物更加健康成长。光合细菌生产也成为水产养殖产业的一个重要支撑,有待于更进一步的科学发展,促进本行业生产出更高产量、更高品质的绿色水产品。

(2) 枯草芽孢杆菌:在水产养殖上,也经常使用枯草芽孢杆菌对水产养殖环境进行修复,来达到净化水产养殖环境、预防疾病和提高养殖品种产量的目的。枯草芽孢杆菌在水中增殖后产生的许多胞外酶能够分解养殖水体和底泥中的蛋白质及脂肪等有机质,从而达到降解养殖水体富营养化和减少底泥生成的作用。在分解过程中,有机物部分转化为细菌胞外物质,但大部分被转化为细菌生命活动过程中所需的能量和细胞成分。NH_3、N_2 和 CO_2 等代谢的最终产物从水中弥散到空气中,养殖水体中的氨氮和硝酸氮可减少 80% 以上。通过枯草芽孢杆菌降解水中富裕的有机物,降低氨氮浓度,稳定其他各项理化指标,以达到改良水质和维持养殖水体生态平衡的目的。由于芽孢繁殖的特性,其对高温、干燥、化学物质有强大的抵抗力,所以芽孢杆菌在加工或者应用时受温度、湿度、化学物质的影响较小,特别适合制作成活性菌剂,用于水质净化。

采用枯草芽孢杆菌制剂对养殖中后期的罗氏沼泽虾池进行水质调节,能够显著抑制水体的化学需氧量,提高氨氮及亚硝酸态氮的降解率。在全海水河蟹育苗阶段,添加枯草芽孢杆菌制剂的池水中氨氮含量、亚硝酸氮含量都显著降低,从而使换水量和预防用药量减少,河蟹幼苗的变态率则有所上升。使用半静水浸泡法投放枯草芽孢杆菌制剂到南美白对虾养殖池中,虾体重及水体透明度都明显升高,化学需氧量、氨氮含量及亚硝酸氮含量显著降低。养殖水体中添加枯草芽孢杆菌活菌制剂后,可以明显降低水体富营养化程度,改善水质,对水质净化起到积极的作用,因而降低了病害发生率,提高水产品质量,降低消耗与成本。枯草芽孢杆菌除能有效消除水体中的氨氮、亚硝酸盐、硫化物等有害物质外,还可减少抗菌药物在水产养殖过程中的使用及耐药性的产生。将解磷芽孢杆菌放入池塘水体中后发现,解磷芽孢杆菌能够将有机磷迅速分解为有效磷。

(3) 硝化(反硝化)细菌:硝化细菌是一类自养型需氧菌,能在有氧的水中或砂层中生长,并通过氮素循环的关键反应在水质净化过程中把有毒的氨和亚硝酸根离子氧化成无毒的硝酸根离子,减少这两种致病因子对水产动物的毒害。硝化细菌在合成自身物质时可同化和异化硫化氢,使得水质净化,从而达到改良池底质量、维护良好水产养殖生态环境的目的。硝化细菌生长缓慢,平均代时在 10 h 以上,在食物短缺等恶劣环境下可以“休眠”,休眠期最长可达 2 年之久。利用这个原理,用硝化细菌制成的菌液可以长期保存。在罗非鱼鱼苗培育环境中人工引入硝化细菌后,能显著改善罗非鱼鱼苗培育环境的水质,提高了罗非鱼的抗逆性,养殖池中的亚硝酸铵浓度、氨氮含量、化学需氧量值都显著下降,而鱼苗的成活率、体长、体重都显著增加。

反硝化细菌多为异养型兼性厌氧菌,在厌氧条件下,反硝化细菌作用过程为将环境中的硝酸盐还原为亚硝酸盐、NO、N_2O 直至 N_2 的有机物的氧化过程,反硝化细菌通过此过程获得自身生命活动所需的能量,并最终降低水体中的亚硝酸盐的浓度,来达到改善水质的目的。反硝化细菌广泛分布于土壤、肥料和污水中,可以将硝态氮最终转化为 N_2 排入大气。我国淡水渔业水质标准规定,养殖水体中的亚硝酸含量应控制在 0.2 mg/L 以下,河虾、对虾育苗水体中的亚硝态氮应控制在 0.1 mg/L 以下。因而控制养殖水体中亚硝态氮的含量是集约养殖系统养殖成功的关键。反硝化细菌因具有还原硝酸盐和亚硝酸盐为 N_2 的能力而受到重视。反硝化细菌能够起到良好的脱氮效果,当 pH 为 6~7、水温为 25~35℃ 时,固定反硝化细菌的脱氮率最高,且对外界理化因子有较强的抵抗能力。对养殖水体而言,以从养殖环境水体或污泥中有针对性地分离、筛选、培育和驯化高效反硝化细菌菌种,进一步开发利用含有反硝化细菌的微生态水质净化剂,综合利用菌种间的协同作用,达到更加良好的净化效果。

同时,近年来发展起来的好氧反硝化技术同样也引起了科研工作者的重视。顾名思义,与传统意义上的反硝化不同,好氧反硝化是在有氧条件下的反硝化。而这种反硝化模式其实更符合现代养殖业发展的需要。目前,无论是对虾养殖还是河蟹养殖、无论是工厂化养殖还是常规的池塘养殖,养殖水体的溶解氧量要高于 0.5 mg/L,因此,在溶解氧高的时候,对于在厌氧条件下发挥硝化作用到细菌来是随着溶解氧的增加而受到抑制,因此,发展好氧反硝化技术非常符合现代养殖业的发展需要。

(4) 其他细菌:蛭弧菌是一种能够通过裂解其他有害菌来净化水质的有益菌种。有研究表明,将蛭弧菌加入灭菌湖水中,可以将大肠埃希菌由原来的 3.5×10^7 CFU/mL 减少至 11 CFU/mL,而不加蛭弧菌的湖水中大肠埃希菌仅由原来的 2.3×10^7 CFU/mL 减少至 3.2×10^3 CFU/mL,说明加入蛭弧菌后是可以显著抑制大肠埃希菌的增殖。

蛭弧菌与微生物污染的相互关系表明,蛭弧菌对水体污染的指示作用与大肠菌群等粪源指示菌明显不同,大肠菌群是肠道的正常菌群,其多直接反映粪便污染的严重程度,而蛭弧菌是环境中的天然寄居菌,当水体受到污染时,可供蛭弧菌寄生的宿主细菌量增加,蛭弧菌生长繁殖而使含量增加,从而对污染起到指示作用。因蛭弧菌的生长繁殖需要一定的时间,故其对污染的指示有一个滞后期,而一经污染导致蛭弧菌含量升高后,蛭弧菌又可长时间持续较高水平,故而蛭弧菌可作为检测水体是否连续污染的一个指标。

2. 复合微生态制剂

复合微生态制剂指包含多种微生物的复合制剂,通常可以起到单一微生物制剂达不到的效果。近年来,复合微生态制剂在水质净化中得到了广泛的应用,复合微生态制剂产品也较多,在实际生产中起到了很大的作用。水产养殖中使用的复合微生态制剂主要功能是能够有效地降解有机物,改善养殖环境,改良水质,从而使得水产养殖动物的食品安全性得到了进一步提高,目前常用制剂类型有下列几种。

(1)微胶囊益生净水复合菌:是将自然界中分离出来的光合细菌、芽孢杆菌、乳酸菌、硝化细菌等多种有益菌株分别经过复壮和驯化,再经液态或固态发酵培养之后加入保护剂,低温真空冷凝干燥后形成固态或喷入固化剂而制成的微胶囊形式的复合微生物制剂。该产品可以直接投放到水体中,微胶囊包裹的休眠体细胞迅速复苏,并与和微胶囊活菌通过分泌多种胞外水解酶类,共同利用水体中的富营养物,如残饵、粪便、动植物尸体等,迅速生长繁殖形成水体中的优势种群,加速分解消除有机污染物,同时具备促进养殖个体生长的性能。

(2)EM 菌制剂:目前,应用较广泛和典型的微生态制剂产品为 EM 菌制剂,其由五大有益菌如光合细菌、固氮菌、乳酸菌、放线菌和酵母菌等合成,配伍最多的可由 10 个属的 80 多种益生微生物组成。它们能够通过共生增殖关系组成复杂而相对稳定的微生态系统,在水产养殖领域广泛应用并起到多重效用。EM 菌制剂中的 EM 经分解、固氮和光合等一系列作用,可使水体中的有机物形成各种营养元素,供自身及饵料生物的生长和繁殖,同时增加水中的溶解氧,降低氨态氮、硝态氮和硫化氢等有毒物质的含量,维持养殖水环境的平衡。另外,EM 菌制剂在肠道内形成优势菌群还能抑制肠道有害菌的活动,并促进机体对饵料的消化吸收,使排泄物中的氨氮含量减少,促进生长并减少水体污染。

EM 制剂被广泛应用在对虾养殖中,它的使用必须配合池塘底质处理、水质调控和饲料匹配三项措施综合进行,才能更有效地发挥作用。EM 菌制剂的使用很大程度减少了其他化学药品或试剂的滥用,可以避免环境中条件致病菌抗药性的产生和养殖个体的药物残留,有效提升了养殖水产的品质。多年连续使用 EM 菌制剂的虾塘会形成 EM 菌群的生态优势,达到虾塘环境的良性循环,保证对虾养殖的可持续发展。水体发生富营养化时,用 EM 菌制剂处理池塘水,水质中主要的污染指标化学需氧量、生物需氧量、总氮、总磷指标等的去除效果显著。使用 EM 菌制剂之后,水底淤泥中 EM 不断增加,通过发酵、固氮等作用,使得淤泥中含有较多的氨基酸及糖类、维生素和其他生理活性物质,有利于水生生物生长,减少鱼类疾病的发生。

(3)其他复合微生态制剂应用情况:近年来,多种类的 EM 菌制剂的应用越来越广泛,根据不同水质要求和微生态平衡需求,形成多种复合微生态制剂产品。使用复合微生态制剂后,浮游植物种群结构发生了良性变化,种群数目明显增加,部分有害藻类的数量下降,优化了水体中浮游植物的种群结构,说明微生物制剂还具有调节浮游植物结构的作用。淡水湖泊内塘河蟹养殖水体中加入复合微生态制剂,可以显著降低水体化学需氧量、铵态氮含量、总磷含量和悬浮物含量,说明微生态制剂有非常好的原位净化效果。在养殖后期的虾池中投入微生态制剂 MP-1(固体菌剂,由蜡样芽孢杆菌 W14、枯草芽孢杆菌 BW 和地衣芽孢杆菌组成)和 MP-2(液体菌剂,由枯草芽孢杆菌 BJ-1、干酪乳杆菌 L1 组成),虾池水体总氮的去除率达到34.1%以上,可显著改善养殖后期虾池水质,虾池的主要细菌群和细菌群落结构发生改变。在水体中加入球形红假单胞菌和蛭弧菌的复合微生态制剂可以使得中国对虾育苗池水质 pH 保持稳定,氨氮含量明显下降,亚硝酸盐、化学需氧量及硫化物等指标也明显好转。比较光合细菌、芽孢杆菌和由光合细菌与芽孢杆菌等组成的微生态制剂对鲫鱼养殖水质的影响效果发现,单独添加光合细菌降解水体氨氮的能力可达到72%,单独添加芽孢杆菌可以显著同化水体中的亚硝酸盐,使其含量下降50%,而复合微生态制剂在降解氨氮、亚硝酸盐含量及化学需氧量含量上,均优于单独的制剂。复合微生态制剂可以明显地减少水体中有害细菌、亚硝酸盐、铵态氮和硫化物的含量,在蟹池中使用复合微生态制剂,明显改善了水质,防止疾病的发生,大大降低了养殖成本。在牙虾育苗水体中添加了复合微生态制剂后,不但能够提高仔鱼的成活率,降低育苗的用水量,还能改善水质。

不同菌种配伍的微生态制剂具有不同的使用效果,"高浓缩光合细菌""益生菌""水产 EM 原液"3 种微生态水质改良剂中的"高浓缩光合细菌"主要菌种是以紫色非硫细菌为主的光合细菌混合菌群;"益生菌"主要是蜡状芽孢杆菌、枯草芽孢杆菌、乳杆菌及酵母菌等益生菌;"水产 EM 原液"是由芽孢杆菌、双歧杆菌、放线菌、乳酸菌等组成,上述 3 种复合微生态制剂对鱼池养殖水体氨氮具有降解作用,后两者效果极其显著,降解率可达 82%。

3. 固定化微生态制剂

随着固定化细胞技术的发展及固定化微生物在水质调节上的应用,固定化微生态制剂用于水产养殖已经成为人们的研究热点。固定化微生物用于处理含氨氮废水最早始于 20 世纪 80 年代,所固定的微生物均为硝化细菌与反硝化细菌,所用载体多为聚乙烯醇或海藻酸盐。研究人员将分离得到的脱氮微生物菌群发酵液经过离心分离后,均匀喷洒到载体上进行固定,制成固态微生态制剂,存放 3 个月后,其微生物生长繁殖的性能与氨氮降解性能均未下降。之后,研究人员还利用固定化光合细菌净化养鱼池水质,发现其对去除水体的氨态氮有明显的作用,去除率高达 94%甚至以上。

在治理和控制环境污染方面,经人工筛选培育的有益菌群及由生物工程工厂化生产的活菌微生态制剂有独特的和不可估量的作用。以 EM 菌制剂为代表的微生态制剂在环境保护领域各个方面的应用将越来越广泛,可以应用于污水处理、净化空气、改善土壤、促进有机物分解转化、消除环境恶臭、资源循环利用等方面。其由于独特的优越性,能够改善水质在废水生化处理工艺中发挥重要的作用,在养殖废水的集中处理中也存在巨大潜力。

三、水产微生态制剂与营养调控

目前,由于各种饲料原料存在不同程度短缺,低品质饲料原料充斥市场,为了不断追求生产性能,人们采用各种刺激手段促进养殖采食,对动物的消化功能造成巨大的压力。由此协助提高动物消化能力显得越来越有必要,新型饲料原料的开发成为科研和生产热点,微生态制剂对维持消化功能及消化环境稳定有明显的促进作用。微生态制剂除含有各种 EM 菌种外,还含有氨基酸、蛋白质和维生素等营养成分,可用于饲料添加剂中,提高饲料的利用率,确保机体生长繁殖过程中能够获得丰富的营养物质,同时能促进各种营养成分的合成和吸收,对水产品养殖业发展具有重要的意义。

高密度养殖的空间压力和日益复杂的病害感染压力都对动物的免疫系统提出了挑战,导致维持免疫功能的营养消耗加大。微生态制剂有助于维持肠道免疫屏障的完整,有助于协助动物抵抗病原微生物的入侵,也有助于降低免疫营养的消耗。作为饲料添加剂的许多微生态制剂,其菌体本身含有大量的营养物质,同时随着它们在水产动物消化道内的繁衍与代谢,可产生水产动物生长所必需的维生素、有机物、蛋白质等营养物质和生长因子。

1. 乳酸菌类

(1) 乳酸菌:是动物微生态制剂使用最多的益生菌,能够产生各种维生素如微生物 B_1、维生素 B_2、维生素 B_6、维生素 B_{12}、烟酸和叶酸等以供机体所需,还能通过抑制某些维生素分解菌来保障维生素的供应。乳酸菌也可以通过调节肠道 pH,以激活胃蛋白酶,减低血氨,促进胃肠蠕动,帮助食物的消化与吸收,减轻肠胀气和促进肝脏功能。一些乳杆菌能中和某些毒素,产生系列消化酶,如蔗糖酶、乳酸酶和肽酶等,有助于提高动物消化功能。乳酸菌能够产生含有有机酸的酶系、合成多糖的酶系、分解脂肪的酶系、合成各种维生素的酶系等,这些酶不仅能加速乳酸菌的生长,而且能维持肠道微生态平衡,还可产生细菌素、过氧化氢等。

乳酸菌还能够分解饲料中的蛋白质、糖类、合成纤维素,对脂肪也有微弱的分解能力,显著提高饲料的消化率和生物学效价,促进消化吸收。结构复杂、分子量较大的蛋白质在乳酸菌酶系的作用下,部分降解为小分子肽与游离氨基酸,利于胃肠消化吸收。

乳酸菌菌体成分或菌体外代谢物有抗胆固醇因子。乳酸菌的代谢能显著减少肠管对胆固醇的吸收,同时,乳酸菌能够吸收部分胆固醇并将其转变为胆酸盐排出体外,刺激肠纤毛的发育,从而促进营养的吸收,还能刺激某些细菌的活性,而产生的营养为动物所利用。生产实践表明内服乳酸菌制剂,配合一些其他的营养因子,可有效预防南美白对虾拖便、白便等现象的发生。乳酸菌制剂配合"免疫肝胆宝"内服,可有效防止草鱼、南美白对虾、罗氏沼虾等水生动物肝胆综合征的发生,减少脂肪积累。

(2) 双歧杆菌:肠道中的双歧杆菌能合成维生素 B_1、维生素 B_2、维生素 B_6、维生素 K 等多种维生素,其作为 B 族维生素的良好来源,还可以合成多种氨基酸,供肠道吸收,参与机体新陈代谢,促进动物生长。双歧杆菌的生长造成肠道 pH、氧化还原电位下降,有利于 Fe^{2+}、维生素 D 及钙的吸收。

(3) 丁酸梭菌:在肠道内能产生 B 族维生素和维生素 K 等物质,从而促进动物机体的健康。同时,丁酸梭菌还能产生淀粉酶、蛋白酶、纤维素酶等,能把肠道内的果胶降解为中间产物,最终分解为短链脂肪酸——乙酸和少量丁酸及甲酸,这些中间产物可以被一些乳酸菌利用,促进这些有益菌的生长繁殖。采用丁酸梭菌喂食鲵鱼,生长率和饲料利用率都显著提高,并且呈现丁酸梭菌具有剂量依赖性。丁酸梭菌饲喂鲵鱼时,可通过改善鲵鱼肠道的绒毛及微绒毛吸收功能,导致肠道内乙酸、丙酸、丁酸的含量提高,增加饲料转化率,从而能促进鲵鱼生长。

2. 芽孢杆菌

芽孢杆菌在动物肠道内生产繁殖,能产生多种营养物质如维生素、氨基酸、有机酸等,参与机体新陈代谢,为机体提供营养物质。

(1) 枯草芽孢杆菌:枯草芽孢杆菌制剂是一种无不良反应、无残留的绿色饲料添加剂。其产品中含有的活菌是以内生孢子的形式存在的,耐酸、耐盐、耐高温及耐挤压,在配合饲料制粒过程中以及通过酸性胃环境时比较稳定。研究表明,枯草芽孢杆菌进入动物肠道后能迅速成为有新陈代谢功能的营养型细菌。这种营养型细菌能提升动物的健康水平,还能通过分泌多种消化酶促进动物对饲料中营养物质的吸收,通过分泌维生素及氨基酸等营养物质促进动物的生长发育。有研究人员在饲料中添加了枯草芽孢杆菌来喂食白沼虾,结果表明,枯草芽孢杆菌处理一周后饲料的干重、粗蛋白、类脂化合物、磷、脂肪酸和氨基酸的含量均显著上升。摄食添加了枯草芽孢杆菌饲料后,南美白对虾的各个生长阶段,其消化道中的淀粉酶、蛋白酶和脂肪酸的活性都显著提升,而其成活率和生长速率也显著升高。

(2) 乳酸芽孢杆菌:可以通过多种形式来调节动物机体的消化能力。

1) 乳酸芽孢杆菌产生的乳酸可以降低肠道内的 pH,提高肠道中多种消化酶的活性,促进动物机体对营养物质的消化吸收。

2) 由于乳酸芽孢杆菌在动物肠道中的增殖,其产生的多种代谢物可以直接被机体利用,如维生素、氨基酸、脂肪酸等,可以补充机体营养成分的不足,促进肠道蠕动,提高机体消化吸收能力。

3) 其合成的多种维生素,可以促进动物机体对多种营养物质的吸收利用,降低病原菌对营养物质的消耗,促进机体的生长发育。

(3) 其他芽孢杆菌:地衣芽孢杆菌等除了含有较强的蛋白酶、淀粉酶和脂肪酶外,还含有果胶酶、葡萄糖酶、纤维素酶等,可裂解植物细胞壁,进而提高饲料的消化吸收率。目前,很多企业还将解磷芽孢杆菌制作成腐熟剂来发酵有机肥,制成高效无害的生物鱼肥。纳豆芽孢杆菌能产生多种营养物质,如维生素、氨基酸、促生长因子等,参与机体的生长代谢。

3. 酵母菌

真菌中应用最多的就是酵母菌制剂,由于酵母细胞具有蛋白质含量高的特点,可以用来发酵产生饲用单细胞蛋白,也可以将其与其他真菌如根霉、木霉或曲霉等混合培养,添加到一些工业副产物基础饲料中,可使得表观粗蛋白含量增加。同时,由于菌种代谢的作用大大提高了基础料中的氨基酸水平和维生素水平,可以有效地促进饲料的消化吸收。而且,发酵过程中会产生大量的消化酶与有机酸,提高饲料的利用率,促进动物生长。酵母菌制剂中还含有多种维生素,能够合成动物体内的多种维生素,其含量要远高于鱼粉和肉粉。酵母菌作为优良的蛋白供体提高了蛋白原的品质。

一些酵母菌体内含有多种酶类,如蛋白酶、淀粉酶、纤维素酶、几丁质酶、核糖核酸酶及葡聚糖酶等,这些酶补充了低龄动物和患病动物的内源酶的不足,具有提供养分、增加饲料口感、提高消化吸收能力,并且可以提升动物对磷的利用率,促进养分的分解,提高饲料的营养价值,增加经济效益。

饲料酵母富含动物必需的多种维生素和微量元素,已经成为鱼虾贝类等工配合饲料的重要添加剂。在对虾的饲养中,将饲料中的部分鱼粉用酵母代替,对虾的成活率高,产量提升,饲料系数有所下降。酵母可以产生纤维素酶、半纤维素酶和植酸酶等酶类,促进动物对营养物质的消化吸收,故而将酵母添加到水产动物饲料中,可以提高水产动物对纤维化饵料的利用率,还可以产生多种 B 族维生素,加强营养代谢,从而提高饲料转化率。饲料酵母的种类主要有热带假丝酵母、产朊假丝酵母、啤酒酵母、红色酵母等,目前国内外常用饲用酵母有产朊假丝酵母和酿酒酵母。

4. 其他菌种

拟杆菌能够帮助宿主吸收多糖以提高营养利用率、促进脂肪积累、加快肠道黏膜血管形成,这一作用不仅使得拟杆菌易于利用其他菌不能利用的多糖,减少对营养源的竞争,从而奠定其优势的地位。而且拟杆菌代谢多糖过程中的中间产物,还能为宿主供给营养。

光合细菌除作为水质净化剂外,也是一种具有高营养价值的细菌。其菌体含有丰富的氨基酸、叶酸、B 族维生素,尤其以维生素 B_{12} 和生物素含量较高,另外还含有生理活性物质——辅酶 Q。在饵料中添加光合细菌,可使鲤鱼的成活率及单产重量都显著提高。使用光合细菌在多种鱼类的养殖池中,其成鱼的产量、成活率都大幅度提升,并且规格整齐、色泽鲜艳、饲料系数低。而在对虾养殖过程中,给对虾饲喂含有光合细菌的饵料,对虾育苗生产中变态率可达 79.8%,成活率达 75%,其对虾的生长也有明显的效果。

5. 复合微生态制剂

EM 菌制剂作为一种复合型微生态制剂也可以添加到饲料中,提高饲料的转化率,促进动物消化。EM 菌制剂自从问世以来,受到了全世界的瞩目,目前,已经在全世界 90 多个国家中推广应用。采用 EM 菌制剂投喂措施,能够降低对虾的死亡率,提高长毛对虾生长量,品质显著改善。目前,大量的研究成果表明,EM 菌制剂能够有效提高饲料有效营养成分的含量,氨基酸可提高 8%～28%。采用枯草芽孢杆菌、地衣芽孢杆菌、嗜酸乳酸菌和双歧杆菌复合微生态制剂投喂大菱鲆幼鱼,可以提高其消化酶的活性,促进大菱鲆幼鱼的生长,其效果明显优于单一制剂投喂。应用复合微生态制剂投喂刺参幼苗,可明显降低氨氮、亚硝酸盐、化学需氧量,提高饲料的表观消化率、耗氧率和排氨率。

将微生态制剂添加到饲料中,可改良机体内的微生物菌群,提供水产动物生长繁殖所必需的营养物质。添加复合微生态制剂所产生淀粉酶、蛋白酶、脂肪酶等多重酶系,有利于对饲料的吸收,使得水产动物体内的维生素、氨基酸等营养成分也随之增加,为水产动物健康成长提供保障。目前,微生物制剂在国内外养殖业中已取得广泛运用,对鱼类、虾等动物的健康生长有着促进作用。根据水产动物生长情况在饲料中添加适当微生态制剂,可提高水产动物的营养含量。

第七章　水产微生态制剂生产工艺与储藏

微生态制剂从 20 世纪 90 年代初开始进入我国水产养殖行业并推广应用,最初完全依靠国外进口,产品主要来自日本及欧美等国家和地区。在 20 世纪 90 年代中后期,我国部分地区开始自己生产微生态制剂,但是生产工艺相对简单,设备也比较简陋,基本上是就地取材改造转而应用在水产用微生态制剂的生产上,质量也参差不齐,使用效果有很大的不确定性。

自 2000 年之后,随着我国装备制造工业的发展和我国科研以及生产应用人员对微生态制剂认识的逐步深入,对其作用机制的研究也日渐明晰,我国能够自主生产微生态制剂的企业越来越多,应用也越来越成熟,出现了一批拥有自主知识产权和掌握生产工艺的企业。但是,因为此时期抗生素和化工类药物在水产行业的大量使用,微生态制剂没有得到足够的重视,市场增幅小,很多企业最终衰落。自 2010 年之后,随着抗生素使用带来的不良反应越来越多地被认识、被揭示,以及人们对食品安全的担忧和对环境友好产品的渴望,微生态制剂重新回到人们的视野。同时,随着国家政策对安全、环保、高效的生物制品的引导和倾斜,以及伴随对人类微生物组研究结果的深入解读,越来越多的微生态制剂走向市场,微生态制剂成为代替抗生素产品的主要种类,并得到长足的发展。目前,我国已形成门类齐全、上下游工艺完整的微生态制剂产业链,可以满足国内市场需求并已开始向国外出口。

微生态制剂生产所涉及的微生物种类多,各种属之间生物学特性差异明显,因而在生产时不宜采用相同的工艺。本章首先从液体制剂、固体制剂两个方面对微生态制剂的生产工艺进行讲述,并对生产过程中的技术管理及污染处置进行介绍,最后对制剂成品的储藏方法进行介绍,以期为微生态制剂的研究、生产和应用提供一些指导、借鉴和参考。对于微生态制剂中应用的菌种,由于涉及的每个种属均有多个菌种在生产,为了突出重点和讲清楚生产工艺,每个类别选择一个主要菌种作为实例进行介绍。

一个通用的微生态制剂生产工艺流程(图 7-1),主要包括原料粉碎和配比、液体菌种培养

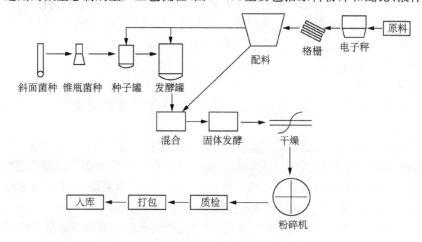

图 7-1　一个简单的微生态制剂生产工艺流程

和发酵、固体发酵以及烘干、质检、包装等过程。在原料粉碎阶段,将原料按培养基需要粉碎成粒径大约500 μm的颗粒,并与水按一定比例混合均匀;使用液体发酵罐将实验室培养的菌种进行扩大培养,然后按比例接种到已经混合好的固体培养基,并再次混合均匀;在发酵车间进行液体和固态发酵至各项指标达到要求,烘干后包装入库储存。

第一节　水产微生态制剂液体生产工艺

目前,我国水产养殖行业使用的微生态制剂,液态和固态均有,依据不同的菌种和用途有不同的偏好形态。例如,对于光合细菌来说,多数情况下为液体制剂,而对于芽孢类制剂类说,又多数是固体粉剂。按照生产工艺的发展来说,最先获得重视和发展的是液态制剂的生产工艺(图7-2,一个典型的液体发酵平台和设备实体图),后来,随着生产工艺水平和装备制造水平的提高和为了应用的方便,固体制剂逐渐进入市场并在一些应用领域成为主要剂型。

图7-2　液体发酵平台和设备
液体发酵车间

本节对液体制剂的生产工艺进行讲述,并按照好氧发酵和厌氧发酵两种方式分别介绍。注意本章介绍的生产工艺为通用工艺,其中的参数取值为常用数值,由于微生态制剂生产使用的微生物种类很多,有些厂家可能针对自己的菌株对生产工艺和参数进行调整,增加或减少其中的一个或几个工序,或者使用不同的配方,在实际生产过程中应注意。

在介绍液体发酵工艺之前,先介绍一下相关的几个概念:

(1)菌种:为获得成品制剂制备的活体微生物,纯种发酵时为单一菌种,混合发酵时为几个菌种的混合液。

(2)污染:指发酵生产过程中混入了除目标菌种之外的其他菌,破坏了单一微生物生长培养的环境。

(3)培养基:是人工配制的用于微生物生长繁殖和积累代谢产物的营养物质。

(4)芽孢:某些细菌在生长到一定阶段,在细胞内形成的圆形、椭圆形或圆柱形等不同形状的结构,对不良环境条件有较强的抵抗性。对可形成芽孢的细菌来说,一个营养体形成一个芽孢。除芽孢类制剂外,芽孢是发酵生产时应避免的污染源。

(5)菌落:细菌在固体培养基上生长繁殖,由于受固体表面物理条件的限制而形成的肉眼可见的细菌群体称群落,一般认为由一个细菌个体分裂繁殖而来。

（6）消毒：用物理或化学的方法杀灭物体上的病原微生物，使之不能成为传染源。其作用是消灭引起感染的病原微生物，但是不能消灭一切微生物和孢子。

（7）灭菌：用物理和化学的方法，杀灭和除去所有微生物的繁殖体和休眠体，使之完全无菌。与消毒不同的是，灭菌指杀灭一切微生物。

（8）抑菌：抑制微生物繁殖体的生长及繁殖，使其处于代谢抑制状态，遇适宜环境还可恢复其生命活动。

（9）无菌试验：在纯菌发酵过程中，检查和发现有无杂菌污染，并鉴别杂菌类型，以便及时采取有效措施的工作。

（10）细菌的致死时间：指在一定温度下，杀死细菌所需要的最短时间。

（11）细菌的致死温度：指在一定时间内，杀死细菌所需要的最低温度。

（12）化学灭菌法：将化学药品直接作用于微生物而将其杀死的方法，特点是杀菌效果好，但在使用时必须充分注意化学药剂的适当浓度、合适的处理时间、微生物对化学药剂的敏感性，以及对外界环境的影响。

（13）物理灭菌法：利用物理条件如高温加热、辐射、介质除滤或过滤、干燥等方法进行灭菌。

（14）干热灭菌法：利用火焰或干热空气进行灭菌的方法。特点是简单有效，但局限性大，适用于玻璃器皿、金属用具等的灭菌。

（15）湿热灭菌法：根据灭菌物品的性质不同，选择不同温度的湿蒸汽进行灭菌。原理是通过蒸汽加热，温度上升到细菌的致死温度，使菌体蛋白及酶类变性、凝固而死亡。

（16）湿饱和蒸汽：在蒸汽输送过程中，由于一部分热量损失形成无数细微的水滴混悬在蒸汽之中，称为湿饱和蒸汽。特点是热含量低、穿透力差、灭菌效果差。湿饱和蒸汽状态是在灭菌过程中应尽量避免的一种状态。

（17）饱和蒸汽：饱和蒸汽的温度与水的沸点相当，当压力达到平衡时，蒸汽中不含有微细的水滴。特点是热含量高、穿透力强、灭菌效果好。饱和蒸汽状态是在灭菌过程中应尽量达到的一种状态。

（18）过热蒸汽：蒸汽中的水分完全蒸发后，再继续加热，即为过热蒸汽。其特点是热含量高、穿透力差，灭菌效果差。过热蒸汽状态是在灭菌过程中应尽量避免的一种状态。

（19）死角：在杀灭细菌的过程中蒸汽高温所达不到或消不透的部位。分为设备结构上的死角和人为操作造成的死角。

（20）相对湿度：指空气中水蒸气压力与相同温度下饱和水蒸气压力的百分比，或湿空气的绝对湿度与相同温度下可能达到的最大绝对湿度之比，通常用百分数表示。

（21）绝对湿度：每单位容积的气体所含水分的重量，一般用 mg/L 表示，是表示空气中水蒸气含量的一个物理参数。

（22）过滤效率：被捕获的尘埃颗粒数与空气中原有的颗粒数之比，用百分数表示。

一、好氧型水产微生态制剂的液体生产工艺

按照微生物在生命活动过程中对氧气的需求情况，可以将微生物分为好氧型、厌氧型及兼性需氧型 3 类。其中，好氧型微生物是水产养殖中使用的主要微生态制剂种类，包括枯草芽孢杆菌、地衣芽孢杆菌、侧孢短芽孢杆菌、硝化细菌和反硝化细菌（有些是兼性需氧）、各种真菌类及放线菌，其中使用范围最广泛、用量最大的为枯草芽孢杆菌和地衣芽孢杆菌。有些兼性需氧

型微生物如酵母也采用以下这种方式进行生产。

好氧型水产微生态制剂的液体发酵采用液体深层供氧发酵工艺,其一般流程为斜面或三角瓶(摇瓶)接种菌种 → 一级种子罐培养→ 二级种子罐培养→ 三级生产罐培养→ 陈化或调质处理→ 分装或进入固态发酵工序(如在液体发酵之后紧接固态发酵,则不需要陈化或调质处理)。枯草芽孢杆菌是应用最早的微生态制剂菌种之一,但是在水产微生态制剂的应用中,早期市场上的枯草芽孢杆菌以固体剂型较多,液体剂型应用较少。通过枯草芽孢杆菌的生产,我国培育了一大批掌握液体发酵工艺的厂家,可以说我国液体发酵工艺的发展,很大程度上得益于对枯草芽孢杆菌生产工艺的研究和掌握。下面以枯草芽孢杆菌为例,介绍好氧型水产微生态制剂的生产工艺。

1. 枯草芽孢杆菌的生物学特性

枯草芽孢杆菌广泛分布在自然界土壤及腐败的有机物中,最初从草原上雨水积聚区的枯草浸汁中分离而来,故名枯草芽孢杆菌。枯草芽孢杆菌有多个种,据不完全统计,在我国使用的枯草芽孢杆菌菌株超过 1 000 种,各个生产厂家使用的菌株都不一样,效果也千差万别。枯草芽孢杆菌单个细胞大小(0.7~0.8)μm × (2~3)μm,着色均匀;菌体无荚膜,周生鞭毛,能运动;革兰氏阳性菌,芽孢大小(0.6~0.9)μm×(1.0~1.5)μm,椭圆形到柱状,位于菌体中央或稍偏,芽孢形成后菌体不膨大。其菌落表面粗糙不透明,污白色或微黄色,在液体培养基中生长时,常形成皱醭,是典型的需氧菌。

常见的枯草芽孢杆菌菌落有 3 种形态:①菌落中央凸起,像钟乳石一样,培养后期菌落四周凸起中央凹陷,像火山口一样,菌落直径 3~5 mm,浅黄色;②菌落中央凸起形成像包子褶皱一样的形态,菌落直径 3~5 mm;③菌落平铺,暗黄色至土黄色,菌落常在平板上连片分布。

枯草芽孢杆菌在生长过程中,菌落形态会有变化,经常可以观察到从凸起向陷落的转变过程,依菌株而有差别。枯草芽孢杆菌可利用蛋白质、多种糖及淀粉,分解色氨酸形成吲哚,所以发酵培养物会有臭味。枯草芽孢杆菌的代谢产物种类较多,有的菌株可产生 α-淀粉酶和中性蛋白酶,有的菌株可产生降解核苷酸的酶系,有的适合蛋白质表达而用于人工构建蛋白的大量生产。典型的显微镜下枯草芽孢杆菌营养体和芽孢形态见图 7-3。一株枯草芽孢杆菌在卢里亚-贝尔塔尼培养基(Luria-Bertani medium,LB 培养基)上的菌落形态见图 7-4。

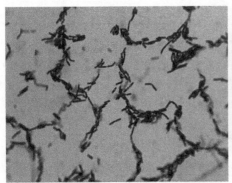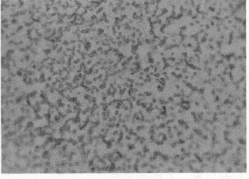

图 7-3　枯草芽孢杆菌的营养体及芽孢形态

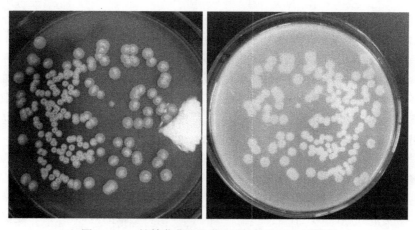

图 7-4 一株枯草芽孢杆菌在 LB 培养基上的形态
培养皿正面和反面视图

2. 菌种制备

菌种制备程序相对简单,在实验室即可完成,有些厂家为了操作方便在发酵车间内设有菌种制备间,可减少从实验室到车间的菌种传递时间和降低污染风险,但也对操作人员的要求更高。菌种制备需要注意无菌操作的规范性,保证菌种的纯度与健壮程度。枯草芽孢杆菌的菌种制备一般步骤包括一级试管斜面菌种的接种和二级三角瓶液体菌种的接种。一级菌种使用试管斜面,从冻干管或母种斜面,以无菌操作方法将菌种转接在 LB 培养基或营养肉汤培养基上[有时候也用马铃薯葡萄糖琼脂培养基(PDA 培养基)],然后放入培养箱 37℃进行培养,为保证培养效果,培养箱需要保证恒温。为了保持培养箱湿度,可在培养箱底部放置一敞口的盛水容器,如开盖的培养皿或烧杯。典型的用于菌种制备的培养箱和摇瓶具体见图 7-5。一般经过12~18 h的生长,经检测符合要求后即可进入下一级生产。检测包括肉眼视觉检查和显微镜检测。视觉检查包括有无杂菌菌落、在斜面上生长的均匀性、颜色均一性等。显微镜检查包括菌体整齐度和菌体活力(主要依靠染色情况和个人经验判断),这一阶段在实验室完成。培养基制备一般采用湿热灭菌法,对于用到的玻璃器皿有时候采用干热灭菌法。

图 7-5 菌种斜面培养和摇瓶培养设备

　　从一级菌种接入二级菌种仍然在实验室中进行,将培养好的一级菌种,以无菌操作方法转移至二级液体菌种培养基。二级菌种一般以三角瓶作为培养容器(由于三角瓶液体培养经常在恒温振荡器上进行,而恒温振荡器俗称摇床,所以三角瓶培养在实际生产中经常称为摇瓶培养),即一级菌种为固体(培养基平板)培养,二级菌种为液体培养。一级菌种接入二级菌种的比例依各厂家和菌株而定,通常是根据经验和前期预实验结果来确定。一般来说,细菌接种比例在1%或以下,真菌接种比例在1%~5%。也可根据经验将试管斜面上的菌种以灭菌的蒸馏水、缓冲液或液体培养基洗下,全部接入三角瓶,也可以只接入一个接种环的量。二级菌种在摇床里,37℃、200 r/min培养16~18 h,检测符合要求后即可进入下一级生产。检测同样包括肉眼视觉检查和显微镜检测。视觉检查包括液体的均匀度、有无沉淀及沉淀的量,可将三角瓶对着光源进行检查。二级液体菌种的检查除了试管斜面检查内容之外,应增加显微镜视野内菌数判断和分光光度计 OD 值检测。接种到车间一级种子罐的液体菌种,一般要求活菌数在 10^8 数量级之上,但是受限于检测时间,一般采用视野内菌数估测和 OD 值检测。视野内对菌数的判断很大程度上依靠经验,虽然也可以进行计算,但是计算结果和平板检测结果差别较大,仅可作为参考值。

　　对一个具体的生产用菌株来说,需要提前摸索并确定菌株的生产性能,寻找最适生产条件,获得菌种的生长曲线,这些工作可提前在小型发酵设备完成。对于生产过程来说,难以做到实时监测菌数变化,但可根据菌数和 OD 值的对应关系判断生产过程中的菌数变化,在生产时只监测OD 值就可以了。典型的枯草芽孢杆菌的生长曲线见图 7-6,注意到达指数生长期的时间。

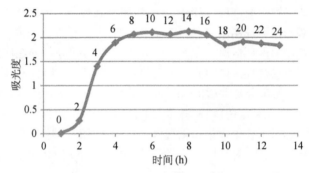

图 7-6　典型的枯草芽孢杆菌生长曲线

3. 生产设备

　　质量好的微生态制剂产品必须有好的发酵生产设备作为保证,一个液体发酵系统至少应包括发酵罐、空气系统、蒸汽系统、管路系统4个部分。一个典型的三级液体发酵工艺流程见图 7-7。

　　(1) 发酵罐:现在的液体发酵生产,均采用不锈钢材质发酵罐,多数为 SUS 304 不锈钢,在对酸碱耐受性有较高要求的场合使用 SUS 316 不锈钢,一个典型的液体发酵罐结构示意图见图 7-8。

　　发酵罐罐体通常用公称容积表示,一般要求是在位灭菌,设计压力在 0.3 MPa 以上,工作压力在 0.15 MPa 以下;主体材质一般为 SUS304 不锈钢;设有发酵罐专用取样口、出料口、灯视镜(配照明灯)、进气口、排气口、温度电极接口、pH 电极接口、DO 电极接口、消泡剂口、补酸碱口、进水及出水口、卫生级人孔及人梯等标准构件和接口;内抛光精度 Ra 0.4,外抛光精度 Ra 0.6,要求所有焊缝坚固、整齐、美观以避免锈蚀漏气。径高比通常为 1∶2.2 左右,设计装料系数为 0.6~0.8,夹套设计压力 0.3 MPa,夹套材质一般为 SUS304 不锈钢,用于温控、辅助灭菌。

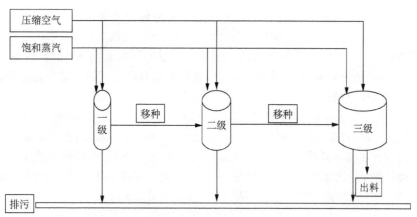

彩图 7-7　工艺管道流程图

图 7-7　工艺管道流程示意图

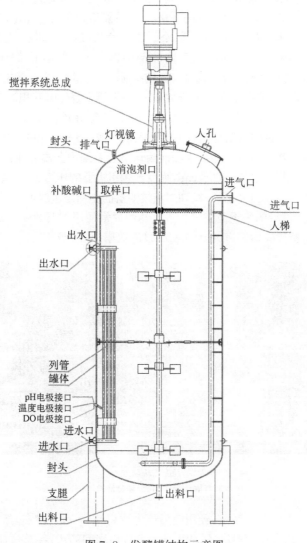

图 7-8　发酵罐结构示意图

通常采用深层通气,通气量为 1～1.6 vvm(vvm 表示每分钟通气量与罐体实际料液体积的比,以表征供氧能力)(对耗氧量大的菌种可设计为 1～2.0 vvm 或以上);加装有 0.01 μm 精度的除菌过滤器,确保安全并可独立灭菌;电机通常选用发酵罐专用宽范围、低噪音、耐高温、长寿命、恒力矩调速的国产或进口电机;电机轴端密封,确保电功能在恶劣的环境中运行;电机应装备电子平稳器,以保证电机在高低转速时均可平稳运转;电机功率视罐体积而定,如 10 000 L 的发酵罐一般配 22～25 kW 电机,转速要求在 0～200 r/min 连续平稳可调(国外发酵罐配备的搅拌系统转速更高),控制精度 ±0.5%×最高转速(可精确至 1 r/min);搅拌通常采用顶式机械搅拌系统(制药行业很多采用下搅拌方式),搅拌轴需要采用专用 SUS304 热处理不锈钢,精密加工,要求动平衡性能优良,刚性好,长期使用不变形;搅拌桨叶要求为可调式,2 层或者 3 层桨叶,一般上层采用 1 级压迫式高效消泡桨和折流挡板,中层和下层桨叶采用半圆形或平直挡板。对温度、DO 和 pH 电极的要求是可以在线监测并显示数值,并关联自动控制系统。

(2)空气系统:对于好氧型微生物的发酵来说,空气系统是发酵能否成功的关键因素。由于微生物在发酵罐里进行生长时,菌体密度高,对氧气的需求极大,必须通过专用的空气系统把空气压缩后打入发酵罐,以满足菌体生长对氧气的需求,否则不能达到最大生物量积累,影响物料的利用率。空气系统由取气口、空气压缩机、储气罐、冷干机、压力表、油水分离器、总过滤器、减压阀、分气站、一级和二级过滤器、精过滤器和相应的管路系统组成,图 7-9 展示了部分配件。取气口一般要求高度在 15 m 以上,在建设发酵车间的时候注意选择通风良好、周围空气污染较小的场地。空压机按照发酵罐总容积和菌种对空气的需求进行估算,一般需要配备发酵容积的 1.5～2 倍供气量。发酵时对供气量的衡量采用 vvm 指标,即每体积发酵液在每分钟内对空气的需求体积。例如,vvm = 1.5 表示每分钟通过空气系统向发酵罐压入发酵液 1.5 倍体积的空气。油水分离器的主要作用是将空气压缩过程中产生的冷凝水和油污从空气系统中分离并排出,保证入罐空气的洁净。空压机出口的空气压力在 6～8 kg/cm²,而发酵罐里需要的压力为 1～2 kg/cm²,所以需要通过减压阀把压力降下来。总过滤器、一级和二级过滤器的作用是过滤掉空气中的颗粒,包括空气中的杂菌,保证进入发酵罐的为无菌空气。各过滤器通常使用 SUS 304 不锈钢外壳,膜过滤,总过滤器精度 0.3 μm,精过滤器精度为 0.01 μm(过滤效率 99.9999%)。

图 7-9 空气系统部分配件
从左到右依次为压力表、精过滤器、储气罐

空气经由取气口进入空气系统,经压缩后压力达到 8 kg/cm² 左右,然后进入储气罐,在经过冷干机后温度降至接近环境温度,经油水分离器排出水和油污,经总过滤器将空气中较大的颗粒截留然后进入减压阀,将压力降至 $2\sim3$ kg/cm², 然后经过分气站(图7-10)进入各发酵罐分路,经过精滤器进一步过滤掉杂质后进入发酵罐内,通过罐底部的空气分散器将空气打碎成微小气泡后进入发酵液。

图 7-10 分气站
把压缩空气分流导入不同的设备

(3)蒸汽系统:现代发酵系统中,需要对发酵设备、管路、物料进行灭菌,以保证在发酵系统中生长的只有设定的目标菌,即纯菌发酵。另外,蒸汽系统也用于发酵罐的保温。蒸汽系统一般由蒸汽锅炉、减压阀、分气站、总过滤器、精过滤器组成。有些发酵车间靠近热电厂,使用电厂蒸汽作为发酵系统用蒸汽,可减少投资和降低发酵成本。蒸汽系统必须保证供应足够压力的饱和蒸汽,注意防止湿饱和蒸汽和过热蒸汽的形成。发酵罐属于高压设备,在灭菌过程中会阶段性形成高温和高压,所以安全问题是首先需要重视的问题。在发酵车间,蒸汽管路通常刷成红色,以提醒注意安全。

(4)管路系统:主要是连接各系统的管路,其上会设置多个通路和阀门,需要注意灭菌时不要留死角和定期检查,避免灭菌不彻底和发生安全事故。各管路系统上安装的阀门类型和数量均较多,按流体方向分有单向和双向,按结构分有蝶阀、球阀、闸阀、旋塞阀、隔膜阀、截止阀、减压阀、疏水阀等,按功能分有物料阀、清洗阀、上水阀、回水阀、调节阀等,需要对不同种类阀门的结构和功能有清晰的认识,避免由于对阀门不熟悉而操作失误造成生产事故。部分常见阀门结构具体见图 7-11,关于各种阀门的结构和操作方法,请参阅专业资料。

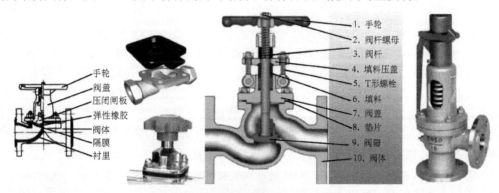

图 7-11 几种常见阀门
从左到右依次为隔膜阀、截止阀、安全阀

4. 工艺流程

枯草芽孢杆菌的生产一般至少有两级发酵,顺序为二级菌种转移至生产车间一级种子罐,经二级种子罐、生产罐进行发酵生产,有些厂家由于规模较小只设两级发酵,从种子罐直接转移入生产罐进行发酵。

枯草芽孢杆菌的发酵工艺较为成熟,典型的发酵工艺设备流程图和灭菌程序示意图见图7-12和图7-13。

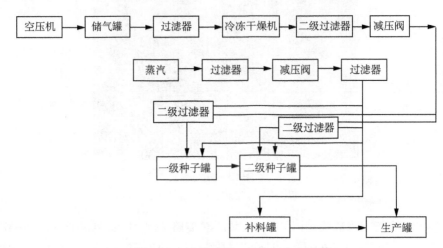

彩图 7-12 液体发酵工艺设备流程图

图 7-12 液体发酵工艺设备流程图

蓝色线路:压缩空气;红色线路:蒸汽;绿色线路:菌种;橙色线路:补料

(1)发酵罐消毒灭菌程序

1)定期检修

· 检查罐上所有阀门有无内漏现象,如有,需要及时更换或检修。

· 关闭罐底主阀⑮(罐底部负责出料的阀门),盖紧手孔,关闭排气阀⑩,升压,用肥皂水或洗衣粉水检查罐上所有阀门及法兰垫和搅拌密封有无外漏现象(气密性检查,此项工作需要提前进行并应定期检查)。

· 打开排气阀⑩卸压,检查压力表是否回零,如有异常要及时更换;打开罐底主阀⑮,打开手孔,用清水冲洗罐内壁并搅拌直至无料液残留;定期用碱水煮罐。

2)投料

· 投料前,将经校验的 pH 电极、DO 电极插入 pH 电极接口、DO 电极接口,并旋紧压紧螺母。投料进罐体后,关闭人孔,拧紧螺栓。检查所有阀门是否已经全部关闭,必须关闭图 7-13 所标识数字的阀门。

· 关闭罐底主阀⑮,放入部分清水,开搅拌,使用漏斗等工具把物料转移入罐内(禁止直接倒料入罐,避免料液洒到罐口,增加污染风险),有的厂家使用物料泵直接将物料泵入罐内;清洗料桶,把余料倒入罐内,补水至工艺要求的体积;同时开始搅拌,调整转速为 50 r/min(此数值各厂家有不同,依物料黏度、含量而有所调整);检查手孔硅胶圈是否严密,盖紧手孔。

· 每次发酵结束后、开始灭菌前,先开启㉗号夹套排污阀,再开启⑧号夹套空气进气阀,用压缩空气把夹套或列管内存留的水吹出,保持夹套或列管内无存水、无积液。吹干完成后关闭⑧号夹套空气进气阀,保持㉗号夹套排水阀微开。

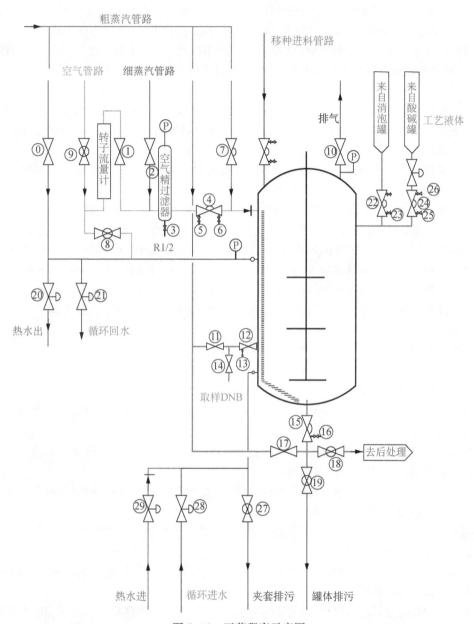

图 7-13 灭菌程序示意图

· 检查蒸汽总管减压阀位置,蒸汽压力是否确定已经减压至 0.3 MPa,确认完毕后,打开减压表后的疏水阀或小排气阀,排尽蒸汽管路内的冷凝水。

3)实消

· 夹套或列管进蒸汽,预热发酵罐,升温至 90℃。操作步骤:打开粗蒸汽管路①号蒸汽阀门,调节进汽量,观察夹套压力表,当夹套或内列管压力表显示压力值达到 0.1 MPa 时,微调①号蒸汽进气阀和㉗夹套排污阀,使其稳定在 0.1～0.15 MPa,等待 30 min 左右,观察罐内物料情况和罐内温度,等待罐内物料升温至 90℃。

• 空气精过滤器的灭菌,夹套预热升温过程中,可同时对空气管路的空气精过滤器进行灭菌,具体操作步骤:确定转子流量计后端的①号阀门在关闭状态,打开细蒸汽管路②号阀门,打开空气精过滤器下端③号小排气阀,排掉蒸汽管路中的冷凝水,并打开空气精过滤器后端的⑤号小排气阀,观察出口开始出现纯蒸汽时,微调②③⑤三个阀门,使得精过滤器内的压力保持在 0.12 MPa,保持 15～20 min。

此项操作中务必注意:因空气精过滤器是膜过滤,所以蒸汽在空气精过滤器外壳内的压力不可以超过 0.15 MPa,否则会损坏空气精过滤器,导致空气精过滤器无法达到理想的除菌效果,甚至失效。

空气精过滤器灭菌时间达到 15 min 时,先关闭③⑤两个小排气阀,再关闭细蒸汽管路②号截止阀。如此,空气精过滤器灭菌完成。

空气精过滤器灭菌完成后,需要通空气吹干过滤器滤芯,保持滤芯的干燥才能实现过滤器的无菌过滤效果,故需要:打开空气管路转子流量计前的⑨号球阀,空气进入转子流量计,再打开后端的①号截止阀,让空气进入空气精过滤器内,如此会发现过滤器顶端的压力上升至 0.2 MPa,此时打开空气精过滤器下端的③号小排气阀,排掉空气精过滤器中的冷凝水,并打开空气精过滤器后的⑤号小排气阀,排水并持续吹扫 30 min。直到过滤中再无任何水分。

水分吹干完成后关闭③⑤号两个小排气阀,空气精过滤器保压待用。如此,整个空气精过滤器灭菌完成。

• 罐体升温至 90℃ 的时候,关闭搅拌,禁止在 90℃ 以上搅拌。

关闭粗蒸汽管路①号蒸汽阀门,㉗号夹套排污阀关小。

打开⑩号罐顶排气阀。

打开粗蒸汽管路罐底⑰号罐底蒸汽阀,再打开⑮号罐底隔膜阀,调节进罐内的蒸汽量。微开⑯号和⑲号阀门,让其微微出蒸汽即可。

打开粗蒸汽管路取样口⑪号蒸汽阀,再打开取样口⑫号隔膜阀,调节进罐内的蒸汽量。微开⑬号和⑭号阀门,让其微微出蒸汽即可。

打开粗蒸汽管路⑦号隔膜阀,让蒸汽进入罐内,微开⑥号、㉓号和㉕号小排污阀,使小排污阀有微微蒸汽出来,等待罐体升压。

当罐内压力升至 0.1 MPa 后,调节进气管⑦号蒸汽阀和罐顶⑩号排气阀开度,将罐压稳定在 0.1～0.15 MPa,时间 30 min。

到达灭菌时间后,罐顶⑩号排气阀关小,再关闭进气管后面⑥号、㉓号和㉕号小排污阀,关闭粗蒸汽管路⑦号隔膜阀。

关闭出料口⑮号罐底隔膜阀,再关闭⑯号和⑲号阀门,再关闭粗蒸汽管路罐底⑰号罐底蒸汽阀。

关闭取样口⑫号隔膜阀,关闭⑬号和⑭号阀门,再关闭粗蒸汽管路取样口⑪号蒸汽阀。

4) 降温:开大罐顶⑩号排气阀,罐压降至 0.08 MPa 时,打开空气精过滤器后④号阀门(进气阀),调节进气阀开度,使进气流量不小于 1 vvm,通气一段时间后,关闭㉗号夹套排污阀,打开㉘号进水阀门和㉑号回水阀门,开启夹套循环水,降温至 50℃,然后设定所需要的发酵温度,开启温度自动控制。

5) 接种:本项工作由消毒人员、技术部菌种工作人员、看罐人员共同完成。接种前 1 h 清场,减少人员走动;消毒人员关闭车间换气风机,同时关闭窗口,拉上围布,用喷雾器将消毒液喷洒在罐的周围;接种前 30 min、10 min 分别喷洒一次;技术部做接种前最后一次菌种检测(如菌种存放在冰箱中,需提前把制备好的菌悬液从冰箱中拿出平衡至室温)。

·接种时,三方人员(技术部、生产部、质控部)到场后,消毒人员先用乙醇将接种纱布圈浸湿,然后放到一级种子罐接种口上,消毒人员关闭进气,开排气,当压力降到 0.02 MPa 左右,保持进气,维持罐内低压;关闭排气,打开排气保护蒸汽(缺此口有负压污染风险),点燃纱布圈。

·消毒工在火焰保护下旋转打开接种帽,使罐内空气从接种口排出至微出气,注意缓慢排气,避免罐内液体喷出;把接种帽取下拿开(但不得离开火焰保护范围)。

·接种人员先将菌悬液摇匀,然后解开三角瓶封口绳,打开牛皮纸,用酒精棉球擦拭手及菌悬液三角瓶外壁进行消毒,戴上耐火手套在火焰上方摘掉纱布,拔下棉塞,在火焰上方烧灼瓶口 2~3 s,然后快、稳、准地将菌悬液倒入罐中,期间瓶口要处于火焰保护范围之内,并且瓶口不可接触接种口。

·消毒人员盖上种子罐接种帽,示意看罐人员打开进气阀,将接种帽拧紧后,将火圈取下用湿布盖在上面将火熄灭。然后打开围布、窗户,开启换气风机。

·同时,看罐人员关闭排气保护蒸汽,打开排气阀门,调节空气流量、压力和转速到工艺要求的范围;各部门分别做好记录。

·填写记录。

6) 定期检修

·每月对发酵罐夹套及罐体进行打压试漏一次,确认良好后方可使用。

·每月碱水煮罐一次,根据生产情况自行安排。发生污染后必须用碱水煮罐。碱水浓度 0.5%~1%。

7) 注意事项

·实消期间注意观察液面,预防泡沫冒顶、逃液等现象发生,避免造成污染。

·染菌后由技术人员确认,经看罐人员核实后,消毒人员将发酵液灭活后排入污水处理池。

·实消过程中接种帽必须透气,在消毒过程中可来回旋转接种帽,避免产生死角。

·浸泡接种用棉圈的乙醇和消毒用的消毒液应定期更换,避免失效。

(2) 注意事项:对于发酵工艺流程来说,有一些共有问题需要特别注意,在这里列出,供生产时参考。

1) 在灭菌前提前 4~6 h(一般夏季 4 h,冬季 6 h)浸泡粉剂原料,以提高对芽孢的杀灭效果;夹套蒸汽上进下出;夹套冷却水下进上出;实消时,液面下所有开口为蒸汽入口,液面上所有开口为蒸汽出口;车间应定期进行无菌试验,以保证生产环境处于相对洁净的状态;如杂菌含量过高,应通过化学灭菌法和物理灭菌法将环境杂菌率降低至可接受的范围。

2) 所有液体发酵在培养基加入后、灭菌前按 1‰~5‰体积比加入消泡剂。

3) 手孔、视镜、法兰等必须对角上螺栓,不允许顺序上螺栓;空消、实消过程中,绝对禁止向发酵罐外壁特别是视镜上泼洒冷水。

4) 车间接种前,技术部接种人员和车间发酵人员确认对应的发酵罐编号和菌种编号是否一致,避免接错菌种。

5) 发酵结束后,电极摘下,清洗后按要求保存;电极按要求定期保养维护。

6) 发酵结束后立即清洗,避免发酵液粘在设备、管道内壁难以清洗导致污染风险增大。除生产工艺要求外,罐之间禁止传递液体;清洗结束后排空晾干;不允许发酵罐带水保持。

7) 发酵记录必须保持完整有效,每批发酵结束,发酵记录及时交付生产部或技术部。不允许发酵记录长期留存在车间;生产部和技术部应及时检查记录,并分析数据以找出问题或优化工艺。

8)发酵车间必须保持清洁。要求:铁见光、漆见底;地面不允许有积水、油污;人员必须着工作装,禁止长发披肩,禁止着短裤拖鞋;垃圾不允许过夜;空消、实消期间应着不露皮肤之服装。

5.检测和监测

对一个发酵过程来说,影响因素包括:

(1)温度:会影响菌体的生长和繁殖,也能影响酶的活性,使菌体内生理过程走向不同的代谢通路。温度还会影响发酵液的物理性质,以及菌种对营养物质的分解吸收等。

(2)pH:主要影响酶的活性和细胞膜的带电荷状况,进而影响菌体的生理活动和对营养物质的吸收利用。

(3)溶解氧:在发酵过程中菌种只能利用溶解氧,是限制好氧发酵进程的关键因素。

(4)泡沫:发酵过程中,通气、搅拌、微生物的代谢过程及培养基中某些成分的分解等,都会产生泡沫。泡沫过多会影响菌体对溶解氧的利用,假如泡沫上升到封头部分,还会增加污染的风险。但是,有些工艺保持一定厚度的泡沫(如5~10 cm)对保持发酵液理化条件稳定更有利,泡沫的保持情况应根据具体菌种和工艺而定。

(5)营养物质的浓度:发酵液中各种营养物质的浓度,如碳氮比、无机盐和维生素的浓度,会直接影响菌体的生长和代谢产物的积累。

基于以上原因,检测和监测是一次发酵能否顺利完成的重要保证,需要对关键的生产环节进行取样检测。例如,在实验室菌种转移和生产车间罐间移种之前均需要进行菌种纯度的检测。

常用检测指标包括溶解氧、pH、温度、残糖、OD值等。温度、溶解氧和pH一般是利用发酵罐上装配的溶解氧电极和pH电极实时监测,而残糖、OD值需要从发酵罐取样后带到实验室进行检测(目前已有在线监测装置,但价格较高)。一般来说,在菌种接入车间种子罐之后的6 h开始取样,以后每隔固定时间(如2 h或4 h)取样检测。如果是菌种第一次在车间生产,那么取样频率还要更高一些。

溶解氧和pH的检测方法:常用溶解氧和pH电极为梅特勒、汉密尔顿公司生产,目前国产电极精度与进口电极还有差距,在精度要求不高或者不完全依靠电极检测的情况下可以使用。溶解氧和pH电极结构见图7-14。

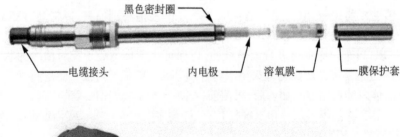

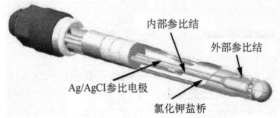

图7-14 溶解氧和pH电极结构示意图

上图为溶解氧电极,下图为pH电极

OD 值的检测方法：OD 值主要用来判断菌的浓度，因为精确地得到菌的浓度指标通常需要平板梯度稀释法检测，耗时长，不能满足生产实时对菌浓度进行检测的要求，所以采用 OD 值来估算菌浓度的方法。此项检测在 600 nm 波长下菌液的吸光度，以判断菌的发酵生长情况。第一个需要注意的是，利用 OD 值估测菌浓度的时候，首先需要提前对菌液的吸光值做一个紫外全波长扫描，确定此菌株的最大吸收波长，不同的菌的最大吸收波长可能不一定在 600 nm。第二个需要注意的是，提前做出菌的吸光度和菌浓度的对应关系，需要根据平板涂布检测结果和对应样品的吸光度来确定。第三个需要注意的是，在进行车间发酵生产的时候，由于菌液浓度较高，吸光值也会较高，可将菌液进行稀释后进行检测，一般以 OD 值为 0.2～1.0 时较为准确。另外，需要注意设定合适的空白对照，一般以空白培养基或者蒸馏水作为空白对照，对照一旦选定，在本次发酵过程中便不可更换。

残糖检测：需要根据残存糖含量来判断发酵终点或者更换发酵底物，一般用 3，5-二硝基水杨酸法（DNS 法）法检测，现在有些车间也使用高效液相色谱（high pressure chromatography，HPLC）法进行检测。

泡沫检测：一般使用泡沫电极进行检测，泡沫电极和消泡剂补充泵联动，当监测到泡沫过多时会主动请求补加消泡剂，将泡沫控制在一定的水平之下。

二、厌氧型水产微生态制剂的液体生产工艺

水产养殖上使用的液体细菌类制剂以光合细菌、乳酸菌为主，光合细菌主要包括沼泽红假单胞菌和红螺菌、紫色非硫细菌等，乳酸菌主要包括粪肠球菌、屎肠球菌、植物乳杆菌、嗜酸乳杆菌和少量双歧杆菌。液体制剂主要应用于水体水质改良、饲料营养补充和改善等方面，在使用方式上又以兑水泼洒为主、喷施饲料搅拌均匀后投喂为辅。

1. 光合细菌的生产工艺

光合细菌是地球上最古老的微生物种群之一，是具有光能合成生化系统、主要营厌氧不产氧生活的一类细菌的总称，革兰氏阴性，不形成芽孢。广泛存在于自然界的土壤、水体等光线能够透射到的区域，可以利用有机物、硫化物、氨等作为供氢体和碳源。光合细菌可以在厌氧光照或者有氧黑暗条件下进行生活，而在生产过程中，基本以厌氧光照作为主要的生产方式。

养殖池塘中，光合细菌主要存在于水体底层，当底泥中有机物较多、有硫化氢存在并且温度适宜时，光合细菌可大量繁殖。生产中使用的光合细菌株系许多来源于底泥中。光合细菌种类繁多，菌体形态有球形、杆状、螺旋状或卵圆形等，直径一般在 $0.3～0.6\ \mu m$，杆状光合细菌长度可达到 $2.0\ \mu m$。

水产用光合细菌主要有沼泽红假单胞菌、球形红假单胞菌、黄褐红螺菌、荚膜红假单胞菌、胶质红假单胞菌及万尼红微菌等。依所含叶绿素不同，光合细菌可呈现出棕色、红棕色、紫红色、紫色或者绿色等，通常生产上使用的光合细菌为深红色或紫红色、黄橙色，是由菌和培养基共同作用呈现出来的颜色。《伯杰细菌鉴定手册》（第 8 版）中将不产氧的光合细菌列为细菌门、真细菌纲、红螺菌目（Rhodospirillales）。红螺菌目下分红螺菌亚目（Rhodospirillineae）和绿菌亚目（Chlorobiineae）。红螺菌亚目下分红螺菌科（Rhodospirillaceae）和着色菌科（Chlorobiaceae），绿菌亚目下分绿硫杆菌（Chlorobiaceae）和绿色丝状杆菌（Chloroflexaceae），共 18 属，约 45 种。应用于水产养殖的沼泽红假单胞菌（*Rhodopseudomonas palustris*），属于红螺菌科、红假单胞菌属。我国农业农村部公布的允许添加的饲料微生物目录中包含了沼泽红假单胞菌。

（1）菌种的分离、保藏：培养光合细菌首先要有菌种，来源于菌种保藏中心的光合细菌需要活化、复壮等一系列操作来恢复其在自然界的生长性能，为了获得最大的生产性能和应用效果，很多企业都是自己从自然界分离菌种满足生产需要。光合细菌分离成功的关键在于选择合适的富集、分离培养基，并提供适宜光合细菌生长需要的厌氧环境及适宜的温度和光照条件。

1）采样：光合细菌广泛分布在有机物丰富的地方，如河底、湖底、海底、水田、沟渠和污水塘的泥土以及豆制品厂、淀粉厂和食品工业等废水排水沟处呈橙黄色或粉红色的泥土中，猪舍的底泥也是容易采集到光合细菌的地方。可直接用容器挖取或借用采水器或采泥器采集样品，注意选取表层下不要太深的地方，大约表土层或表水层下 10 cm 即可。

2）富集培养：采集到的样品中包含很多种类的微生物，光合细菌的数量一般不会很多，需要富集才能获得理想的菌株，富集培养均采用液体培养基。将采回的样品（土壤或水）装入透明玻璃容器、较大的试管或具塞的磨口玻璃瓶中，也可使用透明的塑料容器，倒入配制好的培养液，充分搅拌。为形成厌氧环境，可在培养容器中加入液体石蜡以隔断空气，注意加入液体石蜡时动作尽量轻缓，使液体石蜡处于表层位置，不要搅动液体。然后在温度为 25~35℃、光照为 5 000~10 000 lx 的条件下进行富集培养，经过 2~8 周的培养，在容器壁上可能会出现光合细菌菌落，甚至整个培养液长成红色。如果是从海水中采集的样品，则需要更长的富集培养时间。

光合细菌的富集培养是一项耗时和需要耐心的工作，另外还需要一点好运气。在容器内壁见到红色的菌苔或培养液变成红色，可认为富集培养获得初步成功，此时可用灭菌的小铲或勺刮取内壁的菌苔，或用吸管插入菌液中吸取红色较深的液体部分，然后放入透明玻璃瓶中，加入培养液继续进行厌氧光照培养。如此反复操作多次后，光合细菌即可成长为优势菌种，培养液呈深红色，此时富集培养成功。为了避免培养液中藻类和绿杆菌科细菌的生长繁殖，可以在光源进入的方向放置滤光片，选择使波长为 800 nm 或更长波长的光透过，可以更有效地达到富集培养的目的。

3）分离方法：富集培养成功后即可进行纯菌的分离培养。淡水光合细菌生长速度较快，在 1 周左右可以移植，海水光合细菌生长速度较慢，一般需要培养 2~3 周才能移植。分离菌种时先配制固体培养基，灭菌后倒成平板。将富集培养成功的菌液进行适当稀释，在平板上划线，然后在厌氧光照条件下培养，可用封口膜将平板之间的缝隙封住以尽量造成厌氧环境。培养温度为 25~35℃（实际分离培养时，一般选择较高的温度，如 35℃），光照为 3 000~5 000 lx，培养 2~7 d，就能长出光合细菌菌落。仔细挑取符合光合细菌特征的单菌落，继续用上述方法分离培养。反复多次，即可得到纯培养物。或者采用倾注平板的方式，取灭菌后降温至大约 45℃ 的培养基，将菌种加入培养基，摇匀，无菌倾倒平板，然后同上述条件培养。

常用富集培养基的配方为 NH_4Cl 0.1 g；$NaHCO_3$ 0.1 g；K_2HPO_4 0.02 g；CH_3COONa 0.1~0.5 g；$MgSO_4 \cdot 7H_2O$ 0.02 g；NaCl 0.05~0.2 g；生长因子 1 mL，蒸馏水 97 mL，微量元素溶液 1 mL，pH 为 7.0。

说明：

A. 5% $NaHCO_3$ 水溶液：过滤除菌取 2 mL 加入无菌培养基中。

B. 生长因子：维生素 B_1 0.001 mg、尼克丁酸 0.1 mg、对氨基苯甲酸 0.1 mg、生物素 0.001 mg，以上药品溶于蒸馏水中，定容至 10 mL，过滤除菌备用。

C. 微量元素溶液：$FeCl_3 \cdot 6H_2O$ 5 mg；$CuSO_4 \cdot 5H_2O$ 0.05 mg；H_3BO_4 1 mg；$MnCl_2 \cdot$

$4H_2O$ 0.05 mg；$ZnSO_4 \cdot 7H_2O$ 1 mg；$Co(NO_3)_2 \cdot 6H_2O$ 0.5 mg。

以上试剂用蒸馏水配制，并定容至 1 000 mL。富集培养基在 121℃灭菌 20 min，然后分别无菌操作加入 A、B、C 溶液，如加入 0.1%～0.3%的蛋白胨则能促进菌的生长。常用分离培养基为 NH_4Cl 0.1 g；$MgCl_2$ 0.02 g；酵母膏 0.01 g；K_2HPO_4 0.05 g；NaCl 0.2 g；琼脂 2 g，蒸馏水90 mL。灭菌 20 min 后，无菌操作加入经过滤除菌的 0.5 g/5 mL $NaHCO_3$，再无菌加入过滤除菌的 0.1 g 或 0.1 mL $Na_2S \cdot 9H_2O$（可降低培养基的氧化还原值），最后再加入 5 mL 经过滤除菌的乙醇、戊醇或 4%丙氨酸。用过滤灭菌的 0.1 mol/L 的 H_3PO_3 调 pH 至 7.0。

（2）培养方法：光合细菌的培养，按次序分为容器、工具的消毒，培养基的制备，接种和培养管理等步骤。

1）容器、工具的消毒：在养殖生产上，用户自己培养时，一般用可以透光的塑料桶，或者在地下挖 1 个一定深度的池子，铺上塑料布后加水作为培养容器。光合细菌培养对容器和工具要求不严格，但也要尽量清洗干净，否则环境中的杂菌长成优势菌，培养就会失败。

2）培养基的制备

· 培养用水：对于淡水来源的光合细菌，菌种培养可用蒸馏水或晾晒后的自来水，生产培养可用消毒的自来水（或井水）配制。对于海水来源的光合细菌，可用天然海水或人工海水配制培养基。菌种培养基必须经过高压灭菌才可使用，生产上一般池塘养殖使用晾晒后的自来水或井水，也有使用清洁池水配置培养基的。若培养海水养殖用的光合细菌，则用天然海水配制培养基，不需要严格灭菌。

· 灭菌和消毒：培养菌种用的培养基应连同培养容器用高压蒸汽灭菌锅灭菌。小型生产性培养可把配好的培养液用合适的容器煮沸消毒。大型生产性培养则把经沉淀砂滤后的水用漂白粉（或漂白液）消毒后使用。

· 培养基配制：根据所培养种类的营养需要选择合适的培养基配方。按培养基配方称量所需物质，按顺序溶解，混合后配成培养基。或者先配成母液，使用时按比例添加后混匀即可。常用的几种生产配方：

A. 豆汁 + 0.5%苹果酸钠。

B. 豆汁 + 0.5%乳酸钠。

豆汁的制备：黄豆用洁净水煮沸半小时，降至室温后用纱布过滤备用。以上两种培养基可用于培养沼泽红假单胞菌、球形假单胞菌。

C. 酵母膏 0.5 g；氯化钠 1 g；碳酸氢钠 5 g；磷酸氢二钾 0.5 g；丙酸钠 5 g；EDTA 1 g；水 1 000 mL。此培养基可用于培养球形假单胞菌，接种量为 10%～20%。

D. 氯化铵 1 g；磷酸氢二钾 0.5 g；氯化镁 0.2 g；氯化钠 2.0 g；酵母膏 0.1 g；1% 碳酸氢钠50 mL；无水乙醇 1.5～2.0 mL；水 1 000 mL，用 0.05 mol/L 硫酸调整 pH 到 7.0，接种量为10%～20%，此培养基可用于培养沼泽红假单胞菌。

根据菌种选择对应的培养基配方，其中前两种可作为通用的光合细菌培养基。需要注意，豆汁应现煮现用，绝不能过夜后再使用，因为豆汁营养丰富，放置时间较长会繁殖大量杂菌。配制时，按照配方把所需物质称量好后逐一溶解，如果是长期培养，也可将培养基配成 10 倍或 20 倍的母液，使用时按比例稀释即可。但是，这种情况下应注意母液的培养基一定要经过严格灭菌，否则极易污染杂菌。

3）接种和培养管理：培养基配好后，为减少污染，应立即进行接种。生产上由于培养基很少经过严格灭菌，而且光合细菌生长对条件要求比较苛刻（厌氧、光照），所以接种量应采用较高比例,最好在 20%～50%,至少 10%,即菌种量至少占到总培养液的 1/10。如果是敞口培养,则接种量最好要在 20% 以上。一般为 20%～50%,即菌种母液量和新配培养液之比为(1∶4)～(1∶1),不应低于 20%,尤其是开放式微气光照培养,接种量更应高些,否则光合细菌在培养液中很难占绝对优势,影响培养的最终产量和质量。

光合细菌的大量培养通常采用全封闭式厌氧光照培养和开放式微气光照培养两种方式,图 7-15 为光合细菌的日光塑料桶培养。

图 7-15　光合细菌的日光塑料桶培养

• 全封闭式厌氧光照培养:可采用无色透明的玻璃容器或塑料薄膜袋,洗净后装入配制好的培养液,接入 20%～50% 的菌种母液,尽量使整个培养容器全部充满培养液(即尽量减少氧气),加盖或扎紧袋口,造成厌氧的培养环境,置于有阳光的地方或用人工光源进行照射,定时搅动,在适宜的温度下,一般经过 5～10 d 的培养(如果温度低培养时间还要增加),即可达到指数生长期的高峰,此时可采收或进一步扩大培养。

• 开放式微气光照培养:一般采用容量为 100～200 L 的塑料桶为培养容器。在桶底部布置气石,培养时微充气、使桶内的光合细菌呈上下缓慢翻动。通常在桶的正上方距水面 30 cm 左右安装一个有灯罩的白炽灯泡,使液面光照度达 2 000 lx 左右。培养前先把容器消毒,加入配制好的培养液,接入 20%～50% 的菌种母液,开灯照明,微充气培养。在适宜的温度下,一般经 7～10 d 的培养,即可达到指数生长期高峰,此时,可进行采收或进一步扩大培养。

两种培养方式相比,全封闭式厌氧光照培养方式较为理想,主要是厌氧条件下可减少杂菌的繁殖机会;开放式微气光照培养方式虽然设备比较简单,易于大量培养,但杂菌污染风险大,培养达到的菌细胞密度也低。

• 发酵罐法:因为光合细菌可在有氧黑暗的条件下进行生长,所以这是一种新的生产方式,目前采用的厂家较少,但是从提高产量的角度来说,这是一个发展方向。

(3) 培养管理:光合细菌的培养过程中,管理工作包括日常操作和检测、生长情况的观察和检查、问题的分析和处理等几个方面。

1) 日常操作和检测

• 搅拌和充气:光合细菌培养过程中极易发生菌体沉淀或者贴壁,沉淀的菌体不能接收足够的光照继续生长繁殖,贴壁的菌体会影响中间部分的菌体接收阳光照射,所以必须定期进行搅拌,使菌体悬浮,以帮助沉淀的光合细菌上浮获得光照,并使中心部位的菌体得到足够的光照,保持菌细胞的良好生长。特别是在贴壁的情况下,会极大影响阳光投射,造成培养的菌液浓度低,菌体活力差。有些厂家采用驯化后的菌株,菌体在培养时多数为悬浮状态,这种菌种是比较好的情况,如能采购,哪怕价格高一点也可以接受。

光合细菌培养过程中必须充气或搅拌(实际生产中多采用搅拌的方式),小型全封闭式厌氧光照培养常用人工摇动培养容器的方法使菌细胞上浮,每天至少摇动 3 次,定时进行。大型全封闭式厌氧光照培养则用机械搅拌器或使用小水泵使水缓慢循环运转,保持菌体悬浮。开放式微气光照培养是通过充气帮助菌体上浮,此种方式会造成培养液中溶解氧含量增加,光合细菌繁殖受到抑制,产量下降,所以必须严格控制充气量。一般采用定时断续充气,充气量控制在 0.2~0.5 vvm,溶解氧量尽量低。

· 光照强度:培养光合细菌必须连续提供光源照射。在生产管理中,应根据需要经常调整光照强度。白天利用日光,晚上利用人工光源,条件允许的话也可完全利用人工光源。一般光照强度控制在 2 000~5 000 lx。如果光合细菌浓度较高,应把光照强度提高到 5 000~10 000 lx。

· 温度:光合细菌对温度的适应范围较广,一般在 20~45℃均能正常生长繁殖,热带地区的菌种甚至能在 45℃的温度下旺盛生长,可不必调整温度。也可通过驯化,使光合细菌生长繁殖的最适温度接近环境温度。

· 酸碱度:在培养光合细菌的过程中,必须注意酸碱度即 pH 的变化。光合细菌的大量繁殖会造成菌液的 pH 上升,可作为判断光合细菌生长是否旺盛的特征之一。但当 pH 超过最适范围甚至生长的耐受阈值时,光合细菌的生长达到顶点,随后生长下降。所以,应及时调整培养液的酸碱度,使 pH 保持在最适范围,保证光合细菌能持续生长繁殖,以获得最大产量和活菌数。为了延长光合细菌的指数生长期,提高培养基的利用率和单位水体的产量,检测和调整 pH 是非常重要的。如 pH 过高,一般采用加酸的方法来降低菌液的酸碱度,乙酸、乳酸和盐酸均可使用,最常用的是乙酸和乳酸,有时候也用果酸。

在日常的生产管理中,应每天检测菌液的 pH,当 pH 上升超出最适范围时应立即加酸调整。如果在培养过程中不检测、不调整酸碱度,当光合细菌的生长达到一定密度后 pH 可能上升到 9 以上,细菌生长受阻,此时应采收或再次扩大培养。在培养过程中不调整 pH,获得的最终活菌数较低。

2) 生长情况的观察和检查:在培养过程中,可以通过观察培养液的颜色及其变化来了解光合细菌生长繁殖的大体情况,培养液的颜色是否正常,接种后颜色是否由浅变深,均可反映光合细菌是否正常生长繁殖及繁殖速度的快慢。有条件的生产车间可通过显微镜定时检查,了解生长情况。

3) 问题的分析和处理:通过日常管理、检测、检查,了解光合细菌的生长情况,就可以结合当时环境条件的变化进行分析,找出影响光合细菌生长繁殖的主要因素,并采取相应的措施。影响光合细菌生长的因素很多,内因是菌种的优劣,外因是光照、温度、营养、杂菌污染情况和厌氧程度等外界条件。温度、光照和 pH 等都能影响光合细菌的生长,而且温度、光照和 pH 之间是互相制约的关系,温度与光照的强弱是对立统一的,所以光合细菌生长的最适条件是综合的,即温度高,光照应减弱;温度低,光照应加强。如果是温度高,光照强,菌体生长速度过快,pH 就会迅速升高,培养基产生沉淀,抑制光合细菌的生长;如果温度低,光照弱,光合细菌得不到最佳能源,生长速度也慢。经实验得出光合细菌生长的最适条件是:

· 温度为 20~25℃时,光照强度为 30 000~50 000 lx,培养基的 pH 为 7.0。

• 温度为 30～35℃时，光照强度为 3 500～5 000 lx，培养基的 pH 为 7.0。

2. 乳酸菌的生产工艺

乳酸菌指一大类在发酵过程中可以利用可发酵糖产生一定量的乳酸的细菌，乳酸菌的称谓并不是科学上的分类名称，目前包括大约 200 多个种属。乳酸菌在自然界分布广泛，在人类生活中占有重要地位。大家最熟悉的就是日常饮用的酸奶，其中含有大量的乳酸菌及其代谢产物。用于水产养殖生产的乳酸菌主要是两大类，通常是来源于动物消化道内分离的菌株，也有使用与人类食用乳酸菌相同的菌株。生产上使用的菌种主要有粪肠球菌、屎肠球菌、植物乳杆菌(图 7-16)、嗜热链球菌、保加利亚乳杆菌、干酪乳杆菌等。个别厂家还生产可以产乳酸的芽孢杆菌，如凝结芽孢杆菌(见兼性需氧型微生态制剂的液体生产工艺)。乳酸菌多数为革兰氏阳性菌，有球形、杆状等形态，链球菌属的种类常排列成链，一般宽 1～5 μm，长 5～12 μm。乳酸菌可以调节动物肠道 pH，在生产中大量使用，已成为用量仅次于芽孢杆菌的微生态制剂。

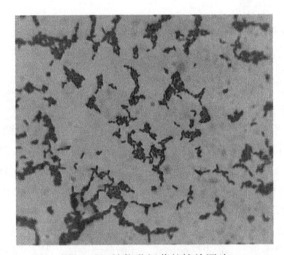

图 7-16　植物乳杆菌的镜检图片

甚少有用户自己生产乳酸菌，但是在一些大型养殖场，也有购买菌种自己扩大培养的情况。乳酸菌的生产条件要求比较严格，生长较慢，管理不好就会培养失败，所以如果没有经验，建议直接购买成品使用。

乳酸菌为液体培养生产，需要专用的容器，随着乳酸菌数量的增加，培养液的 pH 也逐渐下降，为稳定 pH，在培养过程中需要添加碳酸钙等辅料，以中和生成的乳酸，一般 pH 控制在 5～6 都是可以的。液体菌剂不适合保存和运输，所以液体产品很多情况下需要通过加载体吸附、冻干或喷干处理成粉剂之后再使用。资金充足的企业一般以冷冻干燥的方法来把液体处理成粉剂产品，这是目前为止保存乳酸菌活菌最好的处理工艺。

(1) 菌种的分离和保藏：生产上使用的乳酸菌的菌种一般来源于动物肠道分离培养，对动物肠道内菌株的分离是一项长期的和烦琐的工作。对厌氧菌的筛选，常用的有倾注平板法和烛缸法。虽然有很多菌株属于兼性厌氧型，但是实验室对乳酸菌的分离一般采用厌氧的培养方式，而在生产的时候采用微需氧的培养方式，这中间有一个驯化的过程，必须注意。

乳酸菌菌种的保藏，常采用冻干管法。操作方法为将培养好的菌种配制成 20% 脱脂牛奶(或牛血清白蛋白，BSA)溶液，分装至安瓿瓶并置于低温冰箱中，使安瓿瓶完全冷冻结实；开启冷冻干燥机之前先检查下真空泵,确认真空泵已加注真空泵油;开机,预冷,时间不少于30 min,打开真空度检测面板;打开真空泵,开始冷干过程;待真空度降至20 Pa以下,将预冻好的安瓿瓶插入冷干歧口,打开真空阀;冷干结束后用酒精喷灯或燃气喷枪将安瓿瓶颈部烧熔密封,从冷干机上取下,置于室温或冰箱保存(图7-17)。

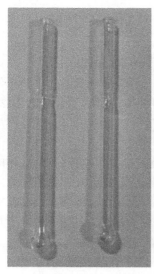

图 7-17　安瓿管及冷干机

左图为空的安瓿管;中图为制好的安瓿管菌种;右图为冷干机

(2) 生产工艺流程:严格说,乳酸菌属于厌氧但非绝对厌氧的类型细菌(少数种类如双歧杆菌为绝对厌氧菌),在生产中需要尽量提供厌氧环境,但是限于各厂家能实现的条件,实际生产中经常采用搅拌但不供氧或微供氧的方式。

三角瓶菌种可采用 MRS 培养基,生长效果好。但是,在进入车间生产的时候,由于 MRS 培养基成本较高,需要对培养基配方进行调整。可行的一个生产配方是蛋白胨5‰,乳清粉20‰,氯化钠5‰,碳酸钙1‰。在培养基中加入碳酸钙可缓冲 pH 下降的速度,提高有效活菌数。随着发酵进行,乳酸菌发酵液的 pH 逐渐下降,极端情况下可降到3.2左右,通常情况下pH 在3.5~4。在低 pH 环境下,其他杂菌难以存活,所以乳酸菌的发酵相对来说,污染杂菌的风险要小很多。乳酸菌培养过程中需要搅拌,以保证营养成分的均匀分布,一般设置搅拌转速在50 r/min 以下。乳酸菌生长所需的温度较高,视菌种不同将温度设置在 37~45℃。接种后培养48~72 h,检测 pH 在4.2以下,可结束发酵进入下一步工序。

(3) 后处理工艺:乳酸菌对温度敏感,所以其后处理不论是制成液体还是粉剂,加工过程必须注意尽量保持低温。乳酸菌液体制剂后处理工艺的一个主要操作是调质,粉剂制剂则包括包埋或胶囊化及冻干或喷干过程。调质是向发酵液中添加悬浮剂、分散剂、保护剂等辅助材料,使发酵液保持均质,菌体均匀悬浮于液体中,并增加货架期及保证使用效果。包埋或胶囊化是在调质阶段向物料中添加可以包裹在菌体外膜的物质,使在干燥过程中形成菌体胶囊,增加菌体在不良条件下的存活率和存活时间。常用的有可溶性淀粉、麦芽糊精、蛋白质粉、血清、葡萄糖、蔗糖、海藻糖等,温度对菌体的破坏作用属于物理作用,具有非特异破坏所有生物分子的特点,保护剂可以减小菌体被破坏的比例,间接起到保护作用,目前还没有生产上适用的专一性保护剂。可以使用一种保护剂,也可以使用几种保护剂的组合,一般来说,组合的保护效果好于单一的保护效果。对于乳酸菌来说,喷干过程菌体损失较大,冻干过程损失较小,但是冻干设备投资大,所以在实际生产中要根据自己的具体情况来选择设备。

三、兼性厌氧型水产微生态制剂的液体生产工艺

1. 酵母的生产工艺

酵母菌属于单细胞真菌,目前发现的酵母有 1 000 多种,在水产养殖和饲料中常用的有产朊假丝酵母、热带假丝酵母、酿酒酵母、啤酒酵母、石油酵母、毕赤酵母、海洋红酵母、黏红酵母等。生产上对酵母的利用主要考虑其增加风味、产酶的能力或者作为单细胞蛋白使用于饲料中。酵母菌的菌落大而厚,表面光滑、湿润、黏膜容易挑起,菌落质地均匀,正反面和边缘、中央部位的颜色均一,菌落多为乳白色,少数为粉色(如粉红毕赤酵母)。四区划线分离的酵母平板菌落形态和显微镜下形态见图 7-18。酵母菌出芽生殖,并且在出芽时芽体可在没有脱落母体的情况下再次进行出芽生殖,这样一个个菌体连接起来,看起来就像菌丝体一样,这样的酵母在名字中会有"假丝"两个字,即假的菌丝,如产朊假丝酵母、热带假丝酵母等,区别于丝状真菌的菌丝。在显微镜下观察处于生长旺盛期的假丝酵母,可以观察到明显的假丝出现。酵母菌营好氧或兼性厌氧生活。自然界中酵母一般生存于潮湿或有液体存在并且糖类物质含量高的环境中,如腐烂的瓜果等上面常可分离出酵母。也有一些种类的酵母生活在人体内,是人类的致病菌,如饲料行业常用的热带假丝酵母,其中有些菌株为人类条件致病菌,使用时一定注意区分。

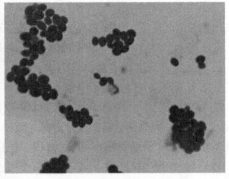

图 7-18 酵母菌的四区划线分离法及高倍显微镜下酿酒酵母的形态(×1 000)

酵母菌在水产养殖中主要用作 EM 菌制剂的一种成分,或者用作饲料原料以补充营养或者用作发酵饲料的菌种,很少单独用来调节水质。

(1)菌种制备:以产朊假丝酵母(*Candida utilis*)为例。产朊假丝酵母属真菌,细胞呈圆形、椭圆形或腊肠形,大小为$(3.5 \sim 4.5) \mu m \times (7 \sim 13) \mu m$。液体培养不产醭,底部有菌体沉淀。兼性厌氧,在有氧条件下可繁殖迅速,在无氧条件下行糖酵解途径发酵生成乙醇。在麦芽汁琼脂培养基上,菌落乳白色,平滑,有或无光泽,边缘整齐。在加盖片的玉米粉琼脂培养基上,形成原始假菌丝,不发达的假菌丝或无假菌丝;能发酵葡萄糖、蔗糖、棉子糖,不发酵麦芽糖、半乳糖、乳糖和蜜二糖。不分解脂肪,能同化硝酸盐。

斜面培养基:百利糖度为 12 的麦芽汁 1 L,琼脂粉 15~20 g。

培养条件:30℃。培养 12~18 h 后转移至三角瓶培养。斜面上的产朊假丝酵母形态具体

见图 7-19。

三角瓶培养基:玉米浆 10 mL,蛋白胨 5.0 g,磷酸二氢钾 0.3 g,硫酸铵 5.0 g,红糖 40 g。置摇床内 30℃培养,280 r/min,培养 12～18 h 后转移至车间发酵罐。

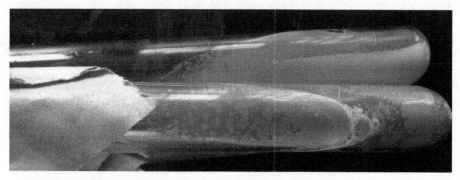

图 7-19　产朊假丝酵母在斜面上的形态

（2）工艺流程:我国在 20 世纪 50～60 年代曾由当时的轻工业部科学研究设计院发酵所主持进行过饲用酵母的生产研发,形成了比较成熟的生产工艺(图 7-20),当时用的酵母菌种编号为 1254 号(我国在 20 世纪 50～60 年代进行过全国范围的微生物普查,对调查鉴定的微生物菌种进行了编号,如 G4、5406、912 等,详情请参阅专业资料)。

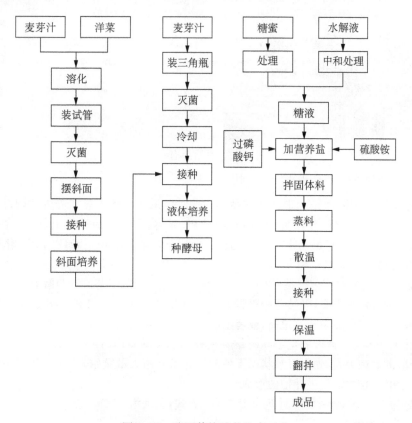

图 7-20　我国传统酵母生产工艺

液体发酵生产酵母常以糖蜜为主要原料,发酵前期采用通风有氧发酵,vvm 常设置在 1～1.5,温度为 28～30℃,此期时间为 20～30 h;然后降低通气量,vvm 设置为 0.2～0.5,行厌氧发酵,以积累代谢产物。酵母液体发酵的一个优点是可以耐受较低的 pH,一般生产上控制培养基 pH 在 5.0 左右,在此 pH 下其他菌难以活跃繁殖,可降低发生污染的概率。

2. 凝结芽孢杆菌的生产工艺

关于凝结芽孢杆菌的记录最早出现于 1915 年,1932 年科学家 L. M. Horowitz-Wlassowa 和 N. W. Nowotelnow 在其发表的科学文献中首次使用"孢子乳杆菌"(*Lactobacillus sporogenes*)来描述凝结芽孢杆菌。1980 年,学术界统一命名了凝结芽孢杆菌,确定其模式菌株为 ATCC(美国典型培养物保藏中心)7050。2005 年,凝结芽孢杆菌被中国食品药品监督管理局批准为具有整肠功效的人用药物;2013 年,凝结芽孢杆菌被中国农业部正式列入饲料中允许添加的微生物菌种目录;2018 年,凝结芽孢杆菌被增补到猫、犬饲料添加剂品种目录。因为在微生态制剂的实际使用过程中,对产酸能力和形成芽孢的能力都很重视(产酸可以调节动物肠道 pH,形成芽孢可以使菌体有能力耐受高温和强酸等不良环境,顺利到达肠道),所以既可以产酸又能形成芽孢的微生物逐渐受到重视,如凝结芽孢杆菌(图 7-21)。

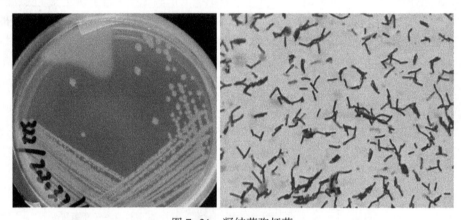

图 7-21　凝结芽孢杆菌

左图为平板培养,可见产酸形成的透明区域;右图为显微镜下视野,可见端生芽孢

(1) 菌种分离制备:凝结芽孢杆菌在菌种筛选时常采用兼性厌氧培养方式,菌落直径 1～2 mm,平坦微褶皱,在酵母膏胨葡萄糖培养基(YPD 培养基)上为淡黄至土黄色。在含有碳酸钙的培养基上可见明显产酸(图 7-21)。斜面菌种培养条件为 40～42℃,YPD 培养基(加入 3%～5%碳酸钙),培养 22～24 h。

(2) 发酵工艺:凝结芽孢杆菌(以下简称凝结)的液体发酵,工艺流程与酵母液体发酵相似,需要注意:菌种选育很重要,凝结芽孢杆菌是最近几年才应用到饲料和养殖上的菌种,菌种选育还很不成熟,很多产品杂菌率过高,或者不能形成足够的芽孢,影响使用效果,反过来影响大家对凝结芽孢杆菌这个菌种的信心。凝结芽孢杆菌的发酵生产过程中,必须注意对参数的及时调整,一般的策略为,首先在好氧状态下使凝结芽孢杆菌大量繁殖,待菌数达到 10^9 以上时,调低溶解氧和转速参数,促进芽孢的形成。

通气量为 1～1.5 vvm,发酵后期采用微供气方式,温度为 42℃。

3. EM 菌的生产工艺

EM 即有效微生物群,为多种具有一定功能的微生物组成的群体。最早由日本人比嘉照夫提出来,并于 20 世纪 70 年代开始在日本的柑橘和兰花上使用,据称效果很好。此后陆续向农业种植和养殖业推广,大约在 20 世纪 90 年代随中日交流增加而进入我国。EM 菌的理论基础来自 20 世纪 70 年代兴起的微生态理论,比嘉照夫在他的著作《拯救地球大变革》中详细论述了这一理论。该理论认为,在微生物领域,各种微生物种群相互依存,相互作用,同时与包括植物、动物、人等周围的环境相互作用,相互影响,即把宏观生态学对生态系统的理解应用在微生物及其环境中。据称 EM 菌由五大类 80 多种微生物组成,包括乳酸菌、光合细菌、酵母菌、放线菌和固氮菌。但是,根据我们实验室对目前市场上 EM 菌液的检测结果,从来没有能分离出这么多种类,一般能分离出来 4～5 种的已经属于比较好的产品了。有人认为,之所以不能把 80 多种菌全部分离出来,是因为有些菌是共生菌,只有与其他菌一起才能生存。这个理论上没有问题,但是难以实现有效生产,因此 EM 菌的具体组成还值得进一步商榷,市场上不同厂家的配方差别也较大。

目前,国内市场上 EM 菌液主要由芽孢菌类、酵母菌类和乳酸菌类微生物组成。EM 菌液多数呈现橙色、浅黄或红色,许多人认为这个颜色是因为光合细菌含量多而呈现出来的,但实际上 EM 菌液的颜色更多取决于培养基的颜色,在 EM 菌生产过程中,需要添加糖蜜或者红糖作为菌体生长的主要碳源,残糖会显现出红色或黄色。一些厂家出售 EM 菌种和培养基,由用户自行扩大培养,这种情况下一般需要加入红糖。能形成橙黄色至红色菌液的菌种有光合细菌、硝化细菌(图 7-22)及部分酵母。EM 菌中的放线菌(图 7-22)对于调节水质的主要作用是其能分泌一些抗生素类物质,可抑制水体中病原菌的生长和繁殖,但是同时也会抑制有益菌的生长繁殖,所以 EM 产品中放线菌的数量一般不会很多。酵母菌、芽孢杆菌、乳酸菌、光合细菌及放线菌所适应的环境条件不同,所以 EM 产品在生产后应尽快使用,长期储存对于产品质量有较大影响。

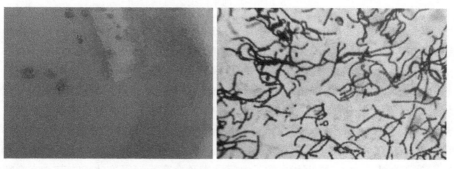

彩图 7-22 放线菌和硝化细菌

图 7-22 放线菌和硝化细菌
左:硝化细菌,可见橙黄色菌落;右:放线菌,可见形成的成串孢子

EM 菌主要用于调节水质,其作用效果却不是所含菌的作用总和。在一个特定的池塘里,由其理化环境决定的适宜于某些菌的繁殖,而不适宜另外一些菌的生长和存活,所以会出现在一些地区效果好而在另外一些地区效果差的结果。市场上的 EM 菌有时以益生菌(probiotics)的概念出现,随着研究的深入,目前的发展方向是利用菌体发酵后的活性物质而不是菌体本身来提高动物的营养吸收和免疫增强,这类新产品称为益生素/益生元,即不含活菌体的有益活性物质,多为一些寡糖类物质。严格说,EM 不是纯好氧发酵生产,为了叙述方便,把 EM 生产工艺介绍放在此部分。EM 菌液是混合菌液,其中的芽孢类细菌和酵母菌由好氧发酵完成,光合细菌、乳酸菌由厌氧发酵完成,各菌种分别完成发酵后,按配方比例在储液罐中进行混合。

由于 EM 菌使用时的侧重方向不同,各菌种的添加比例也不同,一般来说,侧重调节水质的芽孢菌类和光合细菌类比例较大,侧重饲料发酵和营养补充的酵母菌类和乳酸菌类比例较大。

第二节　水产微生态制剂固体生产工艺

随着我国水产养殖行业对微生态制剂的认识日益深入,生产工艺逐渐成熟,固体制剂因其生产和使用方便、便于储存而越来越受到重视。按照工艺路线来说,固体微生态制剂的生产有液体直接干燥成固体和液体菌种经由固态发酵(图 7-23)而成两种方式。本节从这两个方面介绍固体微生态制剂的生产工艺。

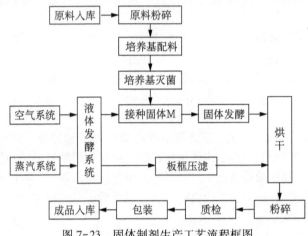

图 7-23　固体制剂生产工艺流程框图

吸附烘干方式是最简单的生产固体制剂的方式,随着对菌种认识的加深和设备制造工艺的提高,这种方式已经很少使用。在图 7-23 中,板框压滤是发酵液流经滤布,固体被阻留在滤布上,并逐渐在滤布上堆积形成过滤泥饼,滤液部分渗透过滤布,成为不含固体的清液。随着过滤过程的进行,泥饼厚度逐渐增加,过滤阻力逐渐加大。过滤时间越长,分离效率越高。特殊设计的滤布可截留粒径小于 $1~\mu m$ 的粒子。板框压滤机除了优良的分离效果和泥饼高含固率外,还可提供进一步的分离过程:在过滤的过程中可同时结合对过滤泥饼进行有效的洗涤,从而回收有价值的物质,并且可以获得高纯度的滤饼。但是,板框压滤由于操作烦琐和产生废水较多,已经逐渐淡出生产,取而代之的是喷雾干燥和冷冻干燥等方式。本节重点介绍喷雾干燥和浅盘发酵两种固体生产方式。

一、喷雾干燥固体生产工艺

1. 工艺原理及设备

生产上使用的喷雾干燥方式有离心喷雾和压力喷雾两种。离心喷雾干燥设备的工作原理为冷空气通过过滤器过滤掉大颗粒粉尘,然后进入加热器,被加热到一定温度,再进入喷雾塔顶部的空气分配器,热空气呈螺旋状均匀向塔底运行。同时,液体发酵完成后菌液进入储罐,加入载体、悬浮剂、分散剂等辅料后,经调质后经专用泵送至塔体顶部的离心雾化器,在此处与加热后的空气相遇,料液被撕裂成极小的雾状液滴,料液雾滴和热空气并流接触,同时充分进行热交换,料液所含水分迅速汽化、蒸发,在极短的时间内干燥为成品,成品由旋风分离器分离后收集,废气则由引风机排出(图 7-24)。离心喷雾设备实体图具体见图 7-25。为了获得高的活菌数指标,芽孢杆菌菌剂的生产常采用此种方式。下面以枯草芽孢杆菌为例,介绍喷雾干燥生产工艺。

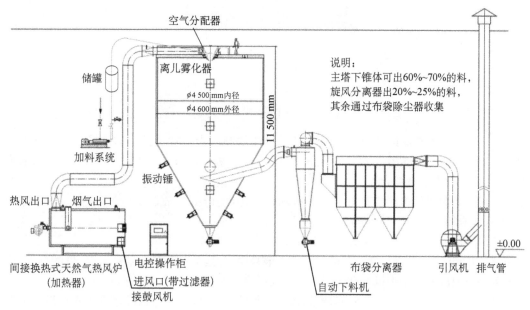

图 7-24　喷雾干燥工作原理图

图 7-25　喷雾干燥设备

图片来自北京精耕天下农业科技股份有限公司

2. 工艺流程

现在的芽孢类菌剂的粉剂产品通常采用喷雾干燥方式生产(图 7-26),可以达到很高的活菌数。例如,枯草芽孢杆菌的发酵液,传统方式生产的芽孢杆菌发酵液浓度一般可达到 100 亿/克以上,少数厂家可达到接近 200 亿/克,采用先浓缩后喷雾干燥的生产工艺,则可以得到 3 000 亿/克以上活菌数的枯草芽孢杆菌粉剂,不经过浓缩直接喷干的工艺也可以稳定生产 1 000 亿/克以上的粉剂。

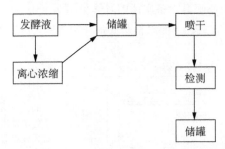

图 7-26 喷雾干燥工艺流程

以 300 型喷雾干燥设备为例,其干燥工艺的主要技术参数如下:进风温度为 180~200℃,出风温度为(85±5)℃,水分最大蒸发量为 300 kg/h,粒度为 100~200 目,物料初含水率为 75%,物料终含水率为≤5%。

喷雾干燥使用的热源有蒸汽加热和电加热两种,生产上一般以蒸汽加热为主,辅以电加热,以降低能耗。

喷雾干燥生产工艺需要注意的几个方面:

(1) 进风口温度可在 120~180℃调节,一般来说,芽孢类细菌进风温度较高;乳酸菌、酵母菌等的进风温度较低。进风温度高可以降低成品中的水分含量。

(2) 出风口温度可在 50~90℃调节,需要注意的是,发酵液从进入喷塔到出料仅需要十多秒,但是干燥后的粉体菌剂,从出料口收集后堆积在料仓,这个时间比较久,此时热量难以散发,对温度敏感的菌种,会增加热损失率。

(3) 应考虑成品制剂的配方,在应用时是以活菌体为主要成分还是以发酵过程积累的次级代谢产物为主要成分。需要考虑喷干过程中温度对活菌数和活性分子的影响情况,兼顾干燥时间和能耗。

二、固态发酵工艺

1. 固态发酵定义

固态发酵(solid state fermentation)也称固体发酵,一般被定义为微生物在潮湿固态基质上,在接近没有自由水的状态下的繁殖和生长。固态发酵以气体为连续相,液体发酵以液体为连续相,连续相的作用是传质、传热。固态发酵的基质可以是营养性底物,如麸皮、水果渣等植物性营养原料,这是传统意义上的固态发酵时使用的基质,此时底物既作为微生物生长的物理支持系统,又为微生物的生长提供营养。发酵基质也可以是惰性底物,即只提供物理支持不提供营养来源。惰性底物又分为两类:①人工合成材料如安伯来特(Amberlite)或者聚氨基甲酸酯(polyurethane);②自然惰性材料如甘蔗渣等。因为自然惰性材料在研究发酵动力学时的局限性(这种局限性主要是由自然惰性材料的非均质性造成),所以使用人工合成材料作为固态发酵的惰性底物是将来的一个发展方向。

固态发酵相比于液体发酵,具有以下优点:①原料来源广泛,价格低;②能耗低,技术工艺参数要求较低;③目标产物获得率高,次级代谢产物种类多且量大,单位体积的生产效率高;④废水很少或者没有,后处理方便,全部培养基质都可利用,环境污染少。缺点:①热量、水分、pH 难以均一化,表面发酵和内部发酵差别较大,如温度在极端情况下内外差别可达到 10℃ 以上;②进出料操作烦琐,生产规模难以放大;③后处理的活菌数难以进一步提高。

我国固态发酵历史悠久,但是近代发展缓慢,反而是日本、美国等国家对固态发酵研究较迅猛,一些现代化的固态发酵设备首先在这些国家出现了。

2.固态发酵设备

固态发酵因为比液体发酵增加了工艺,所以使用的设备也更多。但是,固态发酵以发酵液作为菌种,所以在制备液体菌种之前的设备和工艺与液体发酵相同,在此不再介绍。与固态发酵相关的设备包括固体物料蒸汽灭菌器(图 7-27)、无菌空气系统、搅拌机、粉碎机、曲盘、固态发酵箱(图 7-28)或固态发酵罐、暖气系统、鼓风机等。

图 7-27　两种固体物料蒸汽灭菌器

图 7-28　固态发酵箱和曲盘

固态发酵涉及的好氧型水产微生态制剂包括芽孢类、真菌类和放线菌类,传统的菌剂固态发酵生产采用堆积发酵、浅盘发酵、池式发酵等方式,采用机械发酵罐的可分为静态发酵和动态转鼓式、脉动式发酵。最新的固态发酵罐已经可以把投料、混合、灭菌、发酵、出料等工序整合在一台设备上,并同时提供温度、空气、水分等保障。

3.固态发酵需要注意的几个方面

(1)碳源及碳氮比:碳源与氮源及可利用性是所有发酵过程的基础,碳源代表了微生物生长过程中可用的能量来源,可以是最简单的单糖如葡萄糖,也可以是复合多聚体如纤维素或多糖。而氮源是微生物的物理结构成分,必须提供足够的装配组件,才能生产一定数量的微生物。在设计一个发酵底物配方时必须考虑:原料中碳源的可利用性(针对目标微生物来说)及这种原料对产物的贡献率。在固态发酵中,配方中通常以农业副产物或工业下脚料等天然原料为主,由于天然原料中每种成分的具体含量不清楚或不确定,必须采用"黑盒"方法对其进行评估。

（2）pH：经微生物生理作用后形成酸性物质的无机氮源称作生理酸性物质，如硫酸铵。经微生物生理作用后形成碱性物质的无机氮源称作生理碱性物质，如硝酸钠。在设计发酵培养基配比特别是考虑碳源、氮源时，要注意快速利用的碳源、氮源和慢速利用的碳源、氮源之间的相互配合，以更好地发挥各自的优势。综合选择合适的碳氮比，应注意生理酸性物质、生理碱性物质和pH缓冲剂的加入和搭配。综合考虑用量，从而保证整个发酵过程pH稳定在最佳状态。在固态发酵中，碳氮比是比较重要的因素，从实际操作的可行性来考虑，一般只控制发酵起始的pH，因为固态发酵的培养基中都会有缓冲物质，能保证pH不发生太大变化。当然，在实际操作中，还应该以自己的实践经验为主。生产中简单测量固态发酵pH的方法为，取5～10 g样品放入50 mL蒸馏水中，搅拌均匀后用pH计来测定菌悬液的pH。

（3）温度、湿度及通风：这些参数的设置和要求放在各具体发酵方式和过程中介绍，特别需要注意相对湿度、绝对湿度的设置。

三、浅盘固态发酵生产工艺

浅盘发酵是历史悠久的固态发酵方式，我国自古就有浅盘发酵制曲的传统。北魏贾思勰在《齐民要术》中对制曲技术进行了详细的描述。古代固态发酵按照用途又分为药曲、酒曲和食品。盛放固态发酵物料的浅盘称为曲盘，进行固态发酵的车间称为曲房（图7-29）。传统浅盘固态发酵的菌种以需氧真菌类微生物为主，如霉菌类、酵母类。在微生态制剂的浅盘固态发酵中，菌的种类较多，如芽孢类细菌都有浅盘发酵的例子。下面以米曲霉为例讲述固体浅盘发酵的生产工艺。

图7-29　浅盘发酵生产车间
左：移动式；右：固定式

1. 米曲霉的生物学特性及菌种制备

米曲霉（*Aspergillus oryzae*）属于真菌界、半知菌亚门、丝孢纲、丝孢目、丛梗孢科、曲霉属。孢子在合适条件下出芽萌发形成芽管，继而发展为菌丝，菌丝有横隔，为多细胞。米曲霉生长快，一周左右菌落直径可达5～6 cm，质地疏松，开始为白色、黄色，慢慢转变为褐色至淡褐绿色。菌落背面无色。分生孢子头放射状，直径一般为150～300 μm，也有少数为疏松柱状。分生孢子梗近顶囊处直径可达12～25 μm，壁薄，粗糙。顶囊近球形或烧瓶形，通常40～50 μm。

小梗一般为单层,12~15 μm,偶尔有双层,也有单、双层小梗同时存在于一个顶囊上。分生孢子幼时为梨形或卵圆形,成熟后大多变为球形或近球形,直径一般在 4.5 μm 左右,粗糙或近于光滑。自然界中米曲霉分布广泛,主要分布在粮食、发酵食品、腐败有机物和土壤等处,是我国传统酿造食品酱和酱油的生产菌种,也可用于生产淀粉酶、蛋白酶、果胶酶和曲酸等。

将保藏的米曲霉菌种取出活化,并制成斜面,在 25~28℃培养 2~3 d,在菌落从白色转为微黄时接入液体三角瓶培养成种曲,再将种曲扩大培养。试管斜面培养基可使用豆饼浸出液培养基:100 g 豆饼,加水 500 mL,浸泡 4 h,煮沸 3~4 h,纱布自然过滤,取上清液,调整至 5 波美度;每 100 mL 豆汁加入可溶性淀粉 2 g,磷酸二氢钾 0.1 g,硫酸镁 0.05 g,硫酸铵 0.05 g,琼脂 2 g,自然 pH;或采用马铃薯培养基。三角瓶菌种可使用马铃薯液体培养基。

2. 浅盘发酵工艺

(1) 工艺流程:培养基配方为麸皮 50%、糖蜜 10%、小米糠 15%、玉米面 15%、尿素 5%、大豆蛋白 5%及其他微量元素。将原料按比例称好后混匀,按料水比 1:(0.8~1)加水后混匀,按 10%接种量接入液体菌种,控制室温在 30~35℃,行有氧发酵,时间为 36 h。

(2) 发酵过程管理

1) 温度:固态发酵过程能否保持温度恒定和均一是发酵成功与否的关键因素。对于浅盘固态发酵来说,因为浅盘相互之间特别是上下层之间留有空隙,所以曲房温度相对容易控制,需要留意的是浅盘内温度的均一性。在固态发酵中,接种后物料的温度称为品温,一般需要在发酵间均匀布置测温点,监测发酵品温。对于浅盘发酵,可将用 70%乙醇擦拭过的水银温度计插入物料中,以观察品温的变化情况。固态发酵间的温度保持可通过暖气加热、电加热两种主要方式,考虑到温度的均一性,暖气加热效果好于电加热。米曲霉适宜的生长温度为 28~32℃。

2) 通气量:通气是固态发酵过程中需要注意的另一个重要因素。由于浅盘固态发酵过程中,物料处于静止状态,物料与外界的空气交换通过扩散和压力差完成。通风可以改善发酵的温度、湿度和空气供应情况,是浅盘发酵传质、散热的必要条件,必须在设计发酵工艺时考虑适当的通风设备和方式。另外,可在发酵间加设正压通风装置,在浅盘层间通过鸭嘴形供气装置主动向发酵浅盘供气。注意正压供气装置要加有风量调节功能,通常情况下要求在浅盘之间有缓慢流动的空气即可。米曲霉培养过程中,要求每天进行 2~4 次开窗通风。

3) 湿度:是液体发酵不需要考虑而固态发酵必须考虑的一个因素,因固态发酵物料中几乎没有自由水,水分含量取决于物料结合水的含量。水分过低影响微生物生长、物料膨胀和营养的分解利用;水分过高容易造成物料结块、通风不畅和增加污染风险。与湿度密切相关的一个概念是水活度(water activity, Aw),物料里含的水分包括结构水和自由水,结构水指作为原料大分子的结构成分的水分子,自由水指游离于物料之外、可以自由移动的水分子。水活度定义为处于平衡状态时气相组分中水蒸气分压与相同温度下纯水的饱和蒸汽压之比,在固态发酵中用于表征可以被微生物利用的水的比例。对于细菌类微生物来说,适合的水活度为0.95甚至更高,对于真菌类微生物来说,适合的水活度为 0.6~0.8,所以不同的水活度可用于控制不同种类微生物的生长,在固态发酵中可用来作为防止污染的方法之一。由于曲房的温度高、通风量大,浅盘物料表面失水速度很快,接种后 4~6 h 即可观察到物料表面明显的缺水,所以需要定期增加浅盘发酵间的湿度。增加湿度的两种方式:①直接向浅盘表面喷水;②向地面、墙壁和空间喷水。不论哪种方式,注意必须使用洁净的水源和少量多次喷水以避免物料结块和污染杂菌。米曲霉培养时要求曲房相对湿度在 70%。

四、固态发酵罐生产工艺

1. 设备

微生物生长过程中,需要提供并调节温度、pH、氧气等,固态发酵还需要调节湿度、基质水分等参数,传统的固态发酵产量低,主要靠人工控制,难以实现规模生产,发酵失败的风险较大。固态发酵罐(图7-30)是随着设备制造工艺提高和对固态发酵过程的认识更加深入逐渐发展起来的新型生产设备。在固态发酵罐中,可以控制温度、风量、水分等参数,最大限度地模拟微生物在自然界的生长环境,获得最佳效果。

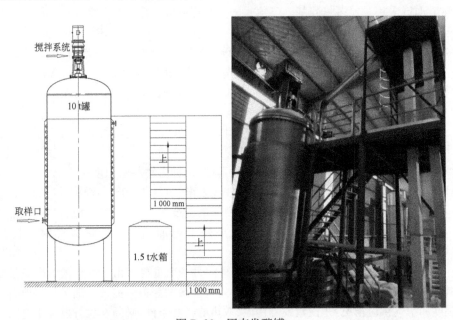

图7-30 固态发酵罐

左:示意图,显示取样口、搅拌系统、上下楼梯和水箱位置;右:实物图,显示罐体、搅拌系统和操作平台

固态发酵系统和液体发酵系统组成相似,由发酵罐、蒸汽系统、空气系统、搅拌系统、进出料系统和相应的管道系统组成。发酵罐由封头、夹套、搅拌系统及各种电极和配套管路系统组成。与液体发酵不同的是,固态发酵罐的体积一般较小,液体发酵罐可以做到 300 m^3,固态发酵罐目前用于生产的 10 m^3 的都很少见到。固态发酵由于物料的流动性差,完全靠机械搅拌造成物料的运动,所以其电极位置、取样方式等都不同于液体发酵。固态发酵由于原料难以像液体培养基一样通过管道进入罐体,一般会在封头上开孔,作为原料入口和清洗维修时的人员入口。

2. 工艺流程

对于采用固态发酵罐进行固态发酵的生产工艺,基本流程和液体深层发酵相似。

(1)菌种制备:固态发酵使用的菌种由液体发酵制备,但是从液体发酵接种固态发酵的时间需要控制在微生物的指数生长期前期和中期,而不是液体发酵至形成芽孢或产孢,这一点一定要注意。

(2)原料准备:固态发酵罐发酵的困难之一是原料难以做到彻底灭菌,因固体物料传热性差、流动性差,当蒸汽进入发酵罐后,从表层传至中心区域需要的时间久,即使有搅拌辅助混匀,也难以达到液体发酵培养基灭菌一样的效果,从而可造成灭菌时间久、灭菌不彻底。

操作程序为原料检测→粉碎→按配比称重→通过机械输送入罐→边混合边加水→密封→灭菌→降温。

具体来说,由于固态发酵存在难以彻底灭菌的风险,所以对原料的要求更高,要求选择新鲜、无霉变、营养含量高、杂菌和有毒物质含量低的原料,一般植物性原料要求收获后不超过一年。固态发酵对原料的细度要求,根据产品的不同一般选择 20~80 目。原料颗粒较大,物料间的空隙较大,对传热、通风和水分传递都有好处,但是颗粒过大会造成微生物难以进入颗粒内部,不能充分利用原料中的营养。固态发酵的配方相对来说比较简单,以植物性原料为主,有时候会额外添加微量元素。原料一般通过管道以吸力或者机械搅拌输入罐体,要求管道密封,避免粉尘外扬。原料入罐的过程中,可以边加水边开动机械搅拌,保证混合的均匀度。一般来说,固体原料和水的比例为 1∶(0.8~1.2),视不同原料有所调整。加水比例要考虑蒸汽灭菌会增加物料的水分,所以灭菌前的加水量要考虑这一因素,一般按照蒸汽灭菌增加 20%~30% 的水分估算。也可以在原料全部加完后再加水搅拌,但是切记在原料开始输入的时候即应打开机械搅拌,以避免原料加入过多,阻力较大,搅拌电机强行启动而造成损坏。原料全部入罐,密封后开始通入蒸汽。对于附加值较高、发酵过程对杂菌敏感的微生物,灭菌条件可设置为 121℃灭菌 40~60 min。实际生产过程中,灭菌温度一般会超过 121℃,经常在 125~130℃,视各工厂和操作习惯而定。对于常规的固态发酵,如对于芽孢类细菌和酵母来说,发酵温度设定在 80~100℃灭菌 30 min 即可。需要注意的是,温度过高会增加能耗,增加物料中水分,还会破坏原料中的营养成分。所以具体的灭菌条件,一定要根据菌种、原料性质和组成、成品价值几个方面综合考虑。灭菌后要尽快降温,常规的降温方式包括通风降温和夹套冷却水循环降温。注意降温过程中保持连续搅拌,使降温均匀。降温结束即可接种。

(3)接种:当降温至合适温度,就可以把液体菌种转移接种,一般通过灭菌管道移种,避免接触外界环境而带来污染。接种成功除了需要菌种健壮、足量之外,一定要注意抢温接种。这是固态发酵成功的一个关键因素,抢温接种指,当固体物料灭菌后温度降到比菌种最适生长温度高 3~5℃时即可接种,不需要等到温度完全降到最适温度。根据几十年的发酵经验,这是一个完全可行的操作,原因可能是接种固体的过程由于搅拌会带来温度的迅速降低,而高出的 3~5℃可以保证菌种接入后立即处于最适生长温度,减少从液体到固体由于环境转换造成的适应时间。

(4)发酵过程管理:固态发酵过程管理参数包括温度、通风量、水分等。温度通过夹套和通风来调整。通风量通过进气和排气阀门控制。水分通过喷水调节。对于 pH,很难做到像液体发酵那样精确调节。固态发酵取样较液体发酵简单,但是由于固态发酵难以做到发酵的均匀性,所以取到的样品代表性也较液体发酵差。固态发酵过程一般持续 2~5 d,视菌种而有差别。对于芽孢类,发酵 1 d 即可,对于酵母和乳酸菌类,发酵 2~3 d 即可。对于霉菌类,一般需要发酵 3 d 以上。

(5)后处理

1)干燥:固态发酵结束后一般直接进入干燥过程,在干燥设备中将水分降至 10% 以下,然后粉碎、检测,进行成品包装入库。应尽量减少干燥工序的操作时间,以减少在此过程中的活菌数衰减。

干燥设备种类较多,常用的固体物料干燥有流化床式干燥、管束干燥、闪蒸干燥、耙式干燥、低温真空干燥、微波干燥等方式。

闪蒸干燥的优点是干燥时间短,物料从进到出大约 20 s 即可完成干燥,缺点是能耗高(图 7-31)。

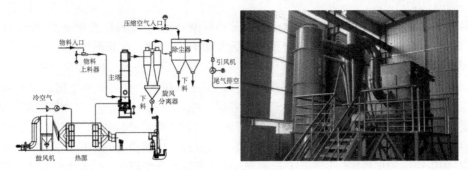

图 7-31　闪蒸干燥设备

左:示意图;右:实物图

2) 粉碎:粉碎工序对活菌数的影响较干燥工序为大。粉碎对微生物的影响主要体现在两个方面。一是粉碎过程中的高温,由于粉碎时的刀片和锤片高速旋转,在粉碎开始后的十几分钟即可检测到温度急剧升高,对于温度敏感的微生物会造成大量死亡。二是机械刀片和锤片对菌体的剪切力,会造成菌体物理结构的破坏。解决办法是在允许的情况下降低粉碎细度,减少物料在粉碎机中的停留时间;并在条件允许的情况下选择低温粉碎机,尽量保持较低的粉碎温度。

第三节　发酵污染的预防和污染后的处理

一、发酵污染的预防

一次发酵生产的成功,离不开良好的生产规范和科学的发酵工艺,缺一不可。在良好生产规范中,预防污染又是重中之重。发酵生产过程中的消毒灭菌,就是为了保证纯菌发酵而进行的工作。通过饱和蒸汽破坏微生物细胞内的蛋白质,钝化其酶系统,造成微生物死亡,实现培养系统的无菌环境,接种目标菌种从而达到纯培养的目的。发酵车间需要设消毒工岗位,专门负责消毒灭菌。

消毒灭菌工作是整个发酵工艺的基础,所有其他操作均建立在一定级别的无菌程度上。所以,对消毒工作的培训和管理是发酵工厂的首要任务。污染主要来自空气,细菌及其芽孢、霉菌孢子、噬菌体等主要污染物。

1. 消毒灭菌

常用的消毒灭菌方法有以下两种。

(1) 化学消毒法:凡是可以杀死致病菌和其他有害微生物的化学药品都是化学消毒剂。使用时应考虑以下因素:

1) 药剂浓度:适当的药剂浓度可以杀菌,低浓度的药剂是抑菌剂,高浓度的药剂则能凝固细胞膜表层,或其周围的蛋白质。

2) 处理时间:一般情况下,处理时间越长杀菌效果越好。但在停止药剂消毒开始无菌操作后,工作时间越长,带入杂菌的可能性越大。

3）细菌敏感性：不同的微生物对不同的药剂敏感性不同，取决于其结构和生理特性。

发酵工业中常用消毒剂：

1）石炭酸：常用 2%～5% 的浓度，用于器械和环境的喷雾消毒。

2）乙醇：杀菌效果和浓度有关。70% 的浓度用于皮肤消毒，皮肤消毒一定使用医用乙醇。但浓度过高杀菌效果反而差，因为高浓度乙醇会使细菌表面结构蛋白迅速凝固，阻止乙醇进入菌体而不能破坏其遗传物质。

3）甲醛（福尔马林）：主要是气体熏蒸灭菌。在发酵生产中常用于车间的定期消毒灭菌和染菌罐的处理。一般用量为 $10\ mL/m^3$。甲醛为强刺激性气体，在使用时要特别注意安全，尤其是绝对不要让甲醛气体进入眼睛。

4）甲酚皂溶液：为甲酚的肥皂溶液。用于手、器械、环境消毒及处理排泄物。其杀菌能力与苯酚相似，其石炭酸系数随成分与菌种的不同而异，处于 1.6～5，含 0.3%～0.6% 的甲酚皂溶液 10 min 能使大部分致病菌死亡，杀灭芽孢需要较高浓度和较长时间。甲酚皂溶液比石炭酸对皮肤的刺激性小，2% 的溶液常用于皮肤消毒。

5）苯扎溴铵：只有稀释浓度小的时候才有杀菌作用。一般 5% 原液使用时稀释到 0.25% 的水溶液，在发酵生产中常用于无菌室的喷雾消毒和皮肤、器械的表面消毒。

6）漂白粉：10 mL 漂白粉加 100 mL 水配制成 10% 溶液，常用于环境及发酵车间下水道、地沟等污染源的消毒。

考虑到化学消毒剂的使用局限性和价格因素，在发酵生产中仅用于无菌室、实验室及发酵车间的消毒灭菌，而不能用于设备内部和发酵培养基的消毒灭菌。

（2）物理灭菌法指辐射、干燥、过滤、温度等物理条件灭菌，主要有以下几种方法。

1）辐射：与微生物灭菌有关的射线有可见光、紫外线、X 射线、γ 射线等。其原理为多数微生物（除光合细菌外）都不需要光线，在黑暗中生长状况良好。阳光直射可以杀死许多细菌，紫外线有较强的杀菌作用，其波长范围为 150～390 nm，其中 260 nm 波长的紫外线杀菌作用最强。但紫外线的穿透力差，容易被固体吸收，不能透过普通玻璃，且其对深层、内部的微生物杀菌效果很差，故紫外线仅用于无菌室的环境空间灭菌。发酵工厂通常在通道顶部吊挂紫外线灯进行辅助灭菌。

2）干燥：微生物正常生长需要水分，细胞失水将会降低代谢活动，继续失水可使细胞内盐度增加，蛋白质可能变性，最终可能造成细胞死亡。一般微生物菌剂成品水分应在 12% 以下，如能将水分降低到 8% 以下那么在保存期的染菌率会降低很多。

3）过滤：是通过介质吸附、拦截而把微生物阻隔在无菌环境之外，不是杀灭。介质对颗粒的吸附和拦截有一个饱和量，当达到饱和时必须更换介质或对介质进行灭菌才能继续使用。

4）温度：通过高温破坏微生物的理化结构，造成微生物的死亡。常用的为饱和蒸汽，是发酵工厂通用的灭菌方式。

2. 无菌操作

无菌操作是贯穿于从实验室菌种制备到车间发酵生产全过程、所有涉及菌种的操作要求。因本部分内容不是专门讲述微生物操作，故不在此做详细介绍，仅从生产角度提出几个需要注意的地方。

（1）关于人员的无菌操作意识：所有的生产，人是最核心的因素。对参与发酵生产的人员，必须提前培训，反复强调无菌操作的意识，使无菌操作养成习惯。微生物存在于我们周围的一切环境,看不见摸不着,除了依靠物理和化学方法对环境和设备进行灭菌之外,人员必须时时具有无菌操作的意识。对关键的时间点,如进入车间之前、进入发酵区域之前、开始操作发酵设备之前、接种之前等关键环节,必须制订操作规范,对着装、工具、具体操作方法做出明确规定,统一培训,反复练习,降低因人员操作带来的污染风险。

(2)关于清洁环境的维护:环境维护包括定期消毒灭菌、定期检测洁净度。环境消毒使用前文提到的化学药品和操作方法。生产车间洁净度检测是危害分析与关键点控制(hazard analysis critical control point,HACCP)的重要内容。对于洁净度的检测,常采用如下方法:一般来说,需要对空气、地面和墙面、管道和设备表面等处的微生物存在情况进行检测。空气中的微生物数量采用沉降法检测。具体来说,采用 9 mm 培养皿制作营养肉汤平板、YPD 培养基平板,在待检测区域均匀放置,一般采用 5 点法均匀放置,每个取样点放 3 个平板,敞口 30 min 后带回实验室进行培养,观察和记录其中的微生物种类、数量等情况,对洁净度做出判断。对设备表面的检测可采用灭菌后的湿润脱脂棉擦拭后,在平板表面印迹后培养,仅作为对无菌程度的估测。

二、发酵污染后的处理

即使进行了上述所有操作和管理规程,仍然不能百分之百保证发酵生产不出现污染,在我国水产行业发酵工业起步时期,发酵特别是固态发酵污染率曾经一度高达 20% 甚至以上,现在行业污染率基本在 1‰ 以下。一旦发生污染,对涉及的污染罐和附属设备的处理直接影响到下一批生产能否顺利进行,所以必须对污染做正确处理。包括以下几点:

1. 查找污染原因

一般分为设备及管道密封性、灭菌是否彻底、人员操作失误、菌种污染噬菌体等几个原因。对管道和罐体的密封性检查,可采取如下方法:

(1)分阶段将系统打压之后密封,经过一定时间(如 24 h 或更长时间)后检查压力下降的情况。主要检查阀门故障、酸碱腐蚀两个方面。

(2)在怀疑漏气的地方涂抹肥皂水(或其他表面活性剂溶液),观察有无气泡冒出。

(3)对装有人孔的发酵罐,采取安全措施(断电、双人操作、挂安全绳等)后进入发酵罐内部,检查有无发酵残留物(如培养基或者菌丝结块粘在内壁);检查灭菌记录,看参数有无异常,确保灭菌彻底。

(4)检查人员操作记录,有条件的可在发酵区域安装视频监控,看操作是否符合规范。其中接种操作是首先要检查的环节。

(5)对菌种进行噬菌体污染检查,通过平板噬菌斑确认。如有噬菌体污染,需要从母种管重新转移活化菌种,并对环境进行彻底消毒灭菌。

2. 环境和设备消毒

对生产环境、发酵设备和附属管道进行定期消毒灭菌是一项长期工作,不论有没有污染都要执行,污染后更要严格执行灭菌操作。发现发酵过程污染后,首先要做的是封闭发酵环境,降低污染扩散的风险。对于液体发酵,关闭所有和其他工序连接的阀门,然后按照灭菌程序对发酵罐和附属管道进行灭菌,确认灭菌完成之后才能排放,这一过程在有些厂家称为"倒罐",专指污染后的发酵液排放。需要注意的是,提前通知污水处理系统工作人员,确认排放速度、是否需要稀释后排放等问题,因为发酵液有机物含量高,有可能超出污水处理系统工作负荷。废液排放后对发酵系统进行彻底清洗,然后用浓度为 0.5%～1% 的碱水煮罐 40 min,以消除污染隐患。之后再次清洗,放空备用。为保险起见,需要做空白培养检验确保没有污染后再投入使用。环境消毒包括：①环境空间，用甲酚皂溶液等消毒液对环境进行喷雾消毒，包括墙面。②设备外表：用70%乙醇喷雾并擦拭。③下水道：用石灰水或次氯酸类消毒剂进行清洗。需要注意墙角、管道死角等员不容易接触到而杂菌可能通过空气流动等附着的位置，一定不能漏掉。

第四节 水产微生态制剂的储存

水产类微生态制剂和其他微生态制剂一样，主要成分为活的微生物，所以在储存过程中必须根据其特点来确定适宜的储存条件和方法。微生态制剂在包装密封以后进入储存和使用环节，此后的菌数随时间而逐渐衰减，这是一个不可逆过程，研究储存的适宜条件和方法，目的就是减少这个衰减速率和程度。根据微生物本身的特点，需要考虑的储存条件一般有光照、温度、水分、污染等方面。对于运输特别是装卸车的时候造成的破损等情况，主要是管理问题，不在此部分讨论范围。

一、储存过程存在的问题

1. 菌数衰减

微生物制剂储存过程中要考虑的首要问题是活菌数的衰减问题，其次是有效次级代谢物含量的衰减，目前生产中关注的主要是活菌数的衰减。图7-32为某枯草芽孢杆菌液体和固体制剂在储存过程中的死亡率变化图，从图中可以看到，液体制剂在9个月左右就会损失50%左右，大约12个月之后，活菌就比较少了，只存留 $10^3/mL$ 或 $10^4/mL$ 数量级的活菌，从生产应用的角度已经没有意义了。固体制剂的衰减是一个相对缓慢的过程，在24个月时损失大约25%的活菌数。芽孢杆菌是相对来说对不良环境抵抗能力较强的菌种，其他对环境条件敏感的菌种，衰减速度更快。

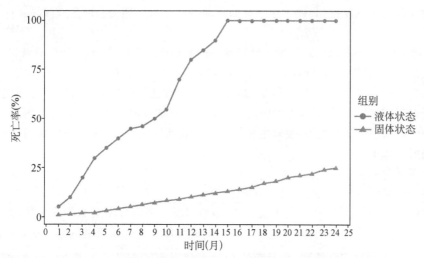

图7-32 枯草芽孢杆菌在液体和固体状态下的死亡率

2. 胀气

对液体制剂来说，胀气是很让人头疼的一件事情。胀气的原因，一是生产时发酵不彻底，包装后继续发酵产气；二是污染杂菌，发酵产气。生产上针对这两个原因的解决方法包括：首先是熟悉发酵菌种生物学特点和生产工艺，发酵至培养基中的营养成分完全被利用；其次在调质阶段可以加入抑菌剂,如叠氮钠、双乙酸钠等,或者通过调整盐度,抑制发酵过程。但是,具体到每种菌来说,需要通过试验确定最适方法。

相对固体制剂来说,液体制剂的保质期短,活菌数衰减快,究其原因主要有以下两点:

(1)液体发酵过程中难以完全利用培养基中的营养成分,成品中留有营养物质,这些营养物质和液体中存留的少量空气,在储存过程中可以被微生物直接利用,可供给需氧菌生理过程使用,从而造成二次萌发。

(2)液体环境是适合微生物特别是细菌类生长繁殖的环境,微生物难以长期保持芽孢或孢子形态,很容易二次萌发,而萌发后环境的营养和氧气条件有限,难以维持繁殖和再次形成芽孢,最终造成营养体死亡,活菌数急剧下降。

二、降低储存过程中活菌数衰减的方法

1. 制剂成品的优化

为降低储存过程中有效活菌数的衰减和损失,可以从以下几个方面着手:

(1)提高菌数冗余:在实际生产中,活菌类制剂一般会按照标准值的120%或更高来配制,以抵消一部分储存过程中的损失。根据实践经验,粉剂:芽孢类冗余量为20%,乳酸菌类冗余量为30%~50%,真菌类冗余量为20%~30%;液体:建议冗余量在100%以上,即产品出厂菌数为标准菌数的1倍以上。

(2)菌种选育和后处理过程优化

1)选育对液体环境不敏感的菌株,已筛选出可在液体环境长期保持芽孢形态的枯草芽孢杆菌。选育方法见菌种优化部分,此处不再详细讨论。

2)优化后处理过程:可以在处理过程中从多个方面对微生物制剂进行处理,以增加其抵抗不良环境的能力。例如,在发酵完成后,对微生物进行包膜处理,使菌体微胶囊化,可以降低微生物对环境的敏感性,具体方法见前面各菌种生产后处理工艺部分或参阅其他专业参考资料。

(3)增加保护剂等辅助成分:理化环境条件的影响作用是广泛的,不是针对微生物菌体的,可以在成品中增加保护剂,增加环境条件的影响对象,相对减少微生物受到的影响。主要从两个方面进行考虑:一是增加生物类似物,如可以增加惰性蛋白,常用的有乳清粉、脱脂奶粉、牛血清白蛋白等,对微生物起间接保护作用。二是可以在成品制剂中加入多孔性物质成分,如沸石粉、凹凸棒、植物性微纤维等,使微生物处于这些物质的空隙中,减少和环境的接触面积,降低二次萌发的概率。

2. 储存条件的优化

主要考虑光照、水分、温度等几个方面。

(1)光照:对于自然生活的微生物来说,多数情况下更适合黑暗的环境条件(光合细菌除外),所以不论在生产还是储存时,应尽量提供避光环境。光照带来的问题包括直接照射时其中的紫外线会杀死敏感菌株;阳光直射会造成温度升高。对于储存来说,注意选择包装时不要选择透明包装(光合细菌除外),另外必须注意不要直接照射,库房需要加装遮阳网等设施。

(2)水分:对于固体制剂来说,水分是储存中必须重视的首要问题。微生物生长的一个必需条件是环境中存在足够的水分,芽孢萌发、孢子出芽及菌的繁殖和生长都离不开水分。一般对固体制剂成品水分要求为12%以下,通常在8%~10%,好的制剂水分在6%以下,喷雾干燥

制成的粉剂甚至能达到 5% 以下。

（3）温度：是储存中的一个必须注意的问题。乳酸菌类、酵母菌类对温度较芽孢类细菌更敏感，假如温度过高，会造成菌的死亡，直接影响使用时的有效活菌数。所以，应尽量避免储存区域的温度过高，可以增加遮光减少阳光直射，减少堆叠层数，或者以多层货架的形式储存，有条件的车间可以增加通风和空调设备。

第八章　水产微生态制剂的安全性

第一节　安全性评价

一、水产微生态制剂

水产微生态制剂指在动物微生态学理论指导下,采用有益微生物,经培养、发酵、干燥等特殊工艺制成的对水产动物有益的生物制剂或活菌制剂,又称益生菌剂。

微生态制剂是最早研究出来的天然促生长添加剂,它是对动物有益的微生物经工业发酵生产的活性生物菌剂。这种菌剂加入饲料中,在动物消化道内生长,形成优势的有益群,从而提高动物的生产性能,促进生长,减少药物的使用,是一种安全无污染、无残留、效果确实的生物制剂。

水产微生态制剂按应用对象不同可分为:①饲用微生物添加剂(鱼虾等饲用微生物添加剂);②直接用于污染处理水质净化的微生物制剂,如生物净化剂;③直接用于饲料发酵的微生物制剂,如生物发酵剂。

国外命名的"probiotics",国内一般译为"益生素",而国内医学及兽医界一般译为"益生菌剂"。"probiotics"一词来源于希腊语,pro(有益、有利于)＋ bio(生命)＋ tics(制剂),因此译为益生菌剂较为合适,而译为益生素通俗易记。益生菌与益生菌剂有所不同,益生菌指不但对生物无害而且对宿主有益的活的细菌或真菌等。益生菌在生长、繁殖、培养过程中多数是活菌,也有少量死菌,当然还有代谢产物。制成的益生菌剂液状剂型包括益生活菌＋死菌＋死菌成分＋代谢产物;固状剂型包括益生活菌＋死菌＋死菌成分＋载体。

无论选择哪一个菌种,对其要求第一是安全、有益;第二是有效;第三是要易于培养,对营养要求不高;第四是耐高温、耐酸、耐碱,易投入规模化生产形成产业化;第五是有明确的微生态平衡与失调理论指导。

二、安全性的评价

安全性是对益生菌的最基本要求。为对益生菌的安全性做出客观而全面的评估,各国的研究者对此又进行了大量的研究。虽然微生态制剂在水产领域内广泛应用,其使用量不断增加,微生态制剂的安全性问题仍然是关键,特别是那些没有长时间安全使用历史的新型益生菌菌株,以及那些所在的菌属无法保证其服用安全性的益生菌。

对菌株做出正确的鉴定是益生菌安全性评价的第一步。在实验室进行的益生菌安全性评价,需要对菌株的不同特性进行测定,如对抗生素的抗性、是否生成毒性代谢产物及用以检测是否会发生从宿主肠道进入血管或组织移位的各种动物实验,还有在各种患病动物模型中益生菌的感染特性等。同时,在临床试验中,还要对益生菌的安全性进行全面而系统的评价。

关于益生菌的安全性和对动物有益的功效已有大量的科学试验证实并有足够的文献支

持,总体而言,益生菌对动物是安全的。对益生菌功能性研究的同时,也不能忽视益生菌可能导致的潜在危害。新开发的益生菌菌株在应用前,必须对菌株的安全性做充分的研究。益生菌生产企业应严格按照相关标准与法规进行益生菌菌种的选用和产品生产。由于各国对益生菌的规定不同,在国际水平上还缺乏统一的益生菌安全性评价方法和管理要求。各国研究者正在对益生菌安全性做出有益的研究和探索。相信随着研究的不断深入和全球化的不断发展,对益生菌安全性的评价和管理将逐步趋于标准化,从而推动益生菌产业健康、有序地发展下去。

第二节　安全性评价的内容和方法

一、安全性评价的内容

对微生态制剂的安全性做出客观而全面的评估,是微生态制剂使用前必须进行的步骤,其对于安全应用至关重要。在实验室进行的益生菌安全性评价,需要对菌株的不同特性进行测定,如益生菌抗生素抗性、致病基因与产生毒性代谢物、益生菌对宿主组织的黏附、血小板的凝集及溶血、对宿主防御机制的抵抗能力、胆盐降解等。另外,还有在各种患病动物模型中益生菌的感染特性等。抗生素耐药性和致病性是目前菌种安全性评价的两个重要方面。同时,在临床试验中,还要对益生菌的安全性进行全面而系统的评价。

1. 菌株的鉴定

在分类学上对益生菌菌株的准确鉴定,是对益生菌安全性评价的基础,也是益生菌安全性评价的第一步。基于对该菌株所在菌属特性认识的基础上,可以对待评价菌株的特性做出初步的判断和预测。

采用最常用而且有效的方法鉴定细菌属、种、株,并结合使用表型实验和基因分型实验方法。细菌的命名必须与通行的、科学性的名称一致。DNA-DNA 杂交是确定菌株种属的参考方法,但是该方法需要保藏大量参考菌株,可以用 16S rRNA 基因的方法替代杂交实验,并建议证实时联合运用基因分型实验与表型实验。用作鉴别菌种的表型实验包括糖发酵的生化反应和葡萄糖发酵终产物反应。菌株分型必须用可重复的基因分型方法或特殊的表型实验。使用DNA 脉冲电场凝胶电泳(pulsed-field gel electrophoresis,PFGE)对菌株进行鉴定并将其作为"金标准",结合各种方法以确定菌株鉴定的可靠性和准确性。染色体外遗传性物质(如质粒)检测,也可用于菌株的分型及特征鉴定。

2. 对益生菌安全性的体外评价方法

体外评价是针对益生菌菌株的本质性质进行研究。对用于动物的益生菌菌株而言,对其特性的体外研究是必不可少的,因此各国的研究者针对益生菌菌株的不同特性提出了多种安全性评价方法。然而需要注意的是,传统上针对致病菌的安全性评价的经典评价方式不一定适用于益生菌菌株。致病菌的致病性通常是由菌株多种特性综合表现出的。例如,某一菌株在临床上表现出相对较低的传染性,并不一定意味该菌株具有潜在致病性或在某种条件下对健康会造成危害。

(1) 益生菌抗生素抗性:对菌株抗生素耐药性的测定,是对现有的和潜在的益生菌菌株体外安全性评估的一个重要内容。在临床上,益生菌菌株对某种抗生素具有抗性通常与感染相关。益生菌基因组中含有抗生素抗性基因本身并非安全问题,只要该基因没有转移给其他菌株的可能性。而理论上含有抗生素抗性基因的益生菌可能成为潜在致病菌抗生素抗性基因的来源。同时，已有研究证实抗性基因可能在食品和肠道环境中发生转移，因此检验益生菌是否含有抗生素抗性基因是十分必要的。对将被作为益生菌使用的微生物需要系统地对抗生素抗性基因易感性进行筛选。

益生菌耐药性的测试方法主要有两种，一是对广谱抗生素的耐药性，二是耐药基因或毒力质粒的不可转移性能评估。耐药性能主要有两种形式，一是与生俱来的耐药性能，即特定种属细菌对特定抗生素的耐药性；二是获得性耐药性能，即细菌通常对特定抗生素是敏感的变为耐药的，这种耐药性是由于内源性突变或外源耐药基因转移获得的。

现今通常认为，转移的可能性大小与抗生素抗性的遗传基础相关，即该抗性的产生是天然具备的或是由染色体突变引发，或是由水平基因转移导致。自然抗药性通常是菌属或种固有的，其中最具代表性的例子就是乳酸菌对万古霉素的抗性。在某些乳杆菌中，如干酪乳杆菌、鼠李糖乳杆菌和植物乳杆菌中，细胞壁上一种五肽末端的 D-丙氨酸残基被 D-乳酸所取代，阻止了万古霉素的结合，从而对万古霉素产生了抗性。在益生菌临床使用中，天然的抗性通常与临床乳酸菌导致的菌血症的发生相关。同时，由染色体突变引发的抗生素抗性也有报道。例如，位于 23S RNA 上的一个 A 到 G 的转换型突变，就可以导致核糖体与红霉素的结合。该种突变被认为是鼠李糖乳杆菌对大环内酯类抗生素抗性的最合理解释。

抗生素抗性基因的水平转移，尤其是在活动基因成分内进行的，最有可能在不同微生物中转移，需要特别注意。区分益生菌的自然和获得性抗生素抗性基因的一个重要方式，就是通过确定和比较来自不同种的各代表菌株的抗生素耐药谱。试验中使用的方法包括抗菌梯度带法、琼脂稀释法、管碟扩散法等。尽管如此，近年来该领域在测定益生菌抗生素耐受方法的协调统一方面有了长足的进步，众多研究者提出很多关于乳酸菌和双歧杆菌抗性的新的临界点。采用新型分子生物学方法，如多种 PCR 方法，对获得性抗生素抗性从基因水平进行了说明。

益生菌具有在食品或肠道环境内转移抗生素抗性基因至致病菌中的潜在可能性，所以需要将其作为益生菌安全性评价的一个方面加以考虑。用于食品和饲料添加物的菌株必须首先通过体外试验对其相关的抗生素易感性进行检测；其次，为了区分自然抗性和获得性抗性，需要进一步测定最低抑制浓度。当一株本应对某种抗生素敏感的菌株产生抗性时，即有可能出现获得性抗性。

现今，关于益生菌的抗生素抗性还有很多问题。已有的表型数据情况与抗性的基因基础之间存在很多不一致的情况，如敏感性菌株的抗性基因通常比较容易检测到，而在非典型菌株中该基因并不是总能检测到，这表明可能存在未检测到的新型耐药基因，或在特定条件下才能被激活的沉默基因。与体外环境相比，肠道提供的条件可能更适合抗性基因的转移。在考虑益生菌抗药性风险的同时，还要注意抗生素抗性并不是益生菌所特有的，在野生型的乳酸菌和双歧杆菌中同样带有抗生素抗性基因。因此，益生菌菌株并不会比任何自然的乳杆菌和双歧杆菌在人体肠道发生抗生素转移具有更大的风险。

（2）致病基因与产生毒性代谢物：益生菌菌株的安全性评价，还需要对其含有致病基因的潜在可能性以及毒性代谢产物的产生予以评估。毒性代谢产物包括菌株产生的溶血素、溶细胞素、肠毒素和 D-乳酸等。例如，肠球菌属中的某些种通常含有致病基因，其中，在食品中作为益生菌使用的屎肠球菌不含有致病因子，而粪肠球菌是典型的多种致病基因携带者。

（3）益生菌对宿主组织的黏附：黏附对于益生菌发挥其益生作用是极其重要的，是益生菌对宿主发挥作用、定殖和对致病菌排除的先提条件，但对于致病菌而言，黏附就是一种消极的特性,常常与致病菌的移位和感染相关。哈蒂(Harty)等研究者曾提出将对乳酸菌和双歧杆菌与人体不同组织的黏附能力作为益生菌安全性体外评价的一个指标。许多益生菌菌株具有良好的可与肠上皮细胞及细胞外基质黏附的蛋白,如纤维连接蛋白。除乳酸菌外,研究者同样将双歧杆菌、肠球菌和芽孢杆菌的黏附特性作为各菌株的安全性评价指标之一。

(4)血小板凝集:有些细菌产生的血小板凝集反应,被认为是促进感染心内膜炎的因素,也被认为是病原微生物的特征之一。而一些乳酸菌同样具备血小板凝集的能力。Harty 等的研究表明,血小板的聚集能力有可能是乳酸菌普遍具备的特性。

(5)溶血作用:是致病菌的致病机制之一。Baumgartner 等曾将菌株的溶血活性作为益生菌体外安全性评价的指标之一。迄今,还没有研究证据表明乳酸菌和双歧杆菌具有溶血作用。

(6)对宿主防御机制的抵抗能力:部分益生菌的一个重要的益生作用是免疫刺激。如果益生菌能激发宿主对病原菌的抵抗,那么免疫刺激对免疫缺陷宿主是很有帮助的;然而,如果益生菌能在免疫缺陷宿主体内导致有害的炎症或自体免疫性(不能在免疫活性宿主中产生,因为免疫活性宿主有很好的抵抗机制),如益生菌引起超敏个体的超敏反应,那么免疫刺激对宿主是有害的。益生菌可能通过分泌酶分解抗生素,或将抗生素抗性基因转移给其他细菌。

对宿主防御机制的抵抗能力能够提高易位微生物的存活能力,并增加感染的可能性。因此,其也作为益生菌安全性体外评价的一个研究方面。有研究发现,益生乳酸菌与临床分离得到的与菌血症相关的乳酸菌相比,更容易被巨噬细胞吞噬。在感染性心内膜炎兔模型中显示,致病性的菌株对具有杀菌作用的氮代谢中间产物(一氧化氮、NO_2^-)等具有更强的抗性,从而在炎症病变中发挥作用。说明这些菌株对宿主天然免疫系统具有更强的抵抗能力。建议将益生菌对宿主防御机制的抵抗能力作为益生菌安全性评价的一方面加以考虑。

(7)降解胆盐:有研究发现,一些乳酸菌和双歧杆菌具有降解结合型胆盐的能力。而益生菌对胆盐的降解可能导致吸收不良,并有可能因胆盐早期解离生成胆酸而导致和促进结肠癌的发生与发展。事实上,益生菌对胆盐的降解可以降低人体血清胆固醇而对人体有健康功效,并且有一些试验数据证明益生菌对动物模型的结肠癌有一定的抑制效果。

(8)益生菌安全性评价中的动物模型:与体外研究不同,体内模型是一个复杂的动态系统,存在饲喂益生菌与宿主之间复杂的相互作用。出于科学和伦理的角度,使用动物模型进行的研究应在体外试验完全结束的情况下进行。无论是从科学或是管理的角度而言,1 株益生菌菌株在人体或动物机体广泛使用前,必须通过体内试验对其安全性进行评价。体内模型可以对菌株的毒理学、易位可能性以及对重病或免疫功能不健全宿主的影响等多方面进行评价。不同的动物模型有助于人们对益生菌功能有更好的认识,特别是在研究益生菌的作用机制时,对健康的影响及安全方面发挥极大的作用。在益生菌研究中通常使用有脊椎实验动物体内模型,最常见的模型动物是小鼠和大鼠。在兽医科学中,其他家畜或鱼类等动物也被用于益生菌的研究。

安全性是对益生菌的最基本要求。关于益生菌的安全性和对人体和动物有益的功效已有大量的科学试验证实并有足够的文献支持,总体而言,益生菌对健康人群是安全的。然而,对益生菌功能性研究的同时,也不能忽视益生菌可能导致的潜在危害。新开发的益生菌菌株在商业化前,必须对菌株的安全性做充分的研究。益生菌生产企业应严格按照相关标准与法规进行益生菌菌种的选用和产品生产。现今,由于各国对益生菌的规定不同,在国际水平上还缺乏统一的益生菌安全性评价方法和管理要求。各国研究者对益生菌安全性做出了有益的研究和探索。

二、菌种的筛选与优化

菌种选择的首要原则是安全性,其次是功能性、高效性、稳定性、易培养。一般来说,作为水产微生态制剂,其菌种必须符合以下条件:

(1) 对水产动物本身安全,即菌种病原性及其毒副作用,要评价菌种、菌株是否存在抗性基因,是否产毒及其毒力因子(如毒素、侵袭和黏附因子等)的基因(包括基因识别、编码的蛋白功能、同源百分比等),若存在编码毒力因子的基因,可能需要进一步的表型实验(如细胞毒性试验),且筛选的菌种、菌株不应与宿主体内病原微生物发生杂交反应。

(2) 菌种来源要考虑同源性和属地化,菌种来源最好是宿主的土著菌群,菌株的同源性指从水产动物肠道或水产养殖环境中分离出来的菌,生产出来后再用回去,要能保证原有的性能不变,以免受排斥作用,也不影响原先的微生态平衡,以最大限度发挥其益生功能;菌种的属地化则指菌种要从本地分离获得的,防止外来菌种的干扰。

(3) 易培养、繁殖快,竞争力强。

(4) 低 pH 的环境(无机酸、有机酸和胆汁酸)条件下的活力强,并能稳定定殖在宿主肠道内。

(5) 能产抑制病原菌的物质(乳酸、过氧化氢等)。

(6) 易获得、适应工业化生产且加工后存活率高,能稳定存在于饲料中。

(7) 功能要明确、作用机制要较为清晰。

此外,饲用水产微生态制剂在水产配合饲料生产中能真正使用,菌种应该在高温、高湿、高压的加工环境条件下保持较高的存活率。饲用水产微生态制剂菌种筛选主要流程:收集菌株研究背景资料获得菌株,评估菌株致病性、安全性、功能性、有效性及对外源性致病菌株的抑制能力,分析菌株的商业价值及发酵特性,建立产品质量标准。

安全性分析与风险评价是筛选菌种是否符合标准的先决条件,菌种适应宿主肠道环境的能力也应作为一个重要的筛选指标,如是否耐酸、胆盐和胰蛋白酶等。除此之外,将饲用水产微生态制剂加工成饲料还需要经过干燥、运输等步骤,这些因素也会造成益生菌大量死亡。

在我国,饲料用菌种作为饲料添加剂,应与其他饲料或饲料添加剂复配,由农业农村部管理,饲料评审委员会审评。菌种的致病性试验参考由全国饲料工作办公室制定的行业规范《新饲料、新饲料添加剂申报指南》:"将鉴定的菌种接种适宜的液体培养基,在适宜的条件下培养。培养完成后,以适当的剂量,经口服途径接种适宜的动物,观察 10 天,观察动物的反应及亡情况,同时进行活菌计数,确定菌种的致病性"。

三、安全性评价报告

安全性评价报告包括靶动物耐受性评价报告、毒理学安全评价报告、代谢和残留评价报告、菌株安全性评价报告。应提供由农业农村部指定的评价试验机构出具的报告,评价试验应按照农业农村部发布的技术指南或国家、行业标准进行。农业农村部暂未发布指南或暂无国家、行业标准的,可以参照世界卫生组织(World Health Organization,WHO)、国际食品法典委员会(Codex Alimentarius Commission,CAC)、经济合作与发展组织(Organization for Economic Co-operation and Development,OECD)等国际组织发布的技术规范或指南进行。安全性评价报告的出具单位不得是申报产品的研制单位、生产企业,或与研制单位、生产企业存在利害关系。

1. 靶动物耐受性评价报告

所有饲料添加剂均应提供靶动物耐受性评价报告,农业农村部技术指南、国家或行业标准规定的可以进行数据外推的情形除外。

2. 毒理学安全评价报告

毒理学相关试验包括急性毒性试验、遗传毒性试验、传统致畸试验、30 d喂养试验、亚慢性毒性试验、慢性毒性试验(包括致癌试验)等。对不同的产品类别和申报类型,按照农业农村部技术指南或国家、行业标准的规定选择需要开展的试验种类。毒理学试验包括急性经口毒性试验/致病性试验、三项遗传毒性试验、90 d经口毒性试验、致畸实验和生殖毒性试验。

毒理学数据可采用国际组织 [如联合国粮食及农业组织(Food and Agriculture Organization of the United Nations,FAO)和WHO下设的食品添加剂联合专家委员会(Joint Expert Committee Food Additiles,JECFA)]或由通过良好实验规范(good laboratory pratice,GLP)认证的实验室进行并公开发布的数据,但应保证评价对象的一致性。

3. 代谢和残留评价报告

化合物应进行代谢和残留评价,但以下情形除外:

(1)天然存在于饲用物质中,而且含量较高。

(2)化合物或代谢残留物是动物体液或组织的正常成分。

(3)可被证明是原形排泄或不被吸收。

(4)是以体内化合物的生理模式和生理盐水平被吸收。

(5)农业农村部技术指南、国家或行业标准规定的数据外推情形。

代谢和残留数据可采用国际组织(如WHO、FAO)或由通过GLP认证的实验室进行并公开发布的数据,但应保证评价对象的一致性。

4. 菌株安全性评价报告

对于微生物及其发酵制品,应进行生产菌株安全性评价。细菌的安全性评价主要是通过小鼠急性和慢性毒性试验、细菌异位试验、染色体畸变试验、溶血试验、药敏试验和骨髓细胞核试验等。

主要参考文献

艾春香,2018.丁酸梭菌的研发及其在水产配合饲料中的应用.饲料工业,39(24):1-7.

陈慧黠,韩民泳,于佳豪,等,2019.噬菌弧菌 N1 对淡水和海水养殖水体细菌群落影响 PCR-DGGE 分析.广东海洋大学学报,39(5):8-15.

陈康勇,钟为铭,高志鹏,2018.蛭弧菌在水产养殖中应用研究进展.水产科学,37(2):283-288.

陈树河,陈秋,常云胜,等,2016.复合益生菌在水产养殖中的作用机制研究进展.河南农业科学,45(4):12-18.

陈文博,许延,宋晓阳,等,2014.刺参肠道菌群和消化酶在生态养殖中的作用及研究.水产养殖,35(7):12-16.

池振明,2010.现代微生物生态学.北京:科学出版社:8-9.

崔惠敬,耿慧君,王丽丽,等,2019.噬菌体治疗海水养殖动物常见细菌性疾病的研究进展.国外医药(抗生素分册),40(5):445-450.

单颖,张亦凯,程昌勇,等,2016.斑马鱼胚胎的简易无菌培养体系及单增李斯特菌感染试验.微生物学报,56(11):1766-1775.

窦春萌,左志晗,刘逸尘,等,2016.凡纳滨对虾肠道内产消化酶益生菌的分离与筛选.水产学报,40(4):537-546.

丰文雯,吴山功,郝耀彤,等,2018.草鱼肠道黏膜厌氧细菌的分离与鉴定.水生生物学报,42(1):11-16.

冯丹,高小迪,李云凯,2021.海洋鱼类肠道微生物研究进展及应用前景.生态学杂志,40:255-265.

高鹏飞,张善亭,赵树平,等,2014.乳酸菌在水产养殖业中的应用.家畜生态学报,35(7):82-86.

宫魁,王宝杰,刘梅,等,2013.乳酸菌及其代谢产物对刺参幼体肠道菌群和非特异性免疫的影响.海洋科学,37(7):7-12.

郭建林,王友慧,叶金云,等,2011.枯草芽孢杆菌对中华绒螯蟹的生长性能和体成分的影响.饲料工业,32(22):14-17.

韩丽丽,吴娟,马燕天,等,2017.环境微生物转录组学研究进展.基因组学与应用生物学,36(12):5210-5216.

何芳芳,王海军,王雪莹,2020.纤维素酶的研究进展.造纸科学与技术,39(4):1-8.

何明清,程安春,2004.动物微生态学.成都:四川科学技术出版社:1-20,374.

何杨,2018.酵母菌在水产养殖中的应用.饲料博览,31(9):19-23.

贺国龙,刘立鹤,张恒,2012.草鱼肠道芽孢杆菌的鉴定及产酶能力分析.淡水渔业,42(4):3-8.

黄雪娇,杨冲,罗雅雪,2014.光合细菌在水污染治理中的研究进展.中国生物工程杂志,34(11):119-124.

黄业翔,莫创荣,胡文科,等,2018.光合细菌絮凝及污水净化研究.广西大学学报(自然科学版),43(5):2061-2068.

康白,2002.微生态学原理.大连:大连出版社:1-10,55-56,60-66.

康莲娣,2003.生物电子显微技术.合肥:中国科学技术大学出版社:4-145.

李凤琴,2018.食品微生物菌种安全性评估研究进展.中国食品卫生杂志,30(6):667-672.

李军训,高洁,陈坤,等,2011.嗜酸乳杆菌 LB10.16 及枯草芽孢杆菌 BS7.29 安全性评价.现代生物医学进展,11(1):22-25.

李新宇,孜力汗,张宝会,等,2016.噬菌体在水产养殖中应用的研究进展.中国农业科技导报,18(5):187-192.

李艳菲,狄桂兰,王宁,等,2020.鱼类黏液细胞研究进展.水产科学,39(1):143-150.

李一丁,2019.全球微生物遗传资源获取规则动态、中国问题与完善建议.中国科技论坛,(11):21-29.

梁春梅,高鹏飞,陈震,等,2010.益生菌 B.animailis V9 冻干粉安全性毒理学研究.中国微生态学杂志,22(6):481-488.

林艾影,王维政,陈刚,等,2020.2 种乳酸菌对军曹鱼幼鱼生长及消化酶、免疫酶活性的影响.广东海洋大学学报,40(5):112-117.

刘艳姿,2010.乳酸菌的生理功能特性及应用的研究.秦皇岛:燕山大学.

刘宇,丁倩雯,冉超,等,2020.鱼虾肠道菌群代谢产物短链脂肪酸研究进展.生物技术通报,36(2):58-64.

吕宏波,张志勇,张美玲,等,2020.水体盐度与饲料脂肪含量对尼罗罗非鱼生长、营养组成和肉质的影响.水产学报,44(7):1156-1172.

吕永辉,李明爽,2015.我国水产养殖用微生态制剂行业现状与发展策略.中国水产,34(8):34-36.

马海霞,张丽丽,孙晓萌,等,2015.基于宏组学方法认识微生物群落及其功能.微生物学通报,42(5):902-912.

马述,刘虎虎,田云,等,2012.宏转录组技术及其研究进展.生物技术通报,19(12):46-50.

孟莹莹,柏世军,2018.发酵原料在水产饲料中的研究与应用.中国畜牧杂志,54(4):146-148.

米海峰,孙瑞健,张璐,等,2015.鱼类肠道健康研究进展.中国饲料,26(15):19-22.

潘加红,彭艳,谢飞.2017.丁酸钠对水生动物的促生长作用及其机理研究进展.饲料博览,30(6):33-37.

潘树德,李学俭,边连全,2010.益生菌存在的问题及应对策略.中国畜牧兽医文摘,26(5):20-21.

潘晓光,2018.整合宏组学分析畜禽废弃物发酵过程中微生物群落的动态变化.济南:山东大学.

亓爱杰,宇凌,2019.益生菌在我国养殖业的应用及改进建议.饲料博览,(8):14-18.

乔振民,韩迎亚,刘有华,等,2020.6 种微生态制剂对鲤鱼养殖水体水质的影响.江苏农业科学,48(12):159-162.

仇明,封功能,齐志涛,等,2010.枯草芽孢杆菌对斑点叉尾鮰生长性能及消化酶活力的影响.饲料工业,31(20):15-18.

尚晋伊,刘丽萍,2018.益生元营养及应用研究现状.现代食品,24(4):52-55.

沈萍,陈向东,2016.微生物学.北京:高等教育出版社:276-286.

宋福强,2008.微生物生态学.北京:化学工业出版社:184-186.

宋梦思,潘鲁青,黄飞,等,2019.对虾肠道中产蛋白酶菌株的筛选、鉴定及其产酶特性初步研究.

海洋湖沼通报,41(6):58-67.

孙云章,2014.鱼类肠道功能微生物与益生菌开发应用策略.当代水产,39(2):83-85.

田启文,郭振,嵇乐乐,等,2019.水产养殖中益生菌研究进展.工业微生物,49(4):50-55.

王建建,施兆鸿,高权新,等,2015.野生银鲳消化道内潜在产酶益生菌产酶条件的初步研究.海洋渔业,37(6):533-540.

王金星,2018.对虾等甲壳类动物肠道与血淋巴菌群的组成、功能与动态平衡调控.微生物学报,58(5):16-28.

王淼,李忠徽,衣萌萌,等,2020.零换水条件下3种异养硝化细菌对底部充氧池塘水质和尼罗罗非鱼生长、抗氧化能力的影响.水产学报,44(7):1147-1155.

王新,吴逸飞,姚晓红,等,2014.微生态制剂对养殖后期虾池水质及细菌群落的影响.浙江农业学报,26(1):40-47.

王洋,王竞儒,白东清,等,2020.乳酸链球菌素与L-乳酸对嗜水气单胞菌的协同抑杀作用.食品工业科技,41(16):81-87.

王振华,李建臻,王迪,等,2018.益生芽孢杆菌在水产养殖中研究现状及存在问题.饲料研究,40(1):1-4,8.

向亚萍,陈志谊,罗楚平,等,2015.芽孢杆菌的抑菌活性与其产脂肽类抗生素的相关性.中国农业科学,48(20):4064-4076.

肖克宇,陈昌福,2004.水产微生物学.北京:中国农业出版社:42-43.

肖长峰,薛惠琴,卢永红,等,2020.微生物发酵技术在畜禽生产中的应用研究.中国饲料,31(9):18-21.

徐亚飞,曾新福,乐敏,等,2018.粪肠球菌在水产养殖中的应用研究进展.饲料广角,34(7):47-49.

徐志博,林振泉,陈涛,2016.大肠埃希菌中核黄素的生物合成途径改造及生产.化学工业与工程,33(2):85-90.

许合,金冯幼,刘定等,2013.枯草芽孢杆菌在对虾生产中的应用.饲料博览,4(4):40-42.

许少丹,2012.噬菌蛭弧菌应用研究进展.现代农业科技,(6):330-332.

杨移斌,余琳雪,张洪玉,等,2018.渔用微生态制剂现状分析与发展建议.中国渔业质量与标准,8(6):40-46.

曾晨爔,林茂,李忠琴,等,2020.基于16S rRNA基因扩增子测序分析日本囊对虾肠道菌群结构与功能的特征.微生物学通报,47(6):1857-1866.

张美玲,单承杰,杜震宇.2021.益生菌与鱼类肠道健康研究进展.水产学报,45(1):147-157.

张美玲,杜震宇,2016.水生动物肠道微生物研究进展.华东师范大学学报(自然科学版),62(1):1-8.

张语晨,王翠竹,张聪,2019.明确益生菌产品定义,建立行业统一框架.食品安全导刊,13(25):50-51.

张云领,徐涛,齐遵利,2018.饲料中添加酵母培养物与水体中添加枯草芽孢杆菌对南美白对虾生长性能及水质的影响.河北渔业,46(4):15-18.

赵柳兰,陈侨兰,杨淞,等,2018.大口黑鲈消化道组织结构及黏液细胞的类型和分布.四川农业大学学报,36(4):549-554.

赵彦花,区又君,李加儿,等,2019.黄唇鱼消化系统组织结构及黏液细胞的分布特征.渔业科学进展,40(40):80-88.

周德庆,2002.微生物学教程.北京:高等教育出版社:150-152.

周德庆,2011.微生物学教程.北京:高等教育出版社:251-256.

SOYUOK A, YURT MN2, ALTUNBAS O, ET AL., 2021. Metagenomic and chemical analysis of Tarhana during traditional fermentation process. Food Bioscience, 39:100824.

CHANDRA P S, PREETI C, DEEPSHI C, ET AL., 2019. Modulation of culture medium confers high-specificity production of isopentenol in *Bacillus subtilis*. Journal of bioscience and bioengineering, 127(4):458-464.

CHAUHAN A, SINGH R, 2018. Probiotics in aquaculture: a promising emerging alternative approach. Symbiosis, 77(23):99-113.

HONG K B, SEO H, LEE J, ET AL., 2019. Effects of probiotic supplementation on post-infectious irritable bowel syndrome in rodent model. BMC Complementary and Alternative Medicine, 19(1): 195.

HUANG Z B, LI X Y, WANG L P, ET AL., 2016. Changes in the intestinal bacterial community during the growth of white shrimp, *Litopenaeus vannamei*. Aquac Res, 47 (6): 1737-1746.

KELLER I S, BAYER T, SALZBURGER W, ET AL., 2018. Effects of parental care on resource allocation into immune defense and buccal microbiota in mouthbrooding cichlid fishes. Evolution, 72(5):1109-1123.

KIM J A, BAYO J, CHA J, ET AL., 2019. Investigating the probiotic characteristics of four microbial strains with potential application in feed industry. Plos one, 14(6):e0218922.

KUO H P, WANG R, LIN Y S, 2017. Pilot scale repeated fed-batch fermentation processes of the wine yeast *Dekkera bruxellensis* for mass production of resveratrol from *Polygonum cuspidatum*. Bioresource Technology, 53(243): 986-993.

LEE S, KATYA K, PARK Y, ET AL., 2016. Comparative evaluation of dietary probiotics *Bacillus subtilis* WB 60 and *Lactobacillus plantarum* KCTC3928 on the growth performance, immunological parameters, gut morphology and disease resistance in Japanese eel, *Anguilla japonica*. Fish and Shellfish Immunology, 2(61): 201-210.

LEITE A M O, MIGUEL M A L, PEIXOTO R S, ET AL., 2015. Probiotic potential of selected lactic acid bacteria strain isolated from *Brazilian kefir* grains. Journal of Dairy Science, 98(6): 3622-3632.

LIN M, ZENG C X, LI Z Q, ET AL., 2019. Comparative analysis of the composition and function of fecal-gut bacteria in captive juvenile *Crocodylus siamensis* between healthy and a norexic individuals. Microbiology Open, 8(12):e929.

LOWREY L, WOODHAMS D C, TACCHI L, ET AL., 2015. Topographical mapping of the rainbow trout (Oncorhynchus mykiss) microbiome reveals a diverse bacterial community with antifungal properties in the skin. Appl Environ Microbiol, 81(19):6915-6925.

LU Y, ZHANG Z, LIANG X, ET AL., 2019. Study of gastrointestinal tract viability and motility via modulation of serotonin in a zebrafish model by probiotics. Food and Function, 10(11):7416-7425.

MACEDO J V C, RANKE F F D B, ESCARAMBONI B, ET AL., 2020. Cost-effective lactic acid production by fermentation of agro-industrial residues. Biocatalysis and Agricultural Biotechnology, 27:101706.

MAJID E, ALVIN C R, OLIVERV B, 2021. Weak base pretreatment on coconut coir fibers for ethanol production using a simultaneous saccharification and fermentation process. Biofuels, 12(3):1-7.

MELANCON E, GOMEZ S, SICHEL S, ET AL., 2017. Best practices for germ-free derivation and gnotobiotic zebrafish husbandry. Methods in cell biology, 138:61-100.

MUKHERJEE A, CHANDRA G, GHOSH K, 2019. Single or conjoint application of autochthonous *Bacillus* strains as potential probiotics: effects on growth, feed utilization, immunity and disease resistance in Rohu, *Labeo rohita* (Hamilton). Aquaculture, 512:734302.

RUNGRASSAME W, KLANCHUI A, CHAIYAPECHARA S, ET AL., 2013. Bacterial Population in intestines of the black tiger shrimp (*Penaeus monodon*) under different growth stages. Plos one, 8(14): e60802.

SANTOS C, SILVA DE A S, COSTA C, 2021. Enzymes produced by solid state fermentation of agro-industrial by-products release ferulic acid in bioprocessed whole-wheat breads. Food Research International, 140(21):109843.

THATOI H, PRADEEP K, MOHAPATRA S, 2020. Microbial fermentation and enzyme technology. Boca Raton:CRC Press:4-29.

TIŠMA MARINA, PLANIČIĆ MIRELA, 2019. Solid-state fermentation technology and microreactor technology — Opposites that attract each other. Engineering Power: Bulletin of the Croatian Academy of Engineering, 14(3): 24-28.

VAN KESSEL M A H J, MESMAN R J, ARSHAD A, ET AL., 2016. Branchial nitrogen cycle symbionts can remove ammonia in fish gills. Environ Microbiol Rep, 8(5): 590-594.

VANCAMELBEKE M, VERMEIRE S, 2017. The intestinal barrier: a fundamental role in health and disease. Expert Rev Gastroent, 11(9): 821-834.

VEENA V, KIMBERLY A S, ANNIE W B, 2010. Regulatory oversight and safety of probiotic use. Emerging Infectious Disease, 16(11): 1661-1665.

WANG A R, ZHANG Z, DING Q W, ET AL., 2021. Intestinal Cetobacterium and acetate modify glucose homeostasis via parasympathetic activation in zebrafish. Gut Microbes, 13(1):1-15.

YAN Q Y, LI J J, YU Y H, ET AL., 2016. Environmental filtering decreases with fish development for the assembly of gut microbiota. Environ Microbiol, 18(12):4739-4754.

YU Y Y, DING L G, HUANG Z Y, ET AL., 2021. Commensal bacteria-immunity crosstalk shapes mucosal homeostasis in teleost fish. Review in Aquaculture, 4(13):1-22.

附录 1　部分微生态制剂的介绍

植 物 乳 杆 菌
Lactobacillus plantarum

【属　　　名】　乳杆菌属。

【来　　　源】　存在于许多食品中,如蔬菜、肉、乳制品及葡萄酒中,同时也存在于人体肠道中。

【菌种特征】　直杆状或弯曲杆状,菌体大小通常为$(0.9\sim1.2)\mu m \times (3.0\sim8.0)\mu m$。单个、成对或短链状。缺乏鞭毛,但能运动。菌落呈白色圆形,偶尔呈浅黄或深黄色,表面光滑凸起。革兰氏阳性,不产生芽孢。兼性厌氧。能够发酵葡萄糖、乳糖、果糖、蔗糖、L-山梨糖、麦芽糖、纤维二糖、木糖、蜜二糖、核糖、葡萄糖酸钠,当发酵原料是葡萄糖和葡萄糖酸钠时不产气。除外,植物乳杆菌具有很强的发酵碳水化合物的能力,耐盐,能够利用乳清中的残留蛋白质。最适生长温度为$30\sim38℃$,最适生长 pH 为 6.5。

【有效成分】　植物乳杆菌。

【功　　　用】　植物乳杆菌能够提高机体肠上皮 IgM 的分泌,增强机体免疫调节作用。并且可通过与病原菌竞争营养物质抑制病原菌的生长,维持肠道微生态的平衡。此外,植物乳杆菌能够去除养殖水体的藻类毒素,为水产动物营造良好的栖息环境,并且能够去除水体氨氮、亚硝酸盐等有害物质,降低有机耗氧量,间接增氧,改良水质。

【鉴别和检测方法】　参照《工业微生物实验技术手册》和《伯杰细菌鉴定手册》(第 8 版)提供的方法执行。

(1) 鉴别方法:根据细菌的生化特征进行鉴别。

(2) 检测方法:MRS 培养基组成见附表 1-1。

附表 1-1　MRS 培养基的组成成分

组成部分	含量	组成成分	含量
蛋白胨	10 g	牛肉膏	10 g
柠檬酸铵	2 g	乙酸钠	5 g
酵母粉	5 g	葡萄糖	20 g
K_2HPO_4	2 g	吐温 80	1.0 mL
$MgSO_4 \cdot 7H_2O$	0.1 g	$MnSO_4 \cdot 7H_2O$	0.05 g
琼脂粉	15 g	纯化水	1 000 mL

调整 pH 至 6.5,121℃灭菌 30 min。

将经过次活化的植物乳杆菌菌种接种于 MRS 培养基中,30℃培养。每隔一定时间采用 10 倍梯度稀释法进行平板菌落计数。

【使用方法】 将其添加于饲料与水体中使用。添加量一般为 $1 \times 10^6 \sim 1 \times 10^8$ CFU/kg。

【注意事项】 投放后的 2～3 d 不使用消毒剂、杀虫剂。

【规　　格】 一般含活菌量 1×10^8 CFU/g(mL)。

【储存方法】 密闭储存于阴凉、通风、干燥处。

屎肠球菌

Enterococcus faecium

【属　　名】 肠球菌属。

【来　　源】 存在于人及动物肠道中，为动物肠道正常菌群的一部分。常用菌种有 ATCC19434、ATCC35667 和 ATCC51559。

【菌种特征】 菌体为圆形或椭圆形，呈链状排列，成对或成短链状排列的较少，革兰氏阳性球菌，无芽孢，无鞭毛，不运动，为兼性厌氧菌，多单生，经平皿培养后可形成灰白色、不透明、表面光滑、直径为 0.5～1 mm 的圆形菌落。生长温度为 30～40℃，适宜 pH 为 5.0～7.5，最适生长温度为 35～38℃。其与氨产生相关的尿酶、氨基酸脱氨酶的种类少，酶活性亦低；而与 NH_4^+ 同化相关的谷氨酸脱氢酶、谷氨酸合酶、谷氨酰胺合成酶的活性要高得多。可发酵葡萄糖产酸，不分解鼠李糖、松三糖和山梨醇，能分解蔗糖、蜜二糖、乳糖、麦芽糖和棉子糖。

【有效成分】 屎肠球菌。

【功　　用】 可作为饲料添加剂，不但具有菌体稳定、菌体存活时间长等特色，而且所用辅助性材料具有一定的黏附性和吸附性，能使菌体较好地与辅助性材料黏合于一体。屎肠球菌菌粉可调整猪肠道菌群，促进畜禽高效增重，且生产工艺简单，成本低。粪肠球菌能产生 L-乳酸。采用酪氨酸溶液作为原料，经屎肠球菌为催化剂，在控氧条件下，经生物转化得到酪胺溶液粗品，在经析出、脱色、过滤结晶得到酪胺，酪胺可作为生化试剂，治疗偏头痛等。

【鉴别和检测方法】 参照《工业微生物实验技术手册》和《伯杰细菌鉴定手册》(第 8 版)提供的方法执行。

(1) 鉴别方法：根据细菌的生化特征进行鉴别。

(2) 检测方法：EC 培养基组成见附表 1-2。

附表 1-2　EC 培养基的组成成分

组成部分	含量	组成成分	含量
胰蛋白胨	20 g	酵母浸膏	5 g
葡萄糖	2 g	NaH_2PO_4	4 g
K_2HPO_4	4 g	琼脂	20 g
纯化水	1 000 mL		

调节 pH 为 7.4，121℃灭菌 15 min，冷却至 45～50℃后加入 NaN_3 至终质量浓度为 0.004 g/mL，2,3,5-三苯基氯化四氮唑(TTC)0.001 g/mL，倒入平板。将经过活化的菌种接种于屎肠球菌选择性培养基中，37℃培养。每隔一定时间采用无菌生理盐水以 10 倍递减依次稀释进行平板菌落计数。

【使用方法】 将其添加于饲料中，用量一般为 1×10^9 CFU/g。

【注意事项】　一般不与抗生物联用,防治降低效果。

【规　　格】　一般含活菌量$(3\sim15)\times10^9$ CFU/g(mL)

【储存方法】　密闭储存于阴凉、通风、干燥处。

嗜 酸 乳 杆 菌
Lactobacillus acidophilus

【属　　名】　乳杆菌属。

【来　　源】　最初从幼儿的粪便中分离,也可分离自青年和成人的口腔和阴道、火鸡和小鸡的肠道、小鼠的口腔和阴道。常用菌种有 ATCC11506、ATCC11749、ATCC13650、ATCC13651 和 ATCC13652 等。

【菌种特征】　杆菌,两端圆,大小通常为$(0.6\sim0.9)\mu m\times(1.5\sim6.0)\mu m$,单个、成双或呈短链状,不运动,无鞭毛,菌落通常粗糙,用显微镜观察,一般显示缠绕或绒毛丝状物,从暗影菌堆中心放射伸出,深层菌落呈发射或分枝的不规则形状,无特定的色素,革兰氏阳性,生长最适温度为$35\sim38℃$,最低温度$15℃$,最适 pH $5.5\sim6.0$,兼性厌氧,接触酶阴性,无鞭毛,不运动,细胞壁通常缺乏磷壁酸,在某些菌株中可测出少量的甘油磷壁酸,细胞中不含有任何可鉴别的己糖和戊糖,精氨酸不产氨,牛奶产酸和凝固的特性是可变的,可产 $0.3\%\sim1.9\%$乳酸,乳酸旋光性为 *DL* 型,菌体 DNA 的 G+C 含量为(36.7 ± 0.7) mol%。

【有效成分】　嗜酸乳杆菌。

【功　　用】　嗜酸乳杆菌在生长中可以产生一些抑菌物质,如有机酸。细菌素及类细菌素可以抑制肠道中有害微生物的生长繁殖(如致病性大肠埃希菌和金黄色葡萄球菌),能杀死许多有害细菌,如白色念珠菌、大肠埃希菌、沙门菌、肺炎克雷伯球菌、痢疾志贺菌、金黄色葡萄球菌、藤黄八叠球菌、产气荚膜梭菌等,起到平衡肠道菌群的作用,能产生 B 族维生素,包括叶酸、生物素、维生素 B_6 和维生素 K 等,分泌各种有益物质,如乳酸、乙酸,降低肠道 pH。

【鉴别和检测方法】　参照《工业微生物实验技术手册》和《伯杰细菌鉴定手册》(第8版)提供的方法执行。

(1) 鉴别方法:根据细菌的生化特征进行鉴别。

(2) 检测方法:MRS 培养基组成见附表 1-3。

附表 1-3　MRS 培养基的组成成分

组成部分	含量	组成成分	含量
酪蛋白胨	10 g	牛肉提取物	10 g
柠檬酸二铵	2 g	乙酸钠	5 g
酵母浸粉	5 g	葡萄糖	5 g
磷酸氢二钾	2 g	吐温-80	1.0 mL
CaCO₃	20 g	MgSO₄·7H₂O	0.58 g
琼脂	15 g	MnSO₄·7H₂O	0.25 g
纯化水	1 000 mL		

调整 pH 至 $6.2\sim6.4$,$121℃$灭菌 $15\sim20$ min。

将经过 2 次活化的菌种接种于 pH 分别调至 1.5、2.5、3.5、4.5 及胆汁盐分别调至 0.1%、

0.2%、0.3%、0.4%的 MRS 培养基中,37℃培养。每隔一定时间采用无菌生理盐水以 10 倍递减依次稀释进行平板菌落计数。

【使用方法】 将其添加于饲料或饮水中使用。在饲料中添加量一般为 1×10^8 CFU/kg。

【注意事项】 一般不与抗生素合用,否则会降低应用效果,甚至诱导嗜酸乳杆菌产生耐药性。

【规　　格】 一般含活菌量 1×10^8 CFU/g(mL)。

【储存方法】 密闭储存于阴凉、通风、干燥处。

啤 酒 酵 母

Saccharomyces Pastorianus

【属　　名】 酿酒酵母属。

【来　　源】 最初来源于水果、果汁和作物的果实中,但是商业用酵母菌与野生种有很大不同,多年来工业微生物学家已通过自己的筛选和基因操作技术对它们进行了大幅度的改造。有的来源于多种动物、人或昆虫。常见菌种有 CGMCC2.605、CGMCC2.606、CGMCC2.607、CGMCC2.1422 等。

【菌种特征】 细胞呈圆形、卵圆形或洋梨形。在幼年菌落中,细胞大小为 $(4 \sim 14)\,\mu m \times (3 \sim 7)\,\mu m$,长和宽的比是 $(1 \sim 2):1$。在麦芽汁中,沉淀表面形成环状膜。子囊孢子圆形、平滑。能利用葡萄糖、果糖、甘露糖、半乳糖、蔗糖、麦芽糖发酵,部分利用棉子糖发酵。不能利用硝酸盐。

【有效成分】 啤酒酵母。

【功　　用】 改善胃肠内的菌群比例,促进有益菌的生长与繁殖,排斥病原菌在肠黏膜表面的吸附定殖,防止毒素和废物的吸收。酵母细胞壁富含蛋白质和 B 族维生素,可直接作为营养来源为动物提供多种营养成分,且富含甘露寡糖。因此,增加胃肠对铁、锌、镁、钙等元素的吸收利用,提高饲料利用率,可以增加动物的免疫力,提高动物血液免疫球蛋白水平。

【鉴别和检测方法】 参照《真菌鉴定手册》《酵母菌的特征与鉴定手册》《新编食品微生物学》提供的方法执行。

(1) 鉴别方法:根据菌株生化特征进行鉴别。

(2) 检测方法:取产品适量,用无菌水逐级稀释,并接种在麦芽汁培养基中,25~28℃下培养 48~72 h,进行活菌计数,计算产品活菌含量。

麦芽汁培养基的制备:1 kg 大麦芽粉与 2.6 L 水混合,在 45℃下进行搅拌保持 3 h,然后温度升到 63℃保持 1 h。过滤后,120℃高压蒸汽灭菌 15 min,再过滤并加水稀释到相对密度为 1.06,pH 调整到约 5.4。对于麦芽汁琼脂,将麦芽汁相对密度调至 1.04,加入 2%琼脂(w/v),该培养基在 110℃高压蒸汽灭菌 15 min。

【使用方法】 将其添加于饲料或饮水中使用。制作青贮饲料或饲料中添加时,用量一般为 1×10^8 CFU/kg。

【注意事项】 一般不与抗真菌类药物合用,否则会影响效果。可与非抑菌或非杀真菌类饲料药物添加剂混合使用。

【规　　格】 一般含活菌量 1×10^8 CFU/g(mL)。

【储存方法】 密闭储存于阴凉、通风、干燥处。

酿 酒 酵 母
Saccharomyces cerevisiae

【属　　名】 酵母属。

【来　　源】 最初来源于烤面包或蒸馒头所剩的面团中,随着酵母计数的逐步发展,酵母已可工业化生产。

【菌种特征】 单细胞真核微生物,比细菌大,宽度可在 5 μm 左右,而长度有的可在 10 μm 左右;形态为圆形、卵圆形、椭圆形或香肠形,大小随菌种不同而有差异,以椭圆形品种较好。菌落大而厚,圆形,光滑湿润,黏性,易被挑起,无鞭毛,不运动;兼性厌氧;能发酵糖类物质进行产能;细胞壁常含有甘露聚糖;最适生长温度为 20～30℃,最适生长 pH 4.5～5.0。酵母细胞中含水 65%～70%,其中约有 15% 为游离水;含碳水化合物 35%～45%,大多以多糖的形式存在;含蛋白质 35%～45%,分单纯蛋白质和结合蛋白质两种;含脂肪 3%～5%,主要为卵磷脂和固醇;含灰分 5%～10%,以钾和磷的含量较多。此外,还含有多种维生素,以 B 族维生素的含量最多。可出芽无性生殖以及产生子囊孢子进行有性生殖。

【有效成分】 酿酒酵母。

【功　　用】 酿酒酵母是面包生产过程中最重要的微生物发酵剂和生物疏松剂,在面包生产中起关键作用。酿酒酵母作为一种食品添加剂,它能利用面团中的营养物质进行发酵,产生 CO_2 和醇类、酯类等香味成分,使面团膨松、富有弹性,并赋予面包特有的色、香、味、形,提高面团营养价值和人体营养吸收利用率等突出优点而广泛用于面包,糕点及其他面点制作中。同时,灭活的酿酒酵母菌可作为生物吸附剂用于吸附工业废水中的重金属离子。

【鉴别和检测方法】 参照《工业微生物实验技术手册》和《伯杰细菌鉴定手册》(第 8 版)提供的方法执行。

(1) 鉴别方法:根据细菌的生化特征进行鉴别。

(2) 检测方法:YPD 培养基组成见附表 1-4。

附表 1-4　YPD 培养基的组成成分

组成部分	含量	组成成分	含量
酵母膏	10 g	蛋白胨	20 g
琼脂粉	5 g	葡萄糖	20 g
纯化水	1 000 mL		

配制方法:

溶解 10 g 酵母膏、20 g 蛋白胨于 900 mL 水中,如制作平板则加入 20 g 琼脂粉;高压 115℃ 灭菌 15 min;加入 100 mL 20 g 葡萄糖(葡萄糖溶液灭菌后加入)。将经过活化的菌种在标准 YPD 培养基上培养一定时间后检测菌体量的变化,通常用 A660 的变化来表示。

【使用方法】 生产过程要保持正常的室温和面团温度在 24～30℃。不同酵母之间用量换算关系为鲜酵母:活性干酵母:即发干酵母 = 3:2:1。

【注意事项】 鲜酵母、干酵母使用前一般需要用 30～35℃ 温水活化 10～15 min;即发活性干酵母无须活化,可直接使用。

【规　　格】　一般含活菌量 2×10^{10} CFU/g。

【储存方法】　鲜酵母于 $0 \sim 4℃$ 密封储藏；干酵母可于常温阴凉处储存 $1 \sim 2$ 年；即发活性干酵母于室温阴凉处可储存 $2 \sim 3$ 年。

枯草芽孢杆菌
Bacillus subtilis

【别　　名】　深海芽孢杆菌、马铃薯芽孢杆菌、面包芽孢杆菌。

【属　　名】　芽孢杆菌属。

【来　　源】　从干草浸液中分离得到。常见菌种有 ATCC7058、ATCC7059 等。

【菌种特征】　杆状，很少成链，大小通常为 $(0.7 \sim 0.8) \mu m \times (2.0 \sim 3.0) \mu m$。染色均匀，鞭毛侧生，能运动。革兰氏阳性，芽孢呈椭圆形或柱状，中生或偏生，$0.8 \mu m \times (1.5 \sim 1.8) \mu m$，游离孢子表面着色弱。琼脂培养基上的菌落圆形或不规则形，表面色暗，变厚和不透明，可起皱，可呈奶油色或褐色，菌落的形状随培养基成分不同而有很大变化。当琼脂培养基表面潮湿时，菌落易于扩散。琼脂培养基上生长的菌苔在液体中不易扩散。在培养液中生成色暗、皱褶、完整的膜，培养液轻度混浊或不混浊。生长温度最高为 $45 \sim 55℃$，最低为 $5 \sim 20℃$，最适温度为 $37℃$。

【有效成分】　枯草芽孢杆菌。

【功　　用】　调节肠道菌群，维持微生态平衡。能抑制动物消化道中的大肠埃希菌、沙门菌和促进乳杆菌生长。枯草芽孢杆菌代谢产成的多肽类物质（枯草菌素）对某些有害菌也有抑制或杀灭作用。能分泌大量细胞外酶如蛋白酶、淀粉酶、纤维素酶、β-葡聚糖酶、脂肪酶及卵磷脂酶等，同时也可分泌活性抗菌物质及挥发性代谢产物，提高母猪、肉仔鸡等动物的生产性能，提高饲料转化率和氨的利用率，减少氨和吲哚类化合物的生成。可提高动物对钙、磷、铁的利用，促进维生素 D 的吸收。同时，可净化养殖池塘的水质。

【鉴别和检测方法】　参照中华人民共和国进出口商品检验行业标准《出口食品平板菌落计数》（SN 0168-92）和《伯杰细菌鉴定手册》（第 8 版）提供的方法执行。

（1）鉴别方法：革兰氏阳性，接触酶阳性。能发生 VP 反应，7% 氯化钠和 pH 5.7 可生长。能利用葡萄糖、阿拉伯糖、木糖和甘露醇产酸，能水解淀粉。可利用柠檬酸盐作为碳源，能将硝酸盐还原为成亚硝酸盐。可分解酪素。石蕊牛奶产碱胨化等生化反应均为阳性。厌氧生长，在葡萄糖琼脂上或酪氨酸琼脂上形成可溶性黑色素，$28℃$ 下水解马尿酸盐。不能利用丙酸盐分解酪氨酸，在 $55℃$ 生长的菌株不被 0.02% 的叠氮化合物抑制。

（2）检测方法：培养基可参考锰营养琼脂（manganese nutrient agar）培养基（附表 1-5）。

附表 1-5　锰营养琼脂培养基的组成成分

组成部分	含量	组成成分	含量
胰胨	5 g	葡萄糖	5 g
酵母浸粉	5 g	磷酸氢二钾	4 g
3.08%硫酸锰水溶液	1 mL	琼脂	13 g
水	1 000 mL		

调节 pH 至 7.6。

除硫酸锰外,将各成分混合于水中,加热溶解。然后加入硫酸锰水溶液,混匀。116℃高压灭菌 15 min,制成平板,进行计数。

【使用方法】 将其添加于饲料或池水中使用。在饲料中添加量一般为 $1×10^8$ CFU/kg。

净化水质。采用市售(或自制)芽孢杆菌,水温在 20℃ 以上时,直接泼洒于水体,一般其效价(菌含量)应为 $6×10^9$ CFU/mL 活菌。若泼洒于鳗池,首次用 15 g/m³ 水体,3 d 后用 7 g/m³ 水体,以后每隔 7 d 用 2 g/m³ 水体泼洒;若泼洒于虾池,首次用 10 g/m³ 水体,以后每隔 7~10 d 用 2 g/m³ 水体泼洒 1 次;若泼洒于鱼池,首次用 15 g/m³ 水体,以后每隔 15 d 用 2 g/m³ 水体泼洒 1 次。

促进生长与防病。应用于育苗池时,在苗种入池前泼洒本品。用量:鱼苗池,30 g/m³ 水体,虾苗 60~120 g/m³ 水体,贝苗 120~150 g/m³ 水体;还可以将本品拌在饲料中投喂水生动物,在饲料中按总量的 1% 左右拌入,直接或加工成配合饲料后投喂(加工的温度与压力要根据菌种的特点而设定)。

【注意事项】 一般不与抗生素混用。

【规　　格】 一般含活菌量 $1×10^8$ CFU/g(mL)。

【储存方法】 密闭储存于阴凉、通风、干燥处。

凝结芽孢杆菌
Bacillus coagulans

【属　　名】 芽孢杆菌科芽孢杆菌属。

【来　　源】 关于凝结芽孢杆菌的最早记录见于 Hammer B. W. 在 1915 年发表的论文,Hammer 从酸败的罐头牛奶中分离出该菌,并将其描述为新种。以后又从酸败的保存食品中分离到这些细菌,它们产生高浓度的 *L*-乳酸,使含碳水化合物的罐头食品酸败,从而引起人们的注意。1932 年,被科学家 L. M. Horowitz-Wlassowa 和 N.W.Nowotelnow 等共同鉴定为新的微生物,因其产生乳酸和凝结素,故将其正式命名为"凝结芽孢杆菌"(*Bacillus coagulans*)。

【菌种特征】 凝结芽孢杆菌是革兰阳性杆菌、过氧化氢酶阳性菌,大小为 0.9 μm×(3.0~5.0)μm,可形成芽孢,可运动,是一种兼性厌氧菌,但当凝结芽孢杆菌进入生长稳定期后可表现为革兰阴性。凝结芽孢杆菌是兼性厌氧菌,在有氧及无氧的环境下都可生长,能适应低氧的肠道环境,对酸和胆汁有较高的耐受性,能够发酵乳酸,产生的 *L*-乳酸能降低肠道 pH,抑制有害菌,并能促进双歧杆菌等有益菌的生长和繁殖。

凝结芽孢杆菌在 100℃ 高温下 10 min 存活率达到 96.4%;在 pH 2.0 的酸性条件下,6 h 存活率达到 48.2%;在 0.9% 胆盐条件下 24 h 存活率达 78.3%,0.3% 胆盐条件下存活率达 84.3%。在 pH 为 1.0 的情况下仍能存活,但在低 pH 条件下(pH 4.0),凝结芽孢杆菌对热耐受性下降。例如,在酸性条件下(pH 为 4.0),凝结芽孢杆菌的孢子对热几乎没有耐受性而且生长还会受到抑制。此外也发现,在 pH 小于 4.5 和水活度为 0.96 的条件下,凝结芽孢杆菌的生长受到抑制。

【有效成分】 凝结芽孢杆菌。

【功　　用】 凝结芽孢杆菌并非肠内固有的微生物,其在肠道中所起的生理作用是通过分泌多种有益物质以及与肠道其他益生菌协同作用的结果,并非某种物质起作用。凝结芽孢杆菌经口服进入胃后,在胃液的作用下被活化,芽孢衣膨胀,芽孢形状增大,水分增加,代谢加快。当凝结芽孢杆菌进入十二指肠时,其孢子萌发成营养细胞。营养细胞进入小肠后开始生长繁殖,大约 30 min 繁殖一代。凝结芽孢杆菌为兼性厌氧菌,当其进入肠道后会消耗游离氧而进行肠道繁殖,有利于厌氧微生物乳酸菌和双歧杆菌的生长,从而调节肠道内微生物菌群的平衡,提高机体的免疫力和抗病力,减少肠道疾病的发生。凝结芽孢杆菌在肠道繁殖的过程中还会分泌淀粉酶和蛋白酶,促进机体对营养物质的消化和吸收;其产生的 B 族维生素、氨基酸、短链脂肪酸等物质能增加小肠的蠕动速度,从而改善肠道的消化功能。另外,凝结芽孢杆菌在肠道内定居后还能产生大量抑制有害菌的凝固素和乳酸等抑菌物质,因此,对胃肠道炎症有一定的治疗作用。

【鉴别和检测方法】 参照《工业微生物实验技术手册》和《伯杰细菌鉴定手册》(第 8 版)提供的方法执行。

(1)鉴别方法:根据细菌的生化特征进行鉴别。

(2)检测方法:MRS 培养基组成见附表 1-6。

附表 1-6　MRS 培养基的组成成分

组成部分	含量	组成成分	含量
胰蛋白胨	10 g	牛肉提取物	10 g
柠檬酸二铵	2 g	乙酸钠	5 g
酵母浸粉	5 g	葡萄糖	5 g
磷酸氢二钾	2 g	吐温 80	1.0 mL
$CaCO_3$	20 g	$MgSO_4 \cdot 7H_2O$	0.58 g
琼脂	15 g	$MnSO_4 \cdot 7H_2O$	0.25 g
纯化水	1 000 mL		

调整 pH 至 6.2~6.5,121℃灭菌 15~20 min。

将经过 2 次活化的菌种接种于添加 α-甲基葡萄糖苷 10 g、山梨酸钾 1 g 的 MRS 培养基中,37℃培养。然后进行划线分纯。

【使用方法】 添加于饲料或饮水中使用。在饲料中添加量一般为 1×10^9 CFU/kg。

【注意事项】 水分对凝结芽孢杆菌的存活率影响很大,一般而言,产品的水分应低于 8.00%。饲料中添加的其他抗生素药物、抗氧化剂、防霉剂等会杀死大量凝结芽孢杆菌的活菌。

【规　　格】 一般含活菌量 1×10^8 CFU/g(mL)。

【储存方法】 密闭储存于阴凉、通风、干燥处。

地衣芽孢杆菌
Bacillus licheniformis

【属　　名】 芽孢杆菌科芽孢杆菌属。

【来　　源】 地衣芽孢杆菌是一种在土壤中常见的革兰氏阳性嗜热细菌。在鸟类,特别是居住在地面的鸟类(如雀科)和水生的鸟类(如鸭)的羽毛中也能找到这种细菌,特别是在其胸部和背部的羽毛中。

【菌种特征】 地衣芽孢杆菌最适生长温度大约为50℃,但也能在更高的温度下存活。酶分泌的最适温度为37℃。可能以孢子的形式存在,从而抵抗恶劣的环境;在良好环境下,可以生长态存在。地衣芽孢杆菌是我国农业部2003年318号公告批准使用的饲料级菌株之一。与传统的益生菌、双歧杆菌和乳酸菌相比,地衣芽孢杆菌的活菌成分是芽孢休眠体,并具有耐高温、耐干燥、耐酸性、耐胆盐和人工胃液等特点。

【有效成分】 地衣芽孢杆菌。

【功　　用】 促进肠道内正常生理性厌氧菌的生长,调整肠道菌群失调,恢复肠道功能;对肠道细菌感染具有特效,对轻型或重型急性肠炎,轻型及普通型的急性菌痢等,均有明显疗效;能产生抗活性物质,并具有独特的生物夺氧作用机制,能抑制致病菌的生长繁殖。抑制土壤中病原菌的繁殖和对植物根部的侵袭,减少植物土传病害,预防多种害虫暴发;培养地衣芽孢杆菌获取用于生物洗衣粉中的蛋白酶;最近的一些发现显示,地衣芽孢杆菌能够用于金纳米立方体的合成。

【鉴别和检测方法】 参照《工业微生物实验技术手册》和《伯杰细菌鉴定手册》(第8版)提供的方法执行。

(1)鉴别方法:根据细菌的生化特征进行鉴别。

(2)检测方法:锰盐培养基组成见附表1-7。

附表1-7　锰盐培养基的组成成分

组成部分	含量	组成成分	含量
酪蛋白胨	10 g	牛肉提取物	5 g
葡萄糖	3.5 g	氯化钠	5 g
磷酸氢二钾	0.5 g	$MgSO_4$	3 g
琼脂	15 g	$MnSO_4$	25 mg
纯化水	1 000 mL		

调整pH至7.2～7.4,121℃灭菌15～20 min。

将经过2次活化的菌种接种于培养基中,37℃培养。每隔一定时间采用无菌生理盐水以10倍递减依次稀释进行平板菌落计数。

【使用方法】 将其添加于饲料或饮水中使用。在饲料中添加量一般为添加量为0.1%～0.3%。

【注意事项】 溶解时水温不宜高于40℃,应避免与抗菌药合用。

【规　　格】 ≥200亿/克。

【储存方法】 密闭储存于阴凉、通风、干燥处。

丁 酸 梭 菌

Clostridium butyricum

【属　　名】 梭菌属。

【来　　源】 主要存在于天然酸奶、奶酪、人类和动物的肠道和排泄物、某些叶子、泥土和其他自然环境中,也可以从健康人群中分离获得,有 10%～20% 的健康人群的体内含有这种菌。

【菌种特征】 杆状,两端钝圆,中间凸起,类似煎蛋的形状,菌体宽 0.5～1.7 μm,长 2.4～7.6 μm。呈单个、成对或者短链状,四周布满鞭毛,可运动。菌落呈灰白色,通常菌体中含有芽孢呈圆形或者椭圆形,没有孢子外壁及附属丝,生长后期形成芽孢后一端膨大变为鼓槌状,或中部膨大变为梭状。初期培养的菌革兰氏染色阳性,菌稍长可变为阴性。专性厌氧,不水解明胶,不消化血清蛋白,能够发酵葡萄糖、蔗糖、果糖、乳糖等碳水化合物产酸,一个显著的特征是产生淀粉酶,水解淀粉但不水解纤维素。水解淀粉和糖类的最终代谢产物为丁酸、乙酸和乳酸,还发现有少量的丙酸、甲酸,硝酸盐还原实验均为阴性。丁酸梭菌 DNA 的 G＋C 含量为 27～28 mol%。

【有效成分】 丁酸梭菌。

【功　　用】 丁酸梭菌能够促进肠内短链脂肪酸如丁酸和乙酸产量的增加,降低肠道的 pH,从而抑制肠道内金黄色葡萄球菌、肺炎杆菌、白假丝酵母菌、假单胞菌等的产生。此外,丁酸梭菌可分泌一些有益的酶类,如脂肪酶与蛋白酶能够增强动物对脂类物质以及蛋白类物质的消化吸收,其分泌的果胶酶、纤维素酶、葡聚糖酶等则能有效降解饲料中的抗营养因子,从而提高饲料利用率。丁酸梭菌也可促进机体 IgA 与 IgM 含量的增加,从而提高动物机体的免疫力。

【鉴别和检测方法】 参照《工业微生物实验技术手册》和《伯杰细菌鉴定手册》(第 8 版)提供的方法执行。

(1) 鉴别方法:根据细菌的生化特征进行鉴别。

(2) 检测方法:强化梭菌培养基(RCM 培养基)组成见附表 1-8。

附表 1-8　RCM 培养基的组成成分

组成部分	含量	组成成分	含量
酵母膏	3 g	牛肉浸膏	10 g
蛋白胨	10 g	葡萄糖	5 g
可溶性淀粉	1 g	NaCl	5 g
三水合乙酸钠	3 g	半胱氨酸盐酸盐	0.15 g
琼脂粉	15 g	蒸馏水	1 000 mL

pH 调至 7.0～7.4,121℃ 灭菌 30 min。

无菌条件下取丁酸梭菌 1 mL 加入含 9 mL 灭菌生理盐水的试管中。依次倍比稀释,制成 10^{-4}、10^{-5}、10^{-6}、10^{-7}、10^{-8} 等不同梯度的稀释液,用移液枪吸取各个梯度的丁酸梭菌稀释液 100 μL 注入 RCM 培养基试管中。放入 33℃ 恒温培养箱中培养 15 h 后计数。

【使用方法】 添加于饲料中使用。在饲料中添加量一般为 $1×10^8$ CFU/kg。

【注意事项】 建议按推荐用量使用,短期内用完。

【规　　格】 一般含活菌量 $1×10^8$ CFU/g(mL)。

【储存方法】 密闭储存于阴凉、通风、干燥处。

沼泽红假单胞菌

Rhodopseudomonas palustris

【属　　名】　红假单胞菌属。

【来　　源】　广泛存在于自然界的水田、湖泊、江河、海洋、活性污泥及土壤内。

【菌种特征】　细胞杆形,大小为(0.6~2.5)μm×(0.6~5.0)μm,极生鞭毛,运动或不运动,生长有极性,不对称出芽分裂,革兰氏阴性细菌。光合色素为叶绿素 a、叶绿素 b 和类胡萝卜素,片层状光合内膜位于细胞膜下且与之平行。最佳生长方式是利用各种有机化合物作为碳源和电子供体行光照厌氧生长。厌氧条件下以氢、硫代硫酸钠、硫化氢等作为电子供体也可光自养生长。有些种也可在微好氧至好氧条件下进行化能异养生长。

【有效成分】　沼泽红假单胞菌。

【功　　用】　菌体内含有丰富的氨基酸、蛋白质、叶酸、B 族维生素。而且,研究已证明其对动物没有毒性。此外,菌体脂质成分除菌绿素、胡萝卜素外,每克纯干菌沫中含 10 mg 辅酶 Q。细菌能较好地利用低级脂肪酸、氨基酸、糖类等,而且无论在厌氧而明亮还是在好氧而黑暗的任何条件下均能较好地生长。含有细菌叶绿素,能像藻类一样进行光合作用,但并不产生氧气。光合细菌营养丰富,营养价值高。

【鉴别和检测方法】　参照《工业微生物实验技术手册》和《伯杰细菌鉴定手册》(第 8 版)提供的方法执行。

（1）鉴别方法:根据菌株生化特征进行鉴别。

（2）检测方法:光合细菌培养基组成见附表 1-9。

附表 1-9　光合细菌培养基的组成成分

组成部分	含量	组成成分	含量
磷酸二氢钠	5.5 g	*DL*-苹果酸	1.5 g
氢氧化钠	2 g	氯化铵	1 g
氯化镁	0.25 g	氯化钙	0.05 g
琼脂	12 g	纯化水	1 000 mL

调整 pH 至 6.5~7.0,121℃灭菌 15~20 min,制成平板。

取适量产品,用无菌水逐级稀释,接种在光合细菌培养基中,30℃下培养 72 h,进行活菌计数,计算产品活菌含量。

【使用方法】　将其添加于饲料或养殖水体中使用。

净化水质。采用市售(或自制)光合细菌,水温在 20℃以上时,可将其直接泼洒于水体,其一般效价(菌含量)为 $3×10^9$ CFU/mL 活菌。鳗池泼洒量:首次用 15 g/m³ 水体,3 d 后用 7 g/m³ 水体,以后每隔 7 d 用 2 g/m³ 水体泼洒;虾池泼洒量:首次用 10 g/m³ 水体,以后 7~10 d 用 2 g/m³ 水体泼洒 1 次;鱼池泼洒量:首次用 15 g/m³ 水体,以后每隔 15 d 用 2 g/m³ 水体泼洒 1 次。

促进生长与防病。应用于育苗池时,在苗种入池前泼洒本品。用量:鱼苗池,30 g/m³ 水体;虾苗池,60~120 g/m³ 水体;贝苗池,120~150 g/m³ 水体;其他池,将本品按所投喂的饲料总量的 1% 拌入,直接或加工成配合饲料后投喂(加工的温度与压力不会影响本品的作用)。

【注意事项】 避免与有毒、有害物质一起存放。

【规　　格】 一般含活菌量 1×10^8 CFU/g(mL)。

【储存方法】 密闭储存于阴凉、通风、干燥处,不需要黑暗。

深红红螺菌
Rhodospirillum rubrum

【属　　名】 红螺菌属。

【来　　源】 广泛分布于江河、湖泊、海洋等水域环境中,尤其在有机物污染的积水处数量较多。常用菌种有 ATCC27048、ATCC11170。

【菌种特征】 螺旋状,革兰氏阴性菌,有鞭毛,可运动,以二等分裂方式繁殖;细胞大小为 $(0.8 \sim 1.0)\mu m \times (7 \sim 10)\mu m$,一个螺旋圈的宽度为 $1.5 \sim 2.5 \mu m$。在厌氧条件下,液体培养物最初呈淡粉红色,后来呈现不带棕色的深紫红色;好氧条件下的细胞呈现无色到淡粉色。光能异养菌,兼性厌氧,在有光、厌氧条件下或在黑暗、微氧到好氧的条件下都可以生长。在简单有机底物和碳酸氢盐,并且补充生物素的无机培养基中可生长。pH 范围:$6 \sim 8.5$;最适 pH:$6.8 \sim 7.0$。最适温度:$30 \sim 35℃$。在光合作用时,可同化脂肪酸(pH7.0 以上)、三羧酸循环的多数中间体、乙醇、丙氨酸、天冬酰胺、天冬氨酸、谷氨酰胺和果糖等底物,细胞内储存多糖类、聚-β-羟丁酸(PHB)和聚磷酸盐等颗粒。氢化酶和过氧化氢酶阳性。生活于阳光充足的静水等处。DNA 的 $G+C$ 碱基含量:$63.8 \sim 65.8$ mol%(浮力密度法)。

【有效成分】 深红红螺菌。

【功　　用】 可用于高浓度有机废水的固氮净化,以达到保护环境、消除污染的目的;并且可产生单细胞蛋白等。可作为微生物燃料电池的催化剂,加快电子传递,增加产电量。其产生的辅酶 Q10,可作为植物的光合作用和动物呼吸链中的递氢体,在生物体中具有重要的生理功能;并且是细胞自身合成的天然抗氧化剂、细胞代谢激活剂,并能提高机体免疫力,增强抗体的产生,改善 T 细胞的功能,能抑制线粒体的过氧化,保护生物膜结构的完整性,在医药、保健品、食品添加剂、化妆品等领域都有广泛的用途。

【鉴别和检测方法】 参照《工业微生物实验技术手册》和《伯杰细菌鉴定手册》(第 8 版)提供的方法执行。

(1) 鉴别方法:根据细菌的生化特征进行鉴别。

(2) 检测方法:传统的红螺科分离培养基组成见附表 1-10。

附表 1-10　红螺科分离培养基的组成成分

组成部分	含量	组成成分	含量
NH_4Cl	1 g	$MgCl_2$	0.2 g
酵母膏	0.1 g	K_2HPO_4	0.5 g
NaCl	2 g	琼脂	20 g
纯化水	900 mL		

121℃ 灭菌 15 min 后,加入以下物质(经过滤除菌):$NaHCO_3$ 5 g;$Na_2S \cdot 9H_2O$ 1 g;乙醇、

戊醇或 4%丙氨酸 5 mL

用过滤灭菌的 1 mol/L H_3PO_3 调节 pH 到 7.0。

将经过活化的菌种接种于传统的红螺科分离培养基中，30℃培养。每隔一定时间采用无菌生理盐水以 10 倍递减依次稀释进行平板菌落计数。

【使用方法】　可单独使用或与其他光合细菌混用，在水体中添加量一般为 1×10^8 CFU/L。

【注意事项】　一般不与其他净化水质的化合物混用，防止降低其效果。

【规　　格】　一般含活菌量 1×10^8 CFU/g(mL)。

【储存方法】　密闭储存于阴凉、通风、干燥处。

附录 2　中华人民共和国农业部公告 第 2045 号——
《饲料添加剂品种目录(2013)》

1. 养殖动物

地衣芽孢杆菌、枯草芽孢杆菌、两歧双歧杆菌、粪肠球菌、屎肠球菌、乳酸肠球菌、嗜酸乳杆菌、干酪乳杆菌、德式乳杆菌乳酸亚种(原名:乳酸乳杆菌)、植物乳杆菌、乳酸片球菌、戊糖片球菌、产朊假丝酵母、酿酒酵母、沼泽红假单胞菌、婴儿双歧杆菌、长双歧杆菌、短双歧杆菌、青春双歧杆菌、嗜热链球菌、罗伊氏乳杆菌、动物双歧杆菌、黑曲霉、米曲霉、缓慢芽孢杆菌、短小芽孢杆菌、纤维二糖乳杆菌、发酵乳杆菌、德氏乳杆菌保加利亚亚种(原名:保加利亚乳杆菌)。

2. 青贮饲料、牛饲料

产丙酸丙酸杆菌、布氏乳杆菌。

3. 青贮饲料

副干酪乳杆菌。

4. 肉鸡、生长育肥猪和水产养殖动物

凝结芽孢杆菌。

5. 肉鸡、肉鸭、猪、虾

侧孢短芽孢杆菌(原名:侧孢芽孢杆菌)。

附录 3　美国 FDA 公布的微生物饲料添加剂目录

　　1989 年，美国 FDA 和美国饲料管理协会（Association of American Feed Control Officials，AAFCO）公布了 44 种"可直接饲喂且通常认为是安全的微生物（generally recognized as safe，GRAS）"作为微生态制剂的出发菌株，主要有细菌、酵母和真菌。其中，乳酸菌 28 种（包括乳杆菌 11 种、双歧杆菌 6 种、肠球菌属 2 种、链球菌 5 种、片球菌 3 种、明串珠菌 1 种）、芽孢杆菌 5 种、乳球菌 1 种、丙酸杆菌 2 种、拟杆菌 4 种、酵母菌 2 种、曲霉 2 种等。

　　1. 乳杆菌属（*Lactobacilleae*）

　　短乳杆菌（*L. brevis*）、嗜酸乳杆菌（*L. acidophilus*）、保加利亚乳杆菌（*L. bulgaricus*）、干酪乳杆菌（*L. casei*）、纤维二糖乳杆菌（*L. cellosus*）、弯曲乳杆菌（*L. curvatus*）、德氏乳杆菌（*L. delbrueckii*）、发酵乳杆菌（*L. fermentum*）、罗特氏乳杆菌（*L. reuterii*）、乳酸乳杆菌（*L. lactis*）、植物乳杆菌（*L. plantarum*）等。

　　2. 双歧杆菌属（*Bifidobacterium*）

　　青春双歧杆菌（*B. adolescentis*）、婴儿双歧杆菌（*B. infantis*）、动物双歧杆菌（*B. animalis*）、长双歧杆菌（*B. longum*）、嗜热双歧杆菌（*B. thermophilum*）、两歧双歧杆菌（*B. bifidum*）。

　　3. 肠球菌属（*Enterococcus*）

　　粪肠球菌（*E. faecalis*）又称粪链球菌（*S. faecalis*）、屎肠球菌（*E. faecium*）又称屎链球菌（*S. faecium*）。

　　4. 链球菌属（*Streptococcus*）

　　嗜热链球菌（*S. thermophilus*）、乳酸链球菌（*S. lactis*）又称乳酸乳球菌（*L. lactis*）、中间型链球菌（*S. intermedius*）、乳脂链球菌（*S. cremoris*）、二丁酮链球菌（*S. diacetylactis*）。

　　5. 片球菌属（*Pediococcus*）

　　乳酸片球菌（*P. acidilactici*）、啤酒片球菌（*P. cerevisiae*）、戊糖片球菌（*P. pentosaceus*）。

　　6. 明串球菌属（*Leuconostoc*）

　　肠膜明串珠菌（*L. mesenteroides*）。

　　7. 芽孢杆菌属（*Bacillus*）

　　凝结芽孢杆菌（*B. coagulans*）、缓慢芽孢杆菌（*B. lentus*）、枯草芽孢杆菌（*B. subtilis*）、地衣芽孢杆菌（*B. licheniforms*）、短小芽孢杆菌（*B. pumilus*）。

　　8. 乳球菌属（*Lactococcus*）

　　乳酸乳球菌（*L. lactis*）又称乳酸链球菌（*S. lactis*）。

　　9. 丙酸杆菌属（*Propionibacterium*）

　　谢氏丙酸杆菌（*P. shermanii*）、费氏丙酸杆菌（*P. freudennreichii*）。

　　10. 拟（类）杆菌属（*Bacteroides*）

　　猪拟（类）杆菌（*B. suis*）、瘤胃生拟（类）杆菌（*B. ruminocola*）、多毛拟（类）杆菌（*B.

capillosus)、嗜淀粉拟(类)杆菌(*B. amylophilus*)。

11. 酵母菌属(*Yeast*)

啤酒酵母或酿酒酵母(*Saccharomyces cerevisiae*)、产朊假丝酵母(*Candida utilis*)。

12. 曲霉菌属(*Aspergillus*)

黑曲霉(*A. niger*)、米曲霉(*A. oryzae*)。

附录 4　对虾肠道菌群的宏基因组
检测采样方法

一、样品肠道样品的采集、基因组 DNA 的提取、PCR 扩增与高通量测序

对虾饥饿处理 1 d,用无菌手术剪将对虾肠道取出,利用 QUAGEN 试剂盒提取肠道内容物基因组 DNA,2%琼脂糖凝胶电泳分析样本 DNA 的完整性,核酸测定仪(Nanodrop 1000)测定其浓度,总 DNA 保存于 $-80℃$。将各样品总 DNA 上 16S rRNA 基因的 V3-V4 区序列以通用引物 338F(5'-ACTCCTACGGGAGGCAGCAG-3')和 806R(5'-GGACTACHVGGGTWTCTAAT -3')扩增。PCR 扩增产物经 2%琼脂糖凝胶电泳检测后,使用 AxyPrepDNA 凝胶回收试剂盒将目标片段切胶回收。利用 QuantiFluor™-ST 蓝色荧光定量系统对 PCR 产物进行检测定量,并根据结果将各样品等量混合,而后构建 MiSeq 文库进行高通量测序。

二、测序数据分析

基于 MiSeq PE300 平台测序,利用 USEARCH 软件对原始数据进行质控,按照 97 %相似性对非重复序列(不含单序列)进行操作分类单元(optional taxo nomic unit,OTU)聚类,选取每个 OTU 中相对丰度最高的序列为代表序列。采用 RDP classifier 贝叶斯算法对获得的 OTU 代表序列做分类学分析(置信度阈值为 0.8),并选用 SILVA 数据库进行物种比对注释。为消除因测序深度不同所引起样本间的多样性评估偏差,将各样品测得的有效数据抽评处理后再进行后续分析。基于 OTU 数据计算各样品中菌群的 α 多样性指数与相对丰度,并采用加权(weighted)UniFrac 距离算法结合主坐标分析(principal coordinates analysis,PCoA)与层级聚类分析比较各样品中菌群结构的差异。

附录5 无菌斑马鱼的饲养方法

一、材料

1. 实验动物及菌株

成年斑马鱼饲养于过滤水循环系统,饲养标准均参照 *ZebrafishBook*,鱼房光照/黑暗时间比为 14/10,空调控制室内温度为 28℃。

2. 培养基

牛脑心浸出液培养基(brain-heart infusion medium,BHI 培养基)购自北京陆桥技术股份有限公司,37 g BHI 粉末,溶于 1 000 mL 蒸馏水中,调 pH 至 7.4,每管 5 mL 分装至试管中,120℃高压灭菌 20 min。胰蛋白胨大豆肉汤(trypticase soy broth,TSB)培养基购自青岛海博生物技术有限公司,30 g TSB 粉末,溶于 1 000 mL 蒸馏水中,调 pH 至 7.4,每管 5 mL 分装至试管中,120℃高压灭菌 20 min。血琼脂平板:蛋白胨 100 g、牛肉膏 30 g、NaCl 50 g、琼脂 15 g,溶于 1 000 mL 蒸馏水中,调 pH 至 7.4,120℃高压灭菌 20 min,待冷却至 50℃左右时加入 100 mL 脱纤维绵羊血,摇匀倒平板。

3. 仪器

无菌培养隔离系统购自苏州市冯氏实验动物设备有限公司;普通恒温培养箱购自宁波赛福实验仪器有限公司;斑马鱼水循环系统购自北京爱生科技发展有限公司。

4. 培养液

斑马鱼胚胎培养液参照之标准:137.00 mmol/L NaCl、5.40 mmol/L KCl、0.25 mmol/L Na_2HPO_4、0.44 mmol/L K_2HPO_4、1.30 mmol/L $CaCl_2$、1.00 mmol/L $MgSO_4$、4.20 mmol/L $NaHCO_3$,每 1 L 培养液加入 1～2 滴亚甲蓝溶液。无菌斑马鱼胚胎培养液:普通斑马鱼胚胎培养液(不加亚甲蓝溶液),加两性霉素 B(终浓度为 250 ng/mL)、卡那霉素(终浓度为 5 μg/mL)和氨苄西林(终浓度为 100 μg/mL),0.22 μm 滤膜过滤除菌,4℃保存。

二、无菌培养流程

无菌斑马鱼胚胎培养流程如附图 5-1 所示。取 1～2 对成年斑马鱼放入交配缸,加入 0.22 μm 滤膜过滤后的循环系统新鲜水,用透明隔板隔离公鱼与母鱼。次日换新交配缸及新鲜过滤水,抽掉隔板,进行自然产卵。受精后立即用一次性灭菌吸管将受精卵转移至无菌培养皿中,用无菌培养液清洗鱼卵 3 次,最后加入适量无菌培养液,放入无菌培养隔离器,每 12 h 换 1 次无菌培养液。受精后 8 h,去除未受精鱼卵,将受精的鱼卵放入 0.1%PVP-I 中浸泡 1 min,用无菌培养液清洗鱼卵 3 次,将鱼卵放入 0.5%次氯酸钙消毒液(现配现用,60%有效氯含量的次氯酸钙)中浸泡 10 min,用无菌培养液清洗鱼卵 3 次,每次 3 min。孵化过程中(受精后 1～2 d),及时移除卵壳,更换无菌培养液。

三、无菌培养系统

无菌培养系统包括无菌隔离器、传递窗、恒温加热装置、照明灯和紫外杀菌灯(附图 5-2)。

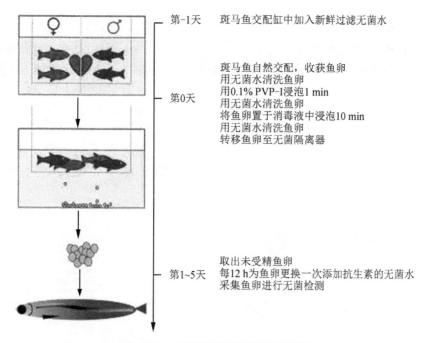

第-1天　斑马鱼交配缸中加入新鲜过滤无菌水

第0天　斑马鱼自然交配，收获鱼卵
　　　用无菌水清洗鱼卵
　　　用0.1% PVP-I浸泡1 min
　　　用无菌水清洗鱼卵
　　　将鱼卵置于消毒液中浸泡10 min
　　　用无菌水清洗鱼卵
　　　转移鱼卵至无菌隔离器

第1~5天　取出未受精鱼卵
　　　每12 h为鱼卵更换一次添加抗生素的无菌水
　　　采集鱼卵进行无菌检测

附图 5-1　无菌斑马鱼胚胎培养流程

单颖等, 2016

进行无菌培养前, 隔离器内部使用紫外灯光杀菌及 2% 过氧乙酸喷雾消毒, 隔离器手套安装好后将手套外翻开启风机检查是否漏气。经传递窗传送的物品先经高压灭菌或过滤除菌, 再用 2% 过氧乙酸喷雾消毒。消毒后通风 24 h, 隔离器内过氧乙酸全部排出后待用。经 0.1% PVP-I 及次氯酸钙溶液消毒后的鱼卵放入隔离器后, 28℃ 恒温培养, 保持光照 14 h、黑暗 10 h 的光照周期。

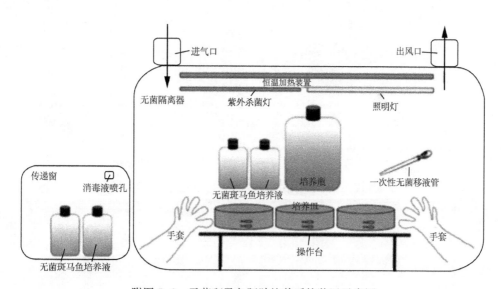

附图 5-2　无菌斑马鱼胚胎培养系统装置示意图

四、无菌检验

用灭菌生理盐水蘸湿的棉拭子采集普通培养箱,无菌隔离器出风口、传递窗和操作台等样本,另用一次性灭菌吸管采集斑马鱼体及胚胎培养液样本,根据国标《无菌动物　生活环境及粪便标本的检测方法》(GB/T 14926.41—2001),将无菌胚胎、无菌培养液和棉拭子样本分别接种于 BHI 和 TSB 液体培养基,37℃恒温培养 14 d,取少量培养液进行涂片及革兰氏染色,观察微生物生长情况;并在 7 d 及 14 d 时取少量培养液涂血平板,37℃培养 48 h,观察菌落形成情况。

附录6 《农业农村部关于加强水产养殖用投入品监管的通知》农渔发〔2021〕1 号

各省、自治区、直辖市及计划单列市农业农村(农牧、畜牧兽医)厅(局、委),福建省海洋与渔业局,青岛市海洋发展局、厦门市海洋发展局、深圳市海洋渔业局,新疆生产建设兵团农业农村局:

为加强水产养殖用兽药、饲料和饲料添加剂等投入品管理,依法打击生产、进口、经营和使用假、劣水产养殖用兽药、饲料和饲料添加剂等违法行为,保障养殖水产品质量安全,加快推进水产养殖业绿色发展,根据《渔业法》《农产品质量安全法》《兽药管理条例》《饲料和饲料添加剂管理条例》《农药管理条例》《水产养殖质量安全管理规定》等法律法规和规章有关规定,现就加强水产养殖用投入品监管有关事项通知如下。

一、准确把握水产养殖用兽药、饲料和饲料添加剂含义

各级地方农业农村(畜牧兽医、渔业)主管部门要准确把握水产养殖用兽药、饲料和饲料添加剂的含义及管理范畴,依法履行监管职责。依照《兽药管理条例》第七十二条规定,用于预防、治疗、诊断水产养殖动物疾病或者有目的地调节水产养殖动物生理机能的物质,主要包括:血清制品、疫苗、诊断制品、微生态制品、中药材、中成药、化学药品、抗生素、生化药品、放射性药品及外用杀虫剂、消毒剂等,应按兽药监督管理。依照《饲料和饲料添加剂管理条例》第二条规定,经工业化加工、制作的供水产养殖动物食用的产品,包括单一饲料、添加剂预混合饲料、浓缩饲料、配合饲料和精料补充料,应按饲料监督管理;在水产养殖用饲料加工、制作、使用过程中添加的少量或者微量物质,包括营养性饲料添加剂和一般饲料添加剂,应按饲料添加剂监督管理。各地对无法界定的相关产品,应及时向上级主管部门请求明确。

二、强化水产养殖用兽药、饲料和饲料添加剂等投入品管理

各地要依法加强对水产养殖用兽药、饲料和饲料添加剂的生产、进口、经营和使用等环节的管理,压实属地责任,形成监管合力。水产养殖用投入品,应当按照兽药、饲料和饲料添加剂管理的,无论冠以"××剂"的名称,均应依法取得相应生产许可证和产品批准文号,方可生产、经营和使用。水产养殖用兽药的研制、生产、进口、经营、发布广告和使用等行为,应严格依照《兽药管理条例》监督管理。未经审查批准,不得生产、进口、经营水产养殖用兽药和发布水产养殖用兽药广告。市售所谓"水质改良剂""底质改良剂""微生态制剂"等产品中,用于预防、治疗、诊断水产养殖动物疾病或者有目的地调节水产养殖动物生理机能的,应按照兽药监督管理。禁止生产、进口、经营和使用假、劣水产养殖用兽药,禁止使用禁用药品及其他化合物、停用兽药、人用药和原料药。水产养殖用饲料和饲料添加剂的审定、登记、生产、经营和使用等行为,应严格按照《饲料和饲料添加剂管理条例》监督管理。依照《农药管理条例》有关规定,水产养殖中禁止使用农药。

三、整治水产养殖用兽药、饲料和饲料添加剂相关违法行为

我部决定 2021—2023 年连续三年开展水产养殖用兽药、饲料和饲料添加剂相关违法行为

的专项整治,各级地方农业农村(畜牧兽医、渔业)主管部门要将专项整治列入重点工作,落实责任,常抓不懈。县级以上地方农业农村(畜牧兽医、渔业)主管部门要设立有奖举报电话,加大对生产、进口、经营和使用假、劣水产养殖用兽药,未取得许可证明文件的水产养殖用饲料、饲料添加剂,以及使用禁用药品及其他化合物、停用兽药、人用药、原料药和农药等违法行为的打击力度,重点查处故意以所谓"非药品""动保产品""水质改良剂""底质改良剂""微生态制剂"等名义生产、经营和使用假兽药,逃避兽药监管的违法行为。县级以上地方农业农村(畜牧兽医、渔业)主管部门以及农业综合执法机构、渔政执法机构要依法、依职能,对生产、进口、经营和使用假、劣水产养殖用兽药,以及未取得许可证明文件的水产养殖用饲料、饲料添加剂,使用禁用药品及其他化合物、停用兽药、人用药、原料药和农药等违法行为实施行政处罚,涉嫌违法犯罪的,依法移送司法机关处理。各地要强化对专项整治工作的监督和考核,我部将对各地工作情况进行督导检查。

四、试行水产养殖用投入品使用白名单制度

我部决定在全国试行水产养殖用投入品使用白名单制度。白名单制度是指:将国务院农业农村主管部门批准的水产养殖用兽药、饲料和饲料添加剂,及其制定的饲料原料目录和饲料添加剂品种目录所列物质纳入水产养殖用投入品白名单,实施动态管理。水产养殖生产过程中除合法使用水产养殖用兽药、饲料和饲料添加剂等白名单投入品外,不得非法使用其他投入品,否则依法予以查处或警示。对发现养殖者使用白名单以外投入品养殖食用水产养殖动物的,由地方各级农业农村(渔业)主管部门以及农业综合执法机构、渔政执法机构依法、依职能进行查处,涉嫌犯罪的移交司法机关追究刑事责任;同时各级地方农业农村(渔业)主管部门公开发布其养殖产品可能存在质量安全风险隐患的警示信息。

五、提升普法宣传教育和行政审批服务水平

县级以上地方农业农村(畜牧兽医、渔业)主管部门,要积极为兽药、饲料和饲料添加剂生产、经营企业在相关行政审批业务,以及水产养殖者在规范使用兽药、饲料和饲料添加剂等方面提供服务,优化审批流程,引导其规范生产、经营和使用。要进一步加强法律普及和政策宣传工作,地方相关行政管理人员应准确把握兽药含义,不被部分生产者宣传的所谓"非药品""动保产品""水质改良剂""底质改良剂""微生态制剂"等名称蒙蔽。要在兽药、饲料和饲料添加剂生产(进口)企业、经营门店和水产养殖场等场所广泛开展宣传。教育相关企业不生产、进口和经营假、劣水产养殖用兽药,以及未取得许可证明文件的水产养殖用饲料和饲料添加剂。教育养殖者应使用国家批准的水产养殖用兽药、饲料和饲料添加剂,使用自行配制饲料严格遵守国务院农业农村主管部门制定的自行配制饲料使用规范。教育养殖者应认准兽药标签上的兽药产品批准文号(进口兽药注册证书号)和二维码标识,饲料和饲料添加剂的产品标签、生产许可证、质量标准、质量检验合格证等信息,拒绝购买和使用禁用药品及其他化合物,停用兽药、假、劣兽药,人用药,原料药,农药和未赋兽药二维码的兽药,以及禁用的、无产品标签等信息的饲料和饲料添加剂。相关行业协会要加强行业自律,教育相关企业杜绝生产假、劣兽药等违法行为,依法科学规范生产、销售和使用水产养殖用投入品。

农业农村部

2021 年 1 月 6 日